中村桂子コレクション
いのち愛づる生命誌

Ⅷ 生命誌研究館とは

# 奏《かな》でる

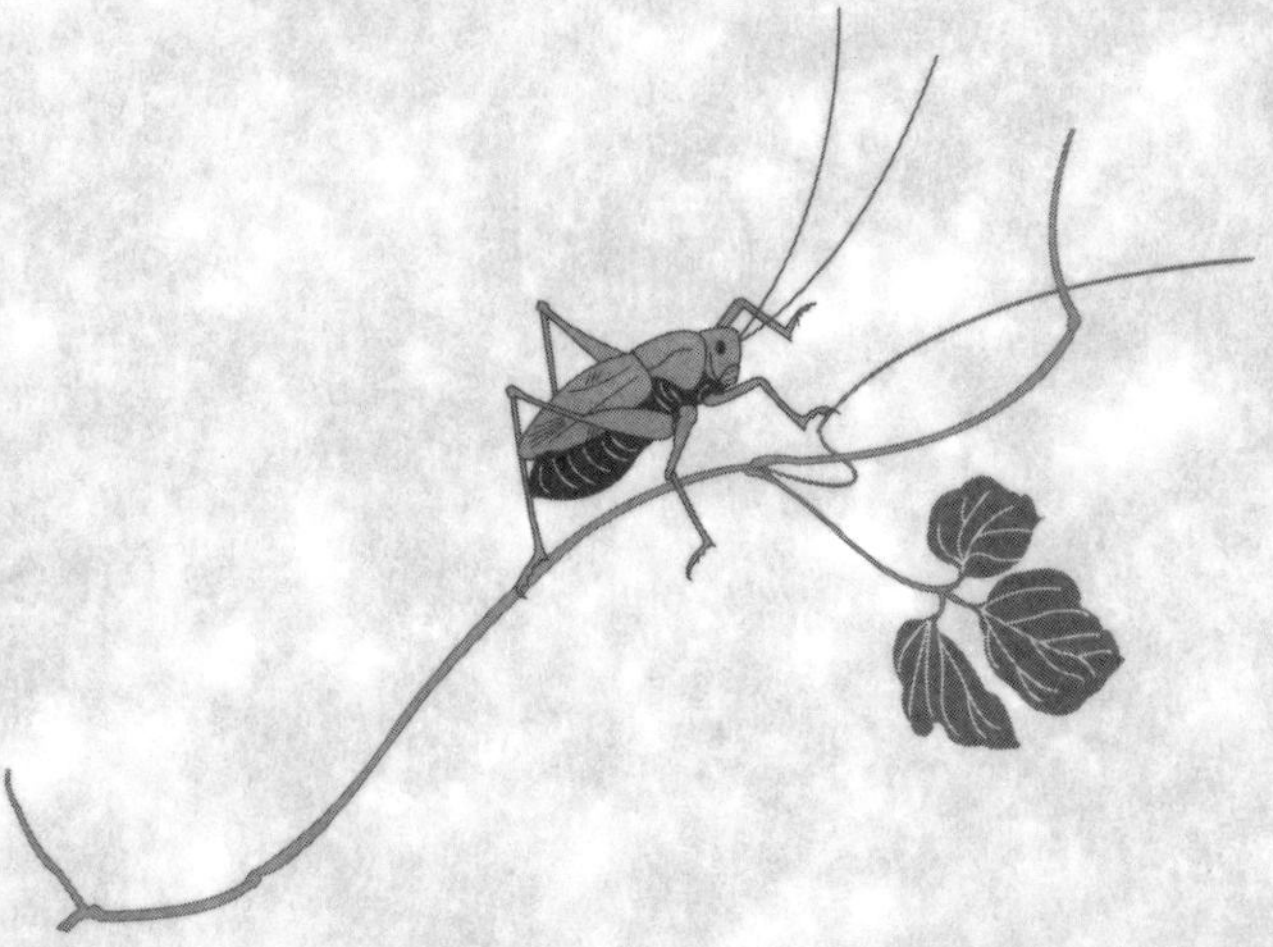

藤原書店

2023年1月

サイエンス・オペラ「生き物が語る「生き物」の物語」1995年

**第一部・第三部　「脳が失わせたもの」**
舞台装置と、岡田節人初代館長(190頁参照)

**第二部　生命誌版「ピーターと狼」**
京都市交響楽団　井上道義指揮
語り：中村桂子

**節人先生と「いのちの響きを」**
**2017年**
**長岡京室内アンサンブル演奏会 in 生命誌研究館（展示ホール）**
ヴァイオリニストの森悠子さん（長岡京室内アンサンブル音楽監督）とトーク

**ダンスイベント「根っこと翼」2002年**
ケイタケイさん（右）と。左が著者

**朗読ミュージカル「いのち愛づる姫」2004年**

中村桂子・山崎陽子 作　堀文子 画　出演：森田克子・大野惠美　ピアノ：沢里尊子

**映画「水と風と生きものと」2015年**

自宅の庭で。

**JT 生命誌研究館の展示**
**「エルマー・バイオヒストリー」**

ガネットの名作童話『エルマーのぼうけん』、展示のジオラマは、岡田節人夫人瑛さん制作です。「生命誌版」では、エルマー・バイオヒストリーがさまざまな動物に出会いながら、生きものの進化をたどり、最後に恐竜に乗って空に飛び立ちます。恐竜は鳥になったのですから。

**Ω食草園**（JT 生命誌研究館屋上）

写真提供（2 ～ 4 頁）＝ JT 生命誌研究館（大阪府高槻市）

# はじめに――「生命誌」という総合知を創る

生きることそのことが、私という存在の基本である。そのあたりまえのことが、なぜ今忘れられているのでしょう。科学によって「人間が多様な生きものの中の一つであること」が事実として明確になった今こそ、この事実について考えぬいた知を創り、それを基にした生き方を考える時です。それなのに現実は、権力や経済力しか評価しない社会になっています。そこで、科学を生かしながら科学だけにこだわらず、「生きる」ということに基盤を置く総合知を創る必要があると考えて生みだした「生命誌」をひもとく最後の巻として、一九九三年に設立し、これまで続けてきた「生命誌研究館」を語ります。これはどのような場であるか。一言で語るのはむずかしいので図にしました（次頁）。

まず、私たち人間は生きものであり、生きものはゲノムをもつ細胞から成るという二〇世紀の生物学が明らかにしたことが大本《おおもと》にあります。この事実があるからこそ、生命誌という知は

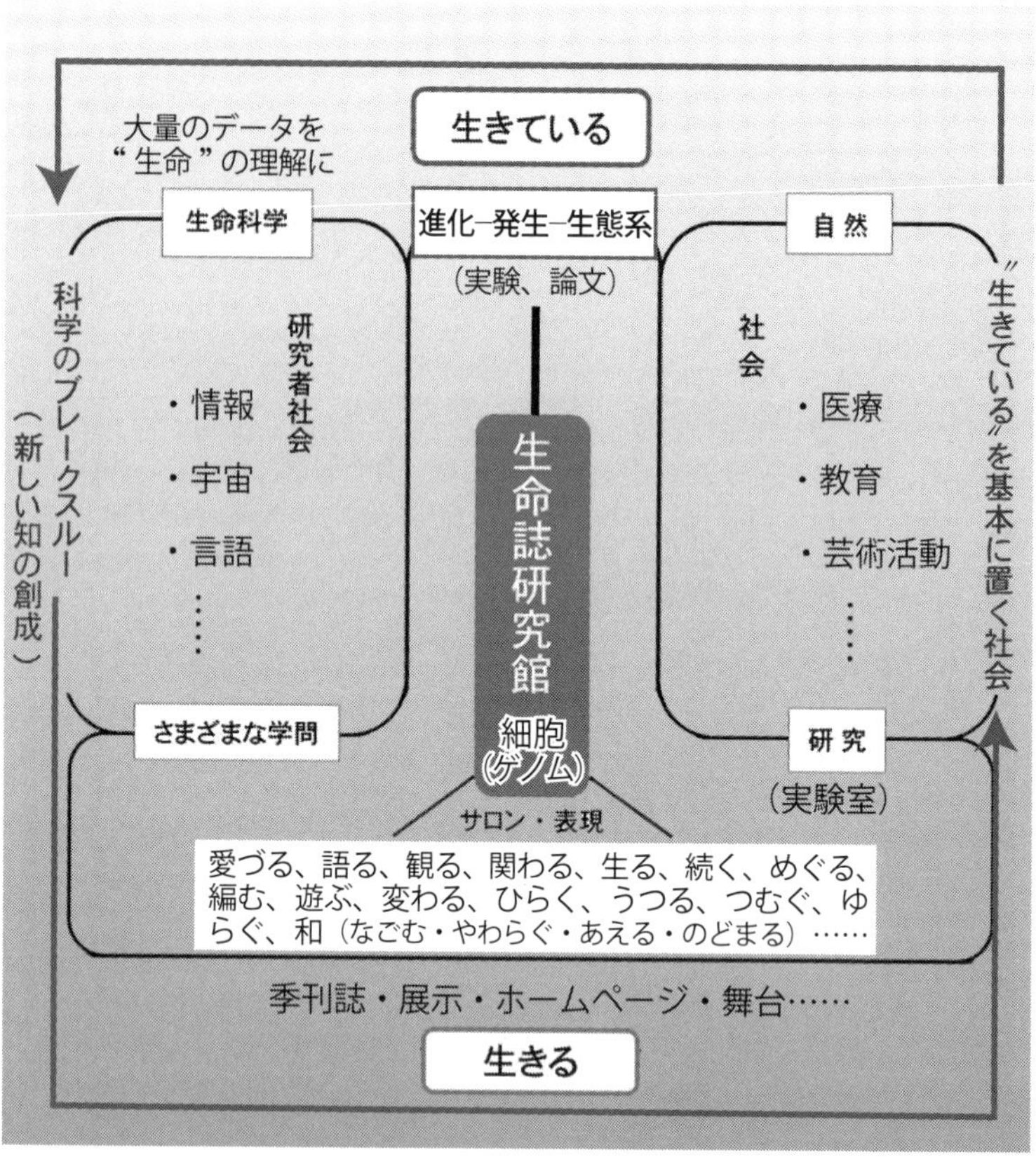


生命誌という新しい知を創るために、生命誌研究館で行なう具体的活動の全体像。ここから生命誌の世界観を発明する

成り立ち、研究館活動に意味があるのです。図の中央にそれを示しました。

ここで具体的に行なうことは、まず「生きているとはどういうことか」を徹底的に調べることです。それには小さな生きものたちをよく見て、彼らが語る物語を聞く……具体的には実験室やフィールドで、細胞やDNAなどのはたらきを調べます。現象としては発生、進化、生態系に注目して研究を進めます。

ただし、通常生命科学研究が求める個別の遺伝子やタンパク質の構造やはたらきを知ったり、個々の生命現象を解明することだけを目的にはしません。科学の方法でわかってきた事実を通して「生きているとはどういうことか」という全体を考えたいのであり、それには生きものたちが語る言葉に耳を傾けなければなりません。わかってきた事実を論文にして世界中の人々と共有するだけでなく、それを他の人の成果と合わせてより興味深い物語にしていくことが重要です。実験は大学や研究所で行なわれるものと同じですが、「生きものの声を聞く」という姿勢が何より大切であり、自身で物語をつくっていくという意識が不可欠です。これが、生命誌と生命科学研究との違いであり、本質です。「科学に拠って科学を超える知」なのです。

図の中央の上の部分に書いた活動がそれです。V章で詳述しますが、生命誌を創るための重要なプロセスの一つとして研究館開館以来行なってきた、さまざまな分野の方との対話の第一回目で、科学哲学の野家啓一さんが「科学の本質は真理の発見ではなく、自然を解釈するコスモロジーの発明だ」と語っています。しかし現在の科学者はこれを行なっていません。生命誌はまさにコスモロジー（世界観）の重要性を強く意識し、それを表に出していきます。今必要なのは、「世界観」の共有です。

次に中央下の部分、「生きる」を考える活動です。人間は生きものなのですから、小さな生きものの研究から明らかになってきた「生きているとはどういうことか」に関する答えをもとに「どう生きるか」を考えていけば、だれもが生きやすい社会になるでしょう。そこで、実験室やフィールドで行なった「生きている」を見つめる活動から明らかになったことを美しく、楽しく表現し、多くの人と共有していくのが、表現を担当するメンバーの役割です。季刊誌、ホームページ、展示の他、音楽や演劇などの舞台作品による表現で生命誌のコンセプトを伝えるなど、さまざまな方法を探りました。科学に基本を置きながら、芸術や人文科学、社会科学と連動して、「私たちはどこから来た何者であり、どう生きたらよいだろう」という問いを考えるのが表現担当のメンバーの役割です。この活動によって、多くの方が科学が明らかにした事実に関心を抱き、科学は決してむずかしい学問ではなく身近なものなのだと感じてくださると期待します。別の言葉を用いるなら、科学を文化として位置づける活動です。こうしてすべての人が自分が生きものであることを、自覚しながら、どう生きるかを考える社会が生まれることを願っています。

そのような社会づくりに向けての研究館の活動を図の右側に書きました。「生命誌」という構想は、現代社会が「いのち」を無視して動いていることへの疑問から始まったのですから、活動は研究館内にとどまらず、さまざまな形で社会とつながり、社会を変えていくことを求めています。通常このような活動は、啓蒙、普及、教育と位置づけられますが、研究館ではこれらを禁句としました。生きものが語ってくれる物語をよく聞き、そこにあるすばらしさを自分の思いとしてさまざまな形で表現し、共感をよびおこせたらうれしいね。合言葉はこれでした。

もう一つの大事な活動を図の左側に書きました。生きているを見つめることによって得られた事実をもとに、宇宙、地球、生命、自然、社会などについての総合的な知を創ることです。生命誌はこのような知の基本としての役割を果たせるという私の思いは、間違っていないと思っています。今、多くの形で総合知を求める活動が行なわれていますが、さまざまな学問を集めても総合知にはなりません。おのずと総合を引きだす核が必要です。生命誌はその核になれます。これまでの体験からそう確信しています。総合的な知を創るために、あらゆる分野で生命誌から見て魅力的な活動や発言をしていらっしゃる方々との対話を続けてきました。音楽や美術、演劇など芸術活動をしている方たちと協同で作品を作ることも、新しい知を生みだす役割を果たします。

ところで、このような活動への基盤には、これまでにも何度か触れてきたように、DNA研究を主軸とする生物学、生命科学があります。すばらしい先生や仲間からこれらの学問を学ぶことがなければ、生命誌研究館は生まれませんでした。そのことに感謝する一方で、分子生物学や生命科学を学んだ仲間は大勢いるのに、その中で「どうしても生命誌を創らなければならない、研究館が必要だ」と思ったのは私しかいない。それはなぜだろうと考え続けてもいました。それほどの変わり者ではないと思っています。あたりまえのことをあたりまえに考えているだけであり、いのちが大切という最もあたりまえのところから始めると、生命科学でなく生命誌になるのに。これが本音です。

生命誌研究館の活動の意味を伝えるには、なぜ私だけがこのような道を歩いたのかという問いを立て、生命誌にいたる経緯を語ることが不可欠です。そこでこの巻の前半は、生命科学から生命誌への移行には、さまざまな人との出会いやさまざまな活動が関わっていることを書きました。日常生活から見た現在の科学へのありようへの疑問を科学の中にいながら考えたこと、さまざまなサロンの場や、アフリカで考えたことなど、どれも今につながることばかりです。

世間の常識では、学問とは無関係ではないかと思われてしまうだろうと心配になる多様な活動が含まれており、雑多に見えるかもしれません。でも、これがなければ今の生命誌研究館は存在しないという活動ばかりです。生命誌のテーマは、生きている、生きるということなので、生命誌と関係のないものも事も人もないと実感しています。一九七〇年に生命科学に出合ってからの五〇年。悩んだり躓《つまず》いたりの日々ではありましたが、それも含めて本当に楽しい日々でした。今も、なぜ他の人たちは生命誌を考えないのだろうとふしぎに思っています。

ところで、生命誌研究館設立以来の三〇年間の社会の動きを見ると複雑な気持ちになります。「人間は生きもの」という基本から考えることが大事であると思う人は、確実に増えています。とくに近年、気候変動、コロナウイルス・パンデミックなどに出遭い、人間が自然の中の存在であることを意識しなければならないと思う人は急速に増えていると実感します。とくに日常を大切にしている生活者である女性は、真剣に考えています。若者も動いています。

一方、権力の座にいる人や経済を動かしている人たちは、この危うさも科学とお金で解決できると思い込んでいる、または思い込もうとしているように見えます。科学を専門とし、科学の中での立場を確立している人も同じです。ここに大きな問題があります。また、小さな頃からスマホを扱い、メタバースとよばれる仮想空間の方が原っぱや砂場よりも身近という子どもたちの未来は一体どうなるのだろう。そのことも気になります。これについては今後の研究に俟《ま》つことになりますが、疑問はもつ必要があるでしょう。今や、四〇億年近く継続してきた生命システムに学ぶことの意味はますます大きくなっているのではないでしょうか。生命誌という知をより豊かなもの、総合的なものにしていく作業は、まだまだ続きます。

もう一度図を見てください。ここに書いてあることを具体的に楽しみながら行なっていく場が、生命誌研究館です。ここから「生きている」ということに注目し、「どう生きるか」につながる総合知が生まれます。「人間は生きものである」というだれもがわかっていることでありながら、それをふまえた思想（日常的考えですが、あえて思想と言います）が確実にもてるようになったのは、それを事実として示した二〇世紀の科学を展開しつつある二一世紀だからこそなのです。今、これを生かした社会にしなければ、私たちは人間として生きているとは言えないのではないでしょうか。

二〇二三年三月

中村桂子

中村桂子コレクション　いのち愛《め》づる生命誌　8

# 奏《かな》でる　生命誌研究館とは

もくじ

## II 「生命誌研究館」を創る

## Ⅲ 生命誌研究館の日常——総合知を創るために

## V　対話から生まれた生命誌という総合知
### ——生命誌的世界観——

## 特別附録

中村桂子コレクション　いのち愛《め》づる生命誌　8

# 奏《かな》でる　生命誌研究館とは

## 凡例

一　本巻は、全篇が書き下ろしである。
一　註は、該当する語の右横に＊で示し、段落末においた。

柏原怜子
編集協力＝甲野郁代
柏原瑞可
製作担当＝山﨑優子
装　丁＝作間順子

# プロローグ

## 「研究館」への思い――三八億年のいのちのつながり

一九九三年に大阪府高槻市に開館した「生命誌研究館」（一九九八年からJTをつけました）は、私の生き方を具体化する場でした。大勢の方のお力添えがあって可能になったものであることは明らかですし、それを忘れているわけではありません。けれども今回は多くの方への感謝を底に置きながらも、私の生き方として、研究館のあれこれを描きます。

DNAへの関心から始まった「生きているってどういうことなのだろう」という疑問を、どのように問うていけば納得のいく生き方が見えるかを考え続ける場が「生命誌研究館」です。二〇世紀に誕生したＤＮＡの二重らせん構造の解明に始まった科学を基本に置きながら、近代科学に縛られずに「生きているとは」というテーマを考え、そこから生き方を探る新しい知を創りたいという思いです。それは「人間とはなんだろう」という問いにつながり、さらには「どのような社会を創りたいか」というところにつながっていきます。そのために、具体的に何をどんな思いで行なったのか。だれから何を学んだか。それを綴《つづ》っていきます。

最初に「生命誌研究館」の活動に対して語られた言葉の中で、私が求めていることをそのまま表現してくださっていると感じて、とてもうれしく忘れられない言葉を二つ聞いてください。

「生命誌研究館を訪ねるたびに、これと似た空間は世界のどこを探してもないと感じる。生命科学が『生命誌』へと進化して身近ないのちと一気につながったように、研究館ではその最先端の研究と私たちの驚きや感動がつながり、ともに三八億年の時間に連なっている実感へと誘われる」

作家　髙村　薫

（映画『水と風と生きものと』に寄せてのメッセージ、二〇一五年）

「知識や機械に頼り、自分の目で見、手脚で体験することを忘れた人間、草木や虫、けものと同じ命の輪の中で生かされていることを忘れ、思いあがった人間に、生命誌研究館は、私たちが、何億年もかけて地球が作りあげた生きものの一つであることを気付かせてくれる貴重な館《やかた》です。ここはおごりたかぶった人間たちが目をさますために、一度は訪ねなければならない魔法の館です」

画家　堀　文子

（生命誌研究館一〇周年記念に寄せて、二〇〇三年）

お二人はお仕事柄、ＤＮＡになじみのある方ではありません。しかし、人間は三八億年間、進化し続けてきた生きものの一つであるという事実に基づいた生き方を探り、それを基本に社会を組み立てていきたいという私の思いをみごとに共有してくださっています。しかも研究館が、ここを訪れただれもがその思いを共有できる、他にはない場所であると評価してくださっています。

お二人とも女性であることは、偶然ではないでしょう。現代社会のありように疑問を抱き、

絵本『いのち愛づる姫』

生きものとして生きることの重要性を感じとるのは、女性ならではの感覚です。ここでの女性は生物学的な性を意味していません。男性にもそれをもつ方は大勢いらっしゃいます。高村さんも堀さんも、現代社会にある権力志向を嫌い、生きることの意味を考える作品を発表し続けていらっしゃいます。これぞ女性の感覚です。

実は開館一〇周年のときに上演した山崎陽子作の朗読ミュージカル『ものみな一つの細胞から』（藤原書店から絵本『いのち愛《め》づる姫』として出版、二〇〇七年）のときのスライドには、すべて堀文子さんの絵を使わせていただきました。平安時代に京都に住まわれていた「蟲《むし》愛《め》づる姫君」（『堤中納言物語』所収）をモデルにしたお姫様が、三八億年のいのちの歴史の物語を知り、〝いのち愛づる姫〟となられるというお話です。ミドリムシやらクラゲが登場する物語ですのに、堀さんが以前に描かれた絵の中にそのすべてがあったのです。花のようにだれが見ても美しいと思うものだけでなく、生きもののすべてに目を向け、ときに通常は目に見えないミクロの世界にも関心を向け、それをみごとに描きだされていることがわかりました。生命誌とピタリと重なる世界観をおもちの画家がいらっしゃることに、正直驚きました。

堀さんの名言があります。堀さんと山崎陽子さん、そして私の三人は「一つの山を別々の登山口から登り始めたのだけれど、八合目の山小屋で出会ったのね」。そのとおりです。めざす頂上は、だれもが幸せにいきいきと暮らす社会です。出会えたのを幸い、三人でときに協力し合い、ときに自分の道を究めながら、一歩一歩登っていきましょうと約束しました。このようなイメージを共有できるお仲間があることがどれほど幸せなことか。何度も自分に語りかけながら今にいたっています。八合目というところが大事です。これまでしっかり歩んできたからかなりのところまでは来られた。でもここからが難所続きでしょう。頂上へ向けて着実に歩いて行こうと思います。

髙村さんと堀さんお二人の言葉を読み直すと、「私という人間を三八億年間続いてきた生きものの一つとして考える」という見方が自然に生まれていることが見えてきます。すでに述べましたが、これは近年科学が明らかにした、とても新しい考え方です。作家と画家であるお二人が日常語としてこう語っていらっしゃる。それは、ここに必要なのは科学の知識ではなく、磨かれた感受性であることを示しています。

## 「生きものとしての人間」の発見

この言葉は二一世紀の今だからこそ言えるのであり、だからこそ今これはとても大事な見方です。ここから新しい知、新しい社会を生みだしたいというのが生命誌研究館の目的です。

私が学問の世界に関わるようになったのは、二〇世紀の半ばです。学問といえば、大きく人文学・社会科学と自然科学に分かれ、それぞれの中に多くの分野があります。「人間とはなんだろう」という問いから始まり、これまでに人間が行なってきたさまざまな活動を含める形で人間を対象とする学問は、人文・社会系の分野です。人文学としては、哲学・倫理学・美学・宗教学・心理学・言語学・文学・歴史学・芸術学・文化人類学・民俗学などがあげられ、まさにどれも「人間とは何か」という問いに直接つながります。社会科学系の学問としては、政治学・法学・経済学・教育学などがあり、社会が研究対象ですが、すべてが人間社会であり、そこにはつねに人間という存在についての問いがあります。

一方自然科学は、物理学・化学・生物学・地学など、文字どおり自然界を対象にしており、この中にある生物学が、人間を直接研究対象にすることはありませんでした。生きものとしての人間は見えないのです。これはとても大事なことですから、ぜひ認識を共有してください。理学部に置かれた形質人類学は、人間の形質、たとえば頭蓋の形の意味を知るために人間の頭蓋をチンパンジーのそれと比べたりはしますが、それはあくまでも人間を知るための方法であり、思考が生きもの全体に広がってはいませんでした。これまでの学問は、人間は生きものの一つであるという事実をふまえたものになっていません。今もなおその状態は続いています。これから語ることは、科学が人間について考える学問に大きく変わっていかなければならないという提案をしていく具体的な過程です。

ところで、そのような変化をもたらすきっかけをつくったのは、一九五二年、遺伝子の本体はＤＮＡであることを明確に示した、ハーシーとチェイスによる実験*です。ＤＮＡが細胞の核内に存在することは一八六九年に明らかにされていますので、それから八〇年以上経っています。研究者たちは、四種の塩基しかもたない単純な物質が複雑な生命現象を支える遺伝子の役割をするはずがないと思い込んでいたのです。思い込みにより進展が遅れることは、学問の世界ではよくあることです。翌年にはＤＮＡの二重らせん構造の発見があります（これを元にした学問を分子生物学と言い、この学問の歴史はとても興味深いのですが、ここでは触れません）。これは

「科学研究における二〇世紀最大の発見」と言ってよいと思います。これによって、ようやく、人間を生きものの仲間として研究できるようになったのですから。ところがふしぎなことに、DNAという文字は、親からの遺伝や遺伝子組換え作物の危険性などを指摘するときに使われることが多く、このもっとも大事なことが明確に語られていません。

＊ Alfred. D. Hershey（一九〇八―一九七）と Martha Chase（一九二七―二〇〇三）が、T2ファージと大腸菌を用いてDNAが遺伝物質であることを証明した実験。一九五二年発表。

今では、生物学が明らかにしている「ヒトという生きものとしての人間」を意識することなしに人間は語れないと言ってよいのです。近年SDGsという言葉で、だれも取り残さない社会づくりへ向けての活動が始まっています。すばらしいことですが、この活動を本格化するには、「人間は生きもの」という視点が不可欠です。この視点をもつと、「だれも取り残さない」という上からの目線ではなく、「だれもがいきいき暮らすのが本来の姿」となります。これを支える知を創りたい、それをすべての人と共有したいというのが生命誌研究館が存在する理由です。

「人間は生きものであり、自然の一部である」という言葉を聞いたとき、だれもがあたりまえのことと受けとめるのではないでしょうか。自分が生きていると思わない人はいないでしょうし、この世に自然の一部として生まれてきたという感覚は無意識のうちにだれもがもっているでしょう（少なくとも今のおとなは。後で考えますが、生まれたときからデジタル社会にいるような世の中になったら、その感覚はやがてなくなるような気がします。それが恐ろしいと私は心配しています）。

一方、人間を生きものの一つとして研究する学問は、ついこの間までありませんでした。この半世紀の間に、急速にそれは学問として成り立ったのです。これは人間の歴史や学問の歴史の中で初めてのことです。

このとても大事なことに、学問の世界も一般社会も注目していないように思えます。これを具体的な形にして行こう。「生命誌」という知を「研究館」という場で創りあげることが、私の仕事になりました。

## 生命誌の世界観

「人間は生きものであり、自然の一部」という言葉は、「世界観」を示すものです。世界観とは何か。哲学者大森荘蔵先生（一九二一—九七）の示されたものが私の気持ちにピタリときますので、ここに示します。

「元来世界観というものは単なる学問的認識ではない。学問的認識を含んでの全生活的なものである。自然をどう見るかにとどまらず、人間生活をどう見るか、そしてどう生活し行動するかを含んでワンセットになっているものである。そこには宗教、道徳、政治、商売、性、教育、司法、儀式、習俗、スポーツ、と人間生活のあらゆる面が含まれている」

自然をどう見るか、人間生活をどう見るか、そしてどう生活し行動するか、がワンセット。これこそ生命誌で考えたいことであり、研究館の仕事です。

ここで問題になるのが、現実に私たちが暮らしている現代社会の世界観は「人間は生きもの」というところから出発するものとは違うということです。それを大森先生は「近代的世界観」として次のように説明されます。

「この全生活的世界観に根本的な変革をもたらしたのが近代科学であったと思われるのである。近代科学によって、特に人間観と自然観がガラリと変わり、それが人間生活のすべてに及んだのである」

「文明の危機だとか、文化の変革期、といった言葉が何時でも叫ばれてきたのが近代の性格の一つであろう。それは生活と思想との変化のテンポが速くなってきたことを示すものかもしれない。その変化には短期的な波、中期的な波、長期的な波があるだろう。一九八〇年代の今日、現代文明の変革を云々するときにわれわれが感じているのは、その最も長期的な波ではないかと私には思われる。数千年のオーダーの波長をもった波ではないか、と。私が考えているのは、西欧の一六・七世紀頃に起こった科学革命が推し進めてきた現代文明が二〇世紀の今日一つの転回《ユーターン》期にきたのではないか、ということである。

こういう最も目の粗い縮尺で見るならば、東洋と西洋という対立は消えてしまう。だからしばしば安直にいわれる、今こそ東洋的思想の出番だ、などということもない。西洋科学の分析的思考法と東洋の総合的直観的思考法などというコントラストも霞んでしまう。その代わりに眼につくのが、洋の東西を問わずに、近代科学以前の世界観と近代科学に基礎づけられている近代的世界観とのコントラストである。この二つの世界観の交替が起きたのが西洋では先に述べた一六・七世紀の科学革命であり、東洋、特に日本では幕末から明治にかけての西洋思想の流入期である。そして現在この近代的世界観が西洋でも東洋でも問い直されているのである」

まさにこれです。世界観についての言葉は一九八五年に書かれた放送大学の教科書（『知識と学問の構造——知の構築とその呪縛』。現在『知の構築とその呪縛』ちくま学芸文庫）の中の言葉ですが、今もこのまま通用します。いえ、その時より深刻な思いでこの言葉を噛みしめ、考えを進めなければならない状況にあります。本文で詳述しますが、私の頭の中で「人間は生きもの」という言葉が動き始めたのも、一九八〇年代です。

「近代的世界観」は近代科学がもたらしたものであり、具体的には「機械論的世界観」です。近代科学を全否定する必要はありませんが、この「機械論的世界観」は見直さなければなりません。近代科学以前に戻るなら、機械論に対して「生命論的世界観」となります。

「生命誌」は、すでに述べたようにＤＮＡの二重らせん構造の発見がなければ始まらなかったのであり、科学を否定はしません。つまり、科学に拠りながら科学を超えていかなければならないのです。そこでの世界観は、「生命誌的世界観」とよぶしかありません。生命誌について語る前に「生命誌的世界観」と書くのははばかられますが、生命誌にとってもっとも大事なのは世界観であり、それは「生命誌的世界観」なのです。この言葉の意味をともに考えていくのがこれから書く文章の目的です。「生命誌的世界観」は「生命論的世界観」とほとんど重なりますが、私たちが体験してきた科学とそこから生まれた科学技術がつくった近代を経たうえで生命に注目するところに特徴があります。そこでは科学が明らかにした事実を生かしながら、これまでの科学のもつ機械論からは抜け出すのです。

このような意識は今、多くの方がもち、その考え方での行動も多く見られます。研究館はそれらすべてを総合した知を創るための場です。ですから、さまざまな分野の方の考え方や活動を取り込んでいきます。そこで何を行ない、何をつくりだしたか、これから行ないたいことは何か。時間を追って綴っていきます。

# Ⅰ　なぜ私だけが生命誌でなければならないと思ったか

# 1　始まりはＤＮＡ――一九七〇年代

すでに何回も書いた「人間は生きものであり、自然の一部」という言葉の始まりは、ＤＮＡが遺伝子の本体であることを示し、その二重らせん構造を解明した新しい生物学研究にあります。

始まりがＤＮＡだと言われると、ほとんどの方が、「科学の話か、めんどうだし、そんなもので人間のことがわかるはずがなかろう」と思われるのではないか、と危惧します。確かに科学から始まりますが、ねらいは科学ではありません。一つの学問としての科学は大事にはするけれど、科学で何でもわかるかのように考えて、それを応用した技術の進展だけをよしとする社会に疑問を呈し、新しい知である「生命誌」を創りあげようと考えて研究館を創ったのですから。願いは、だれもがいきいきと暮らす社会を支える知を創ることです。それにはDNAから始まるほかありませんので、おつきあいください。

## DNAは「生きものの共通性」を示すもの

DNAの二重らせん構造（次頁）は、今やありふれた図でまたかと思われるかもしれませんが、この構造を発見したワトソンとクリック*は、当初から、この構造の中に親の性質を子どもに伝えることと、ときに変化をして進化もしていくことを両立させる能力があることを感じとっていました。この中に遺伝子としての性質がみごとに組み込まれているのです。その後の研究から、これが地球上のすべての生きものの中で同じようにはたらいていることがわかり、まさに遺伝や進化が具体的に研究できるようになりました。ここでいうすべての生きものの中には、もちろん人間（生物学ではヒトと言います）が入っており、そのことが重要なのです。人間は特別な存在ではなく、多様な生きものの一つであることが、事実として明らかになりました。遺伝子という言葉から、親から受け継いで自分の性質や能力を決めるものという決定論を思いうかべるのではなく、ヒトを含むすべての生きものの共通性を示すもの、というイメージをもってください。遺伝子という言葉はまた、ヒトの遺伝子、イヌの遺伝子というように生きものを区別するかのように使われることがありますが、まったく見当はずれです。原則、遺伝子はタンパク質分解酵素を指令するとか、細胞増殖の制御に関わるなどというように、それぞれ役割が決まっており、どの生きものでも同じようにはたらいているのです。

＊James Watson（一九二八―）とFrancis Crick（一九一六―二〇〇四）が一九五三年『Nature』に「Molecular Structure of the Nucleic Acid（核酸の分子構造）」を発表。

人間は、どこか自分を特別視したいものです。そこでヒトに特有の遺伝子はないだろうかと考え、言葉に関連する遺伝子を探しました。複雑な言葉を操るのは人間だけですから。その結果、ＦＯＸＰ２という言葉に関わる遺伝子は見つかりましたが、それはチンパンジーやゴリラ

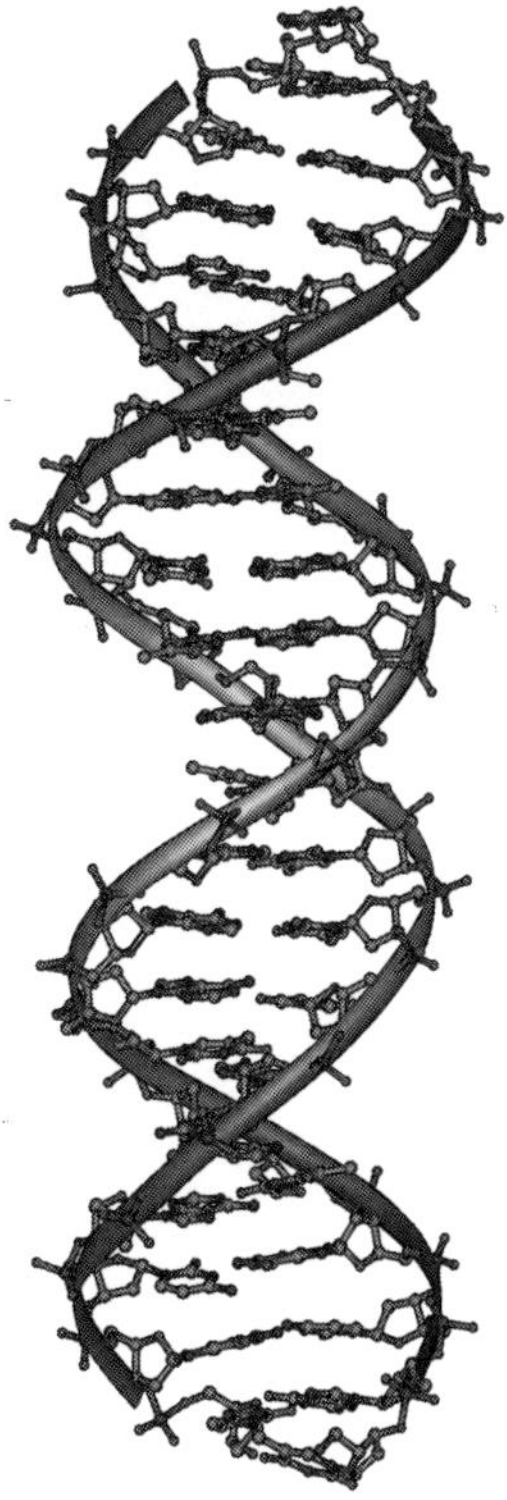

DNA の二重らせん構造

はもちろん、他の哺乳類や鳥類にも存在することがわかりました。

遺伝子はいろいろな生きものたちの間で共有され、利用されているものなのです。DNAが教えてくれるもっとも重要なことは、地球上の生きものは皆つながっており、ヒトもその一つであるということです。私がDNAとつきあった六〇年間は、「私は生きものの一つ」という実感を確実にする時間でした。

ヒト（人間）の中で私の遺伝子とか○○さんの遺伝子という区別も意味がないのは明らかです。だれもが生きるために必要な遺伝子をはたらかせていますので、ほとんどは共通です。愛の遺伝子、言葉の遺伝子などもありません。DNAは物質であり、それの遺伝子としてのはたらきは生きものの世界（生態系）を支え、動かしていくことであり、それ以上でも以下でもないというとらえ方が重要です。

## 生命を考える——格《かく》さんとの出会い

大学三年生の時にDNAに出会った私は、大学院に入ってさらに勉強したいと思い、出会ったのが渡辺格《いたる》先生*です。

＊渡辺格（一九一六―二〇〇七）東京大学教授、京都大学教授、慶應義塾大学教授を歴任。著書に著書『人間の終焉』『生命のらせん階段』『生命科学の世界』『なぜ死ぬか』『「第三の核」を求めて――物質、生命、そして精神へ』他。訳書にモノー『偶然と必然』（共訳）他。

渡辺格先生還暦の会で。左が著者（1976年）

渡辺先生（先生と呼ばれるのがお嫌いで、研究室に入ったときから「格《かく》さん」と呼ぶように言われ、今も頭の中では格さんと思いながら先生と書いています）は物理化学が専門で、生物学とはまったく無縁でした。さまざまな物質の性質を調べているなかで、新しい物質である核酸（DNAはデオキシリボ核酸）に関心をもたれたのです。実は、最初の関心の対象は二重らせん構造ではなく、DNAの中に含まれているリンの存在だったようです。きっかけはいろいろなところにあるものですね。「格さん」が核酸の研究（しかも最初はその拡散の研究）を始めたのがおもしろいでしょ」と先輩に言われ、なるほどです。研究を進めるうちに、生命現象に関心を広げ、分子生物学を始められました。

格さんの話を書いていたら、それだけで一冊の本になりますが、「全体を見る、大事なことは何かを考える、学問の枠にとらわれない」という、物の見方の基本をすべて見せてくださった方です。改めて思い出すと、当時の研究者（学者）にはそのような方が少なくなかったと思います。しかしそのなかでも、なんとも自由で広い考え方をされたので、その方と日々をともにし、話し合う機会をもったことがどれだけすばらしい体験だったかと、今になってつくづく思います。若いということはしかたのないもので、当時はその幸運を実感せずに、ただおもしろがって話を聞いていただけでした。しかも先生の話は長いので、頻繁につかまると実験の時間がなくなりますから、つかまらないように逃げるなどというもったいないこともしていました。

格さんは、まだDNA研究が始まったばかりのころから、これが「生命とは何か」という、これまで科学の対象ではなかった問いに近づく道であると、とらえていらっしゃいました。「生物とは何か」と問うなら、DNA、RNA、タンパク質などの物質のはたらきを知れば答えに近づけるでしょうが、「生命」となると、すぐに「精神」という、物質とどう結びつくのかわからない問いが生まれます。すると、人間が浮かびあがり、宗教や芸術への関心も出てきます。とても早い時期から、この学問はそこにつながるのだと話していらっしゃいました。それには脳の研究が大事だとも考えていらしたのでしょう。あるとき、二人で歩いているときに、「脳の研究ができるならやってみたいな」とつぶやかれたことがあります。分子生物学をふまえた脳研究などとても無理だった今から六〇年も前、赤坂のお堀にかかっている橋の上でした。今では脳も体の一部としてとらえるのはあたりまえで、そのような研究は盛んに行なわれています。

ＤＮＡという物質に出合わなかったら、自然科学の研究室の中で精神について話し合うことはなかったでしょう。哲学、芸術、宗教などへの関心をもったとしても、教養として語られるだけで、研究の延長上にそれを置くことはなかったと思います。そのような話を、よくわからないながらも聞いて過ごした日々が、生命誌につながっています。よい先生に出会えた幸せを思います。

## 2　生命科学を創る──一九七〇年代

### 生命科学の始まり──江上不二夫《ふじお》先生との出会い

分子生物学者として「生命とは何か」を問い続けていらした渡辺先生でしたが、現実に「生命科学」を構想し、研究所を創られたのは江上不二夫先生*でした。

*江上不二夫（一九一〇―八二）名古屋帝国大学教授、東京大学教授を歴任。一九七一―八〇年、三菱化成生命科学研究所初代所長。著書に『生化学』『生命を探る』他。訳書にワトソン『二重らせん』（中村桂子と共訳）他。編書にオパーリン著『生命の起原と生化学』。

三菱化成生命科学研究所の室長たち、江上不二夫先生（前列中央）を囲んで。後列右から４人目が著者（1971 年）

渡辺先生は、私が修士二年になるときに京都大学に移られたのです。ちょっと困りましたが、修士の二年生は京大の渡辺研で研究を続け、博士課程からは東京大学の江上不二夫先生の研究室に移りました。偶然とはいえ、このお二人の弟子としてたくさんのことを学べたのは、なんとも運のよいことでした。お二人は性格も考え方も大きく異なりながら、人間として大事なことは譲らないという芯をおもちのところはまったく同じで、そこが魅力でした。

話は一九七〇年から始まります。その年に江上先生から『「生命科学研究所」を始めるので、創設の一人として参加しないか』というお誘いがありました。「生命とは何か」については格さんの話をたくさん聞いていましたが、「生命科学」となると話は別です。具体的にどんなものになるのか、「生命」と「科学」をこんなふうに結びつけて大丈夫なのかなど、先生に声をかけていただいた仲間とちょっと不安になりながら話し合いました。ここで提案された生命科学を一番真剣に受けとめたのは私だったと、今になって思います。というのも、そのとき私は五年近く研究室を離れて、子育てをしていたからです。その間、江上先生と朝永振一郎先生が創立された「科学映画協会」の仕事をしたり、DNAに関わる本の翻訳や執筆という研究室から離れた仕事をしていました。そのなかで、分子生物学はとてもおもしろいけれど、それが日常の生きもののありようや暮しにつながっているかといえば少し違うということに気づき、自分なりに考えていました。そこで先生の提案による生命科学です。それを私なりに整理してまとめたのが、次の三つです。

### 1　生物学を統合して「生命とは何か」を問う

それまでの生物研究は、植物学、動物学、微生物学など対象によって分かれ、遺伝学、発生学、生態学など知りたい現象によって分かれていた。けれどもあらゆる生物がDNAをもつ細胞で構成され、あらゆる現象がDNAのはたらきを基本として動いていることが明らかになってきた今、それらすべてを統合し、「生命とは何か」を問うことができるはずだ。

2　DNAを基本にして問うと、
これまで生物学の対象にはならなかった人間（ヒトという生物）が対象になる

生命科学は医学、心理学、人類学なども含めて人間とは何かを問う。そこではとくに脳研究が重要になる。さらに人文・社会科学との協力も不可欠だ。

3　社会とのかかわりが重要になる

生命科学から生まれる技術を通して社会的、倫理的課題が生じる。その解決を考える役割もある一方、従来の技術が生物に目を向けなかったために生じた水俣病などの公害問題の解決と、技術開発に生命科学の視点を入れた新しい科学技術社会の探求をする。

今から五〇年前にこのような構想で研究活動を始められた江上先生の斬新さ、先見性は、どれほど強調してもし過ぎることはないでしょう。しかも、それを三菱化成という民間企業の支援によって始められたことも当時としてはなんとも思いきったことでした。

仲間たちは遺伝学や発生学などそれぞれが得意とする研究を担当しましたので、これまでとそれほど違う意識をもたずに仕事を進めていきました。ただ私は、「社会生命科学」というまったく新しい名前の研究室で、新しい学問としての生命科学を創る役割を与えられたのです。前述の三つを意識して、新しい知を創っていかなければならない。しかもそれは生命科学を確立していくために不可欠なことなのですから、緊張します。何もわからないなかで、具体的には何をしたらよいのか。先生にお伺いを立てますと「わかるわけないでしょ。これからあなたが考えていくのよ」と言われ、「えっ」と驚くほかありません。画期的な構想の具体化など、私にできるものだろうか。悩みに悩むところのはずですが、本当のむずかしさがわかっていなかったのでしょう。新しい仕事に挑戦できるのだから、楽しくやろうと考えました。

まず、さまざまな分野から知恵をいただこうということになり、「パネルディスカッション」という形で一一回開いた会合は、平凡社からシリーズとして出版されています（三菱化成生命科学研究所編『シリーズ生命科学』全一一巻。五二―五三頁参照）。このとき出席してくださった五〇名を超える方たちは、その後、私にとって多くのことを教えていただくありがたい宝であり続けました。今読み直しますと、そこで語られていることの中にはまだこれから考えなければならないことがたくさん入っており、つい読みふけってしまいます。本質的なことを学んだ時間でした。

## 社会の流れと生命科学

運がよかったのか悪かったのか、本当の答えはわかりませんが、生命科学を始めるとすぐに「組換えＤＮＡ技術」という、これも生物研究の歴史のなかでエポック・メイキングと言える新技術がアメリカで開発されました。これによって、生命科学の形が見えてきたのです。もしこのときこの技術開発がなかったら、生命科学の具体化はむずかしかったでしょう。歴史とはおもしろいものだと思うことがよくありますが、これも印象的な例です。

この技術を象徴する一例をあげます。ヒトのインスリン遺伝子を、大腸菌の中にあるプラスミドとよばれる円形のＤＮＡの中に入れ、その大腸菌を培養すると、ヒトインスリンが生成されます。これは実際に糖尿病の薬としてのインスリン生産に利用されています。

こうして、大腸菌とヒトでＤＮＡが同じようにはたらいていることが実証されました。簡単に一行で書きましたが、これは特筆すべきことです。地球上での生命誕生後すぐに生まれた原核生物の子孫である大腸菌と、現存生物の中で最後に誕生した人類とで同じはたらき方をする、つまり三八億年間基本は変わらずに存在し続けてきたのが生きものの世界なのです。人工機械

洋生化学）／半谷高久（地球化学）／日高敏隆（動物学　司会）

7　**科学と社会を結ぶには**　（1974年）

**パネル討論：生命科学と人文社会科学**——科学と社会を結ぶには

梅棹忠夫（社会人類学）／加藤周一（作家）／小林司（精神医学）／畑中幸子（文化人類学）／広重徹（科学史）／藤本武（経済学）／松永英（人類遺伝学）／丸山工作（分子生物学）／中村桂子（社会生命科学　司会）

8　**生命の歴史をたどる**　（1974年）

**パネル討論：生命科学と宇宙・地球科学**——生命の歴史をたどる

〈**講演**〉メルビン・カルビン（カリフォルニア大学教授・生化学）

〈**序説**〉江上不二夫（生化学）

秋山雅彦（古生物学）／大島泰郎（生化学）／小沼直樹（宇宙化学）／清水幹夫（宇宙物理）／長野敬（生物学）／松尾禎士（地球化学）／中村桂子（社会生命科学　司会）

9　**生命科学と医学・医療：癌を例として**　（1975年）

**パネル討論：生命科学と医学・医療**——癌を例として

岡崎令治（分子生物学）／梶谷鐶（外科学）／加藤淑裕（発生生物学）／菅野晴夫（病理学）／杉村隆（生化学）／長倉功（科学記者）／服部信（内科学）／中村桂子（社会生命科学　司会）

10　**発生生物学の展望：発生変化と細胞社会**　（1977年）

**パネル討論：発生生物学の展望**——発生変化と細胞社会

ジェームス・D・イバート（カーネギー発生学研究所長・発生生物学）／ローリー・サクセン（ヘルシンキ大教授・発生生物学、病理学）／天野武彦（神経化学）／岡田節人（発生生物学）／加藤淑裕（発生生物学）／団勝磨（発生生物学）／中村桂子（社会生命科学　司会）

11　**生命の起原と地球・宇宙**　（1977年）

**生命の起原研究の意義と将来**

〈**講演**〉M・D・パパヤニス（ボストン大学教授・天体物理学、宇宙物理学）／C・ポナンペルマ（メリーランド大学教授・有機化学、生化学）／M・シドロフスキー（マックス・プランク研究所教授・地球化学）

〈**パネル討論**〉江上不二夫（生化学）／大島泰郎（生化学、宇宙生物学）／北野康（地球化学）／野田春彦（生物物理化学）／和田英太郎（生物地球化学）／中村桂子（社会生命科学　司会）

＊専門・肩書等は当時のもの

## シリーズ生命科学（全11巻）

三菱化成生命科学研究所編

1　物理学者のみた生命　　　（1971年）

**パネル討論：生命科学と物理科学**——物理学者のみた生命

伊藤正男（神経生理学）／江橋節郎（生物物理学）／菊池誠（電子工学）／島内武彦（物理化学）／寺本英（生物物理学）／早川幸男（宇宙物理学）／林雄次郎（動物発生学）／渡辺格（分子生物学　司会）

2　人間の生命を考える　　　（1972年）

**パネル討論：生命科学と人間科学**——人間生命の特質を考える

今村護郎（実験心理学）／岡田節人（発生生物学）／霜山徳爾（臨床心理学）／平尾武久（行動生理学）／宮城音弥（心理学・精神医学）／山村雄一（医化学・内科学）／渡辺仁（人類学）／飯島衛（細胞学・理論生物学　司会）

3　技術からの生体評価　　　（1972年）

**パネル討論：生命科学と技術**——現代技術は生体機構をどう評価するか

渥美和彦（医用工学）／池辺陽（建築学）／今堀和友（生体高分子学）／須田正己（生理化学）／田丸謙二（化学反応学）／古谷雅樹（発生生物学）／森政弘（ロボット工学）／牧島象二（工学化学　司会）

4　情報が結ぶ生命と機械　　　（1972年）

**パネル討論：生命科学と情報科学**——情報システムが結ぶ生命と機械

伊藤貴康（情報科学）／小関治男（分子遺伝学）／北川敏男（計画数学）／桑原万寿太郎（動物生理学）／島津浩（神経生理学）／樋渡涓二（生体工学）／吉田夏彦（哲学）／南雲仁一（生体情報工学　司会）

5　生命科学をどう理解するか（1973年）

**三菱化成生命科学研究所竣工記念講演：生命科学をどう理解するか**

セオドール・H・ブロック（カリフォルニア大学教授・動物学）／ポール・ドーティ（ハーバード大学教授・生物物理）／ジョン・マドックス（『Nature』誌編集長・理論物理学）／渡辺格（慶應義塾大学教授）

6　環境と生命の調和　　　（1973年）

**パネル討論：生命科学と環境科学**——新しい調和を求めて

柏木力（環境医学）／神山恵三（生気象学）／茅陽一（システム工学）／吉良竜夫（植物生態学）／都留重人（社会科学）／服部明彦（海

の世界とはまったく異なりこれほど長く共通性をもちながら継続してきた系であるところが生命系の特徴です。こうして人間も対称にする「生命科学」が成立することが具体的に示されました。科学は実験による事実の発見によって創りあげられるものであり、これで生命科学は確実な一歩を踏み出せたことになります。

ここで問題も起きます。専門外の方の中には、今でも「組換えDNA技術」と聞いただけでとんでもない危険な技術と思われる方がいらっしゃるのではないでしょうか。ヒトの遺伝子を大腸菌の中に入れるなどとんでもないこと、神をも恐れぬ行為だという声は、最初はかなり大きなものでした。そこには、一つひとつの生きものにはそれ特有の遺伝子があり、自然界の中ではそれが他の生きものの中に入ることはあり得ないという思い込みがありました。一九七〇年代には、研究者もDNAについて、また遺伝子についてほとんどわかっていませんでしたので、この技術のもつ意味を正確に理解できなかったのです。そして生命科学に対して社会から、バイオテクノロジーという形での有用な産業技術になるという期待と、神をも恐れぬとんでもないことをしかねないという危惧とが同時に出てきました。

大腸菌の中にヒトのDNAを入れてはたらかせることができるのですから、この方法でヒトの遺伝子のはたらきを調べられます。人間そのものを生物実験室での研究対象にすることはできませんけれど、ＤＮＡならいくらでも調べられます。ここから生きものとしての人間とはどういうものかが少しずつわかってくるでしょう。これこそ、人間をも含む生きもの全体を科学によって理解していくきっかけであり、生命科学という新しい知を創るメドが立ったのです。ところが総合的な知をゆっくりと創りあげる道を歩む前に、生命科学は、組換えＤＮＡ技術への期待と危惧による騒ぎの中に放りこまれてしまいました。しかたがありません。まずはバイオテクノロジーと生命倫理という社会的な課題に向き合うしかない日常になったのです。

この流れは今も続いており、その基本となる考え方を創る場としての生命科学研究所の役割は、決して小さくはありませんでした。七〇年代には、組換えＤＮＡ技術の他にも細胞融合など新しい実験技術が生まれましたので、バイオテクノロジーを活用すれば、それまでの物理・化学に基づいて進められてきた技術の世界を変えられるかもしれないという期待がおおいに高まりました。しかし残念ながら、社会は相変わらず高度成長を求めていましたし、一方生物を活用する技術は未熟でしたので、技術の基本を変え、社会を変えるほどの変革は起きませんでした。生命科学が求めている根本には近づけなかったのです。

生命倫理についても、クローン人間をつくるというような現実味の乏しい課題について、たとえば「ヒトラーのクローンをたくさんつくることがあったらどうなるか」などの非現実的な議論が多く、学問としても社会的課題としても魅力のない形で進んでいくことになり、その道を進むことで根本に近づけるとはどうしても思えませんでした。

どこかおかしい。五年ほど経つうちに、私の中に江上先生の「生命科学」構想はこれではないはずだという疑問がわいてきました。実は、生命科学研究所を始めたころ、渡辺格先生が「分子生物学は終わった」という発言をなさって、物議を醸していました。バイオテクノロジーとして役立つのではないか、と世間がやっと関心をもち始めたところで「終わった」とは何を言うかと、多くの人が思ったのは当然です。非難の声もずいぶん聞こえてきました。けれども大学院の始めから先生の考え方に接して、いつも本質を見ていらっしゃると感じていた私には、先生のおっしゃる意味がとてもよくわかりました。ここで渡辺先生がおっしゃっている「分子生物学」は、江上先生の生命科学と重なる、DNAを通して生命とは何かを問う学問です。生きているという事実を科学で明らかにして、人間が生きているとはどういうことだろうという哲学や宗教にもつながる問いを続けながら、少しずつそこに近づく研究をしていこうとしているのに、その純粋さが失われていくのを見て、「これは違うぞ」と思われたのでしょう。その気持ちの表現が「終わった」だったのです。

私も同じ気持ちでした。どこか違う。生命とは何か。もう少し砕いて言うなら、「生きているってどういうことなのだろう」ということに正面から向き合わなければいけないのに、今の生命科学はそれを行なっておらず、社会も生命科学にそれを求めていない。これは考え直さなければいけないと強く思いました。

## 生命科学の原点へ

生命科学研究所の創立一〇周年記念の会で、渡辺格先生から「この研究所は本当にやるべきことをやっているだろうか」と問われ、ドキリとしました。当時の私の小さな体験を思い出します。

研究テーマの選択に「老化研究」があがりました。すでに高齢化社会が問題になっていましたから、社会的に重要なテーマです。そのとき私はこう考えました。「老化は社会的には重要なテーマです。でもおそらく老化は、日々動いている体というシステムのどこかがうまくはたらかなくなっていくことの反映でしょう。それを知るには、そのシステムがどのようにしてでき上がり、どのようにはたらいているのかということを知らなければならないのではないでしょうか。今はまだ、それはほとんどわかっていない状態です。システムができ上がっていく発生過程は、かなり規則的に進んでいくものであり、そこでのDNAのはたらき方はすべての個体に共通ですから、まずそれを理解することから始めるのがよいように思います」。

しかし「老化は社会の関心を引くけれど、発生は研究者しか興味をもたない」という形での結論が出されました。研究所の運営としては、それが正しい判断でしょうけれど、それでは生命科学という新しい知を生み出す方向には進めません。どこか違うのです。

次の年、一九八二年に江上先生が七二歳で亡くなりました。渡辺先生からは疑問を出され、江上先生は亡くなり、自分の中ではモヤモヤと疑問が渦巻いている状態です。おちつかないなかで、「生命とは何か」という問いを、DNAを基本に置く科学で解いていくという宿題にどうしても答えを出したい気持ちは、それまで以上に強くなっていました。

## ゆっくり考えてみる

学問や研究について考えると、今では死語になってしまった「象牙の塔」という言葉が浮かびます。自分の関心をとことん突きつめ新しい発見をするのが学問であり、社会とのかかわりなどとくに考えないという姿勢で仕事をしていた先輩たちを、私の世代は知っています。けれどもその状況は急速に変化し、社会の役に立つことが求められるようになりました。生命科学の場合、とくに医学と結びつき、疾病の原因の究明や治療法、薬品の開発につながる研究が求められました。実はこの流れは、アメリカでつくられたものです。江上先生が生命科学を構想されたのと同じころに、アメリカでは「がんとの闘い」こそ重要という認識から、分子生物学（DNA研究を中心とする）と医学を結びつけて「ライフサイエンス」と称する分野をつくり、国として力を入れ、大きな予算を注入しました。ここで役に立つことを求められる研究スタイルができ上がっていったのです。この影響は、日本にも及びました。

もう一つの社会との関係は、生命倫理です。医療とのかかわりでは人工授精、体外受精、それに伴うクローンの作成など、出生に関わる技術が問題になります。生命科学の場合、対象は生きものですので、あらゆる研究が倫理的、社会的、法的な面から検討されます。

こうして、学問は社会からの求めに応え、社会からチェックを受けるのは当然という流れができました。事実としてこれを認めながらも、どこか納得のできないものを感じていたのが一九八〇年ごろの私の状態でした。

理由はただ一つ、社会のありようへの疑問です。生命科学を進めるのなら、「人間は生きものであり、自然の一部である」という事実が前提となるわけですが、現実の社会は「人間は生きもの」と認めているようには思えません。

簡単な例をあげますと、生きものの世界は多様性を基本にしています。三八億年前に生まれた祖先細胞から進化してきた生きものはつねに多様性への道を歩いています。さまざまな環境のもとでそれぞれの特徴を生かして暮らすバクテリア、酵母、キノコ、ヒマワリ、イモリ、カワセミ、イルカ……。思いつくままに書き並べたのですが、さまざまな姿形、さまざまな生き方をする仲間が生まれ、暮らしてきました。

一方現代社会は、一つの価値観のもと、均一化の方向へと動いています。子どもの教育の場でも一つの価値観で競争させて能力に順位をつけ、しかもそこでは効率まで求めます。生きるということはプロセスそのものであり、プロセスにこそ意味があるのに、できるだけ早く結果を出すこと、しかも一つの価値観が求める結果を出すことを求めています。その社会に合わせた答えを出すのが生命科学の役割ではありません。人間は生きものという事実からずれた社会に疑問を呈し、皆が生きものとしていきいき暮らせる社会を求め、たとえば水俣病のような問題を起こさない社会をつくろうというところから始まったのが、生命科学なのですから。

焦らずにゆっくりと考え直そう。一九八〇年代はそこから始まりました。

# 3 生命科学の展開——一九七〇年代後半から八〇年代前半

ゆっくり考えるとはいっても、少しずつ答えを探し行動していく必要があります。そのときのさまざまな模索は、一見バラバラであり、私のなかではっきりつながっていたわけではないのですが、今振り返ると、生命科学から生命誌へと移る模索でした。

## 人間・自然研究部——生きものの歴史性と地球とのかかわり

江上不二夫先生は、生命科学という構想のなかに、当時日本の大学や研究所には存在しなかった分野を入れていらっしゃいました。第一期には遺伝学、発生生物学、脳科学などオーソドックスな研究室（とはいっても非常に幅広く、あらゆる分野を含んでいました）を設立され、第二期として新しい概念をもつ研究室を増設されたのです。そのとき「生物物理学」、「生物心理学」などと並んでつくられたのが「生物地球化学・社会地球化学」です。これを「社会生命科学」と組み合わせて「人間・自然研究部」とされ、私がこの部を任されました。

江上先生は、早くから「生命の起源」に強い興味をもっていらっしゃいました。当時は「進化」に関心をもっていると言うだけでも、うさんくさい目で見られる雰囲気がありました。進化は科学では語れないものとされていたのです。ましてや「生命の起源」などと言えば、ロマンチックなことをお考えですねと皮肉を言われるのでした。とはいえ、進化も生命の起源も、生きものを考えるうえで重要なテーマであることは明らかです。科学には「できることだけやり、できそうもないことを考えることをしない」ところがあり、これへの疑問を呈していくのも生命誌の役割です。

世界に目を向ければ、少しずつこのようなテーマに挑戦しようという動きもあり、一九七七年には京都で「生命の起原に関する国際会議（ＩＳＳＯＬ）」が開催されています。江上先生にとっては絶好の機会です。そこに出席するために来日された研究者を生命科学研究所にお招きして講演会を開き、後日、日本人研究者によるパネル討論をしました。講演会では、次の三つを話していただきました。

「宇宙における生命の探求」M・D・パパヤニス（天体物理学・宇宙物理学、ボストン大学教授）、「宇宙における生命の起原」C・ポナンペルマ（有機化学・生化学、メリーランド大学教授）、「大気の進化」M・シドロフスキー（地球化学、マックス・プランク研究所）。宇宙研究も今ほどには進んでいないなかで、科学としてこのようなテーマでの話を聞いたのは初めてで、驚きながらも興味がわいてきたことを思い出します。

宇宙はどのような場所であり、そこで生命誕生の可能性がどれだけあるかについての話は、新しい科学の誕生を思わせるものでした。それを受けての討論では、江上先生が〝科学は可能性を信じて楽天的に進めるものです〟と笑いながら、こう語られました。

「宇宙生物学になって、はじめて生物学は普遍的な科学になるわけなんですね。ところがよく考えてみると、古典的な〔地球での〕生物学でも普遍的なことが全然ないわけではありません。（…）生物というものは環境との関連で、長い間に進化するものであるというのは一般的だろうということです。ですから、他の天体に生物がいるならば、その生物はそこでの環境の中で長い間に進化して、そこに適したものになっているだろうと思います。

ところが他の天体のことはわからないから、実際に研究するのは地球だけのことになってしまいます。(…) 古生物学者は〔時間を入れて考えますが、このときは〕地球のことしか考えません。(…) いっぽう分子生物学、私はこれを古典的分子生物学と呼ぶんですけれども、(…) 生物の一般的性質を扱いながら、その歴史性を無視しています。」

(『シリーズ生命科学11　生命の起原と地球・宇宙』)

宇宙まで広げた一般性をもつ、生命体の本質を問う科学が歴史性を忘れてはいけないという指摘は、先生の生命科学構想の中に、実は生命誌への道が敷かれていたことを示しています。そこに近づく具体的な学問として、「生命地球化学・社会地球化学」というそれまでどこにも見られなかった名前を考えだされたのです。先生と一緒に、そこでどのようなことを研究するかを議論するのが楽しかったことを思い出します。といっても、先生は長々議論するタイプではありません。仲間たちとよく、「先生と五分間議論するにはどうしたらよいか」を話し合ったくらいですから。でも、その短い話の中に大事なものが入っている……。この関わり合い方は、とても気持ちのよいものでした。

議論の結果、和田英太郎さん*を招きました。彼は、炭素やチッ素の安定同位体*を用い、地球の大気や無機物の動きと生きものの動きの関係を知るという有効な技術を駆使して、江上先生の期待に応えました。この方法で食物連鎖を追い、生きものと地球の関連を、時間を入れた形で調べる新分野を創りだしました。この技術で古代人の食べものを知ることもでき、まさに人間・自然という名にふさわしい仕事ができました。今ではこの方法は広く用いられています。

＊和田英太郎（一九三九―）専攻は同位体生態学・同位体生物地球化学。京都大学名誉教授。

＊同位体（アイソトープ）は、原子番号は同じだが、質量数が異なる（すなわち陽子の数は同じだが、中性子の数が異なる原子核をもつ）元素である（例：水素と重水素）。同位体には、時間の経過によって放射能を発する不安定な放射性同位体と、安定して存在する安定同位体がある。

## 組換えＤＮＡ技術の評価——研究の意味を的確にとらえる

前述したように、生命科学の構想が具体的な研究につながって意味をもつようになるためには、一九七二年から七三年にかけて開発された組換えＤＮＡ技術が大きな役割を果たしました。組換えＤＮＡ技術は、調べたいと思う生きものの、調べたいと思う遺伝子（ＤＮＡ）をプラスミドとよばれる環状ＤＮＡの中に入れ、それをバクテリアなどの細胞に入れてはたらかせるというものです。ＤＮＡが重要な物質であることはだれにもわかっていながら、それまではそのはたらきを調べる方法がなかったのです。大腸菌などのバクテリアでなんとか基本はわかりましたが、生命科学には発生や脳の研究も含まれているのに、それをＤＮＡのはたらきとして知ることはできない状況でした。正直に言って、行きづまり感がありました。

そこにどの生きもののＤＮＡ研究も可能にする技術が生まれたのですから、エポック・メイキングと言えます。ただ、一九七〇年代には遺伝子としてのＤＮＡの研究はまだほとんどなされていませんでしたから、遺伝子をどのようにイメージしたらよいか、研究者もまだわかっていません。そこでこの技術の評価にはむずかしいものがありました。

まず、異なる生きものの間で遺伝子を動かすことの意味を、確実に評価するだけの知識がありません。何か危険があるかもしれません。一方で、この技術がＤＮＡ研究を進めるうえで不可欠であることは確実なので捨てるわけにはいきません。

ここで、科学者たちは、組換え技術の利用にモラトリアムをかけ、今後について皆で議論することにしたのです。新しい技術をだれよりも早く使って成果を出すという競争よりも、技術の安全性を確実にすることを選んだのです。当時の研究者社会の雰囲気を感じさせるすばらしい判断です。一九七五年、アメリカのカリフォルニア州アシロマで開かれた会議に世界中から研究者が集まって話し合い、みごとな答えを出しました。調べたいヒトやネズミの遺伝子を入れる細胞としては、よく性質のわかっている大腸菌を用い、しかもその大腸菌は実験室の培養液の中では育つけれども、自然界では生育できない変異株にするという約束をしたのです。

実験室をバクテリアが外へ出ない閉鎖構造にする物理的封じ込めをしたうえで、そのような変異株を用いて生物学的封じ込めをするという、優れた研究者たちが集まったからこその答えです。「生物学的封じ込め」というみごとなアイディアを出したイギリスのS・ブレンナー*は、渡辺格先生と古くからの仲良しでした。お会いするたびに、「お前は子どものころから知ってるから」と言われるので困ります。二〇代とは言え、十分おとなのつもりでしたのに。

* Sydney Brenner（一九二七—二〇一九）南アフリカ連邦生まれ。一九六〇年、フランスのジャコブらとともにmRNAを発見。セントラルドグマの実体を解明。線虫の分子生物学を始めた。

これを基に、アメリカのＮＩＨ（国立衛生研究所）が倫理的な問題も含めたガイドラインを作り、まずアメリカでの研究が始まりました。各国も同じガイドラインを取り入れたり、自国で独自のものを作成しました。

ところで日本では、この研究の危険性を指摘する声が強く、なかなか研究が始まりませんでした。そこで江上先生は、生命科学研究所で独自のガイドラインを作ることを考えられました。私は、組換えＤＮＡ技術の開発でも、アシロマ会議でも重要な役割をされたポール・バーグ教授*をスタンフォード大学に訪ね、具体的な問題を教えていただきました。そのときの教授の知的で誠実な語り口は、今でも忘れられません。アスリート風の若々しい感じという魅力も加わって。

＊ Paul Berg（一九二六―二〇二三）アメリカの生化学者。一九八〇年にノーベル化学賞受賞。

「生命科学研究所は民間なのだから、国のガイドラインを待たずとも大事なことは独自で進めよう」という、これまた尊敬すべき学者としての態度を示された江上先生の指示で、「日本で初めての組換えＤＮＡガイドライン」を作りました（といっても、もちろんアメリカＮＩＨのガイドラインに倣《なら》ってのことです）。

遅れ気味の国に対して動かれたのは、渡辺格先生です。実態がよくわからないままに、何か危ないのではないかという疑いが存在するなかで、なかなか動こうとしない文部省や研究者たちに対して、十分に議論をして的確なガイドラインを作る必要性を説かれ、率先して委員長を務められました。社会も研究者も、新しいことが現状を脅かすことを嫌って、否定的な態度が強かったのです。事実を的確にとらえ、最適の対処を考えるというアシロマ会議の議論を知っ

1975年頃、組換えDNAについてのガイドライン作成のためヨーロッパを訪ねる。右が著者

ている者としては、気になる日本の動きでした。ここでも先生に「手伝いなさい」と言われ、今度はヨーロッパを訪ねて状況を学びながら、国のガイドライン作成に関わりました。

江上先生と渡辺先生が同じような判断をなさったのは、偶然ではありません。ただ突っ走るのとは違う、全体を見ての判断を、自分の責任で下す姿勢です。このときのお二人の考え方からどれだけ多くを学んだかと思うと、その幸運をありがたく思わずにはいられません。

ちなみにこの技術は、以来、生命科学研究の場で使われ続けていますが、ガイドラインの違反やこの技術によって起きた事故の例はありません。この技術によって明らかになってきた、「遺伝子とは何か」という問いに対する答えは、教科書に詳しく書かれています。固定的だった遺伝子のイメージは変化し、生きものらしさを支える姿が見えたのはとても大事なことですが、残念ながらここでは生物学をていねいに語る余裕がありません。

もちろん遺伝子（DNA）のはたらきについてすべてがわかっているわけではありませんから、生きものを扱う技術であることを忘れず、安全性や倫理に目配りをする気持ちを失ってはいけません。また、農産物など組換えによって生じた個体の扱いは、生態系への影響も含めてまた別の配慮が必要です。

研究のありよう、社会との関わり方をどうとらえ、どう行動するか。生命誌にとって重要なことであり、この学びはずっと生かしています。

## 外部から求められた活動の生命誌へのつながり

### 生命倫理

生命科学という新しい学問を創るという役割の重みを感じながら、江上先生、渡辺先生を中心とする周囲の人々から学び、少しずつ仕事を進めていきました。社会から求められる倫理的、社会的課題を調べ、答えを出していく作業が不可欠でした。

そこで、アメリカのニューヨークに一九六九年に設立され、生命倫理学の分野で先駆的役割を果たしていたHasting Center（ヘイスティングズ生命倫理学研究所）を訪れ、この分野にどのような課題があり、どのような視点から答えを探していくかを学ぶところから始めました。その線上での研究に関心をもつ研究員を採用し、積極的に研究所から発信していきました。それまで日本にはこの種の研究はありませんでしたから、この分野の方向づけをする役割は果たせたと思っています。

ただ私自身は、この種の研究をおもしろいと思えないのです。倫理の対象は基本的に人間ですから、主として医療に関わる問題を扱います。とくに体外受精、脳死など、出生や死の場面に生命科学から生まれた新しい技術が関わるのですが、そこで浮かびあがるのが、医学・医療がもつ人間観、もう少し広く言うなら世界観です。そもそも人間を機械のように見る医療をよしとしたうえで、倫理を語ることへの疑問があります。

人間をいのちある全体的な存在として見ることなしに、倫理をもちだして対処するのは問題です。江上先生の提唱する生命科学は、人間の見方を変えることを求めています。人間は生きものというあたりまえのことを忘れたくない。生命倫理からは距離を置き、世界観を変える努力をしようと決めました。その答えが生命誌です。

## ライフステージ・コミュニティ——新しいコンセプトの提案

もう一つの体験です。人間をどのように考えていくかを模索する基本には、二人の子どもを授かり、まったくのゼロから次々と新しいものを吸収して育っていく人間の姿に毎日接して、たくさんの発見をするという体験がありました。そこで、医療の科学技術化は否定しないけれど、まず一人の人間が生まれ、成長し、老化から死へとつながっていく過程を見つめ、一人ひとりが生きることを支えるのが医療の原点だろうと考えました。もちろん、支える方法として科学技術を用いる必要はありますが、科学技術ありきではないという見方です。

幸い「住民一人ひとりが健康に生きることに注目するコミュニティづくり」という国の政策づくりの研究プロジェクトに参加し、「ライフステージ」というコンセプトを提案しました（本シリーズの第Ⅲ巻『かわる　生命誌からみた人間社会』第二部に詳述しています）。

政策を立てるにあたって、市民の一人ひとりに実際に目を向けることはむずかしいでしょう。男性か女性か、職業は何か、暮らす場所が都会か山村か、趣味は何かなど、いくらでも違いが見えてきます。でも人間である以上、生まれ、年を追って成長し、成人として暮らし、老いて、亡くなるというプロセスはだれも同じです（もちろん若くして亡くなる場合はあるとしても）。病気や障がいは特定の人のものではなく、すべての人がなり得る状態です。そこで、医療をライフステージという人の一生を見続けるシステムとしてとらえると、人間を機械ではなく全体的存在として見る医療制度や、日常的な医療の姿が見えてきます。生きものの場合、プロセスを見ることが重要なのだと気づき、時間の意味が浮かびあがってきました。これも生命誌につながりました。

## 科学技術博覧会の企画への参加——人間というテーマに直接向き合う

これも外部から求められた活動の一つですが、生命誌誕生に直接関わりますので、独立に取りあげます。

一九八五年に、筑波研究学園都市で国際科学技術博覧会が開催されました。一九七九年、中東戦争の影響などでいわゆる石油ショックとよばれる現象が起き、その影響で社会が変化していきました。経済の不況で急激な物価上昇やトイレットペーパーなど日用品の不足による日常生活の不安が生じ、国際社会の中での日本社会が不安定化していました。一九七八年に、エネルギー問題を国民レベルで考える必要性を感じた科学技術庁が博覧会を企画し、八一年に八五年の正式開催が決まりました。その底には、安定な未来のためには科学技術振興が重要という考え方があり、具体的には筑波研究学園都市の充実を求めたのです。テーマは、「科学技術と人間・居住・環境」でした。ここには科学技術の進歩が必ずしも人間・居住・環境をよい方向に動かしているとは思えない、今後のありようを考えなければならないという意識がありながら、それでもなお問題の解決は科学技術振興によるしかないとされたのです。とても複雑な状況のもとでの博覧会でした。

八一年の春に始まった博覧会の企画に、私も委員の一人として参加しました。ある日、企画の中心にいらした総合研究開発機構の下河辺《しもこうべ》淳《あつし》理事長*にこんなことを言われました。

*下河辺淳（一九二三―二〇一六）東京大学建築学科卒業後、戦災復興院を経て建設省入省。国土事務次官を経て退官後、一九七九年に総合研究開発機構（NIRA）理事長に就任。

『科学技術と人間・居住・環境』というテーマは、今の日本、いや今という時代にとってとても重要であり、博覧会というお祭りだけで扱えるものではない。ここにどんな問題があり、これからの社会を暮らしやすいものにするにはどうしたらよいかを、徹底的に考える機会にしなければならない。そこで〝科学技術と人間〟というテーマを考えて、博覧会の開会までに答えを出しなさい」。

とんでもない依頼というか命令というか。突然のお話にとまどいましたが、やるしかありません。「居住」は社会学の公文《くもん》俊平さん、「環境」は科学史の村上陽一郎さんに同じ役割が与えられました。公文さんは一九三五年生まれ、村上さんと私は一九三六年生まれ。当時四〇代半ばでした。下河辺理事長は、次の世代に考えさせようと目論《もくろ》まれたのです。

「科学技術と人間」というテーマが与えられたとき、優等生が出す答えは、すぐわかりました。「今後、科学技術は急速な展開が期待できます。それを世界に伍して、ときにはリードして進めていくことは不可欠です。ただ、それらの技術が本当に人間を幸せにするかどうか。この検討が必要です。倫理的、社会的問題のチェックシステムをつくり、安心して技術開発ができるようにすることが重要です」。

博覧会で期待されていたのは、エレクトロニクスとバイオテクノロジーでした。事実多くのパビリオンで新しい映像技術やロボットなどが活躍しました。もっとも最先端バイオテクノロジーと受けとめられた一万個の実をつけるトマトは、水耕栽培を生かして、密に広がった根が十分な栄養を吸収するという、ふつうのトマトのもつ能力を最大限に生かしたものだったのですが。大人気なのを見て、このトマトと同じように、生きものたちの力を全開させる技術のあり方を考えようと思いました。

実は、下河辺さんのお話を聞いたときに、このような博覧会の展示と生命科学研究所での体験とから考えて、ここにあげた模範解答だけは出すまいと心に決めたのです。意味のある答えとは思えず、自分を納得させられないからです。科学のありようも、科学技術の使われ方も、疑問だらけでした。それ以前に、社会のありように納得できないものがあり、人間そのものがこの生き方をしていてよいのだろうかという問いがありました。

本来人間ってこういうものなのだろうか。社会が進み、人間も進歩していると言うけれど、本当かしら。人間とは何かという基本を問わずに科学技術をあれこれ考えても意味がない……。私の力で答えが出せるはずもないところへどんどん入っていき、止まりません。自分で勝手に答えをむずかしくしていることはわかっていましたが、この難問を捨てる気にならなかったのです。実はこれへの答えが、人間という言葉が表には直接出ない「生命誌研究館」になるとは、そのときは思ってもいませんでした。

# 4　生命誌へと踏み出した一歩――一九八〇年代後半へ向けて

## Neo-Natural History（新自然史）

「生命科学」という新しい言葉が社会に受容され、社会や学会から生命科学の内容を知りたいという要求が多くなりましたので、それに応えながら自分の中に少しずつ生まれてくる違和感を整理する日が続きました。その中で、「科学技術と人間」というテーマに、生命科学で学んだことを生かそうと考えをまとめていきました。

①生物学ではなく「生命科学」と称するからには、人間のことを考えなければならないし、それは大事な興味深いテーマである。

ただ生命科学との関連で人間が問われる場合、アメリカでの研究がほとんどすべて医療であることもあって、社会的な課題はいつも医療との関連になり、医療技術の開発と倫理問題に収斂する。一方、人文・社会科学が対象にする人間を生命科学研究と結びつけて人間そのものを考える方法は確立しておらず、その模索もむずかしい。人間を考える具体的な知を探さなければならない。

②生物学を総合化した生命科学の特徴は、生きもののもつ多様性とDNAという切り口から生まれた共通性の両方を抱え込んでいることである。

けれども現代社会は一律化の方向にあり、多様性にほとんど目を向けていない。多様性の大事さを出さなければならない。

③時間という課題がある。

現代社会は効率至上主義、成果主義であり、プロセスを大切にしない。生きるということはプロセスそのものであり、ライフステージという概念を提案したのは、プロセスに注目することで一人ひとりの人間を大切にできると考えたからである。

生きものは、個体では発生（この言葉を生物学で用いる「誕生」という意味だけでなく、「一生」という過程を含ませて用いる）、生きもの全体では進化というプロセスあっての存在であり、時間を無視して生きものは考えられない。

④重要なのは世界観である。

どのような世界観をもつか。まだ見えていないが、それを探らなければならない。

このようなことを整理して出てきた答えは、「生きものとしての人間」という視点がとれる方法を探そうということでした。それを考えるためのノートをつくり、あれこれ考えたあげく表紙に「Neo-Natural History」と書きました。

①〜④までの整理によって、「人間は生きものであり、生きものは自然の一部である」という基本から出発する必要があると思ったのです。「人間・生命・自然」という形で人間を考えようということです。自然の中にある生きものすべてに目を向け、生きものたちが生まれ、生

きて死んでいく様子を観察してきたのがNatural History（自然誌または博物誌）です。一九八〇年代には、この学問は古くさいものとされ、生物学ではまったく重視されていませんでした。私自身学んだことはなく、何の知識もありません。けれども生命科学を考えているうちに、どうしてもこれに思いを致さなければならなくなり、まったく知らない「自然誌」に近づく決心をしました。

とはいえ、「自然誌」は、ＤＮＡなどまったく知られていない時代の学問です。それをそのまま持ちこんでも意味がありません。ＤＮＡの二重らせん構造解明以来明らかになってきた新しい事実、とくにあらゆる生きものの共通性を生かすことは不可欠です。そこでまずはNeo（新）をつけました。「Neo-Natural History（新自然誌）」という文字を眺め、さあ具体的に何をしようかと考え始めました。近しい仲間に見せたら「何それ。このごろネオ・ナチとかいうのが台頭してきているそうだけど、それみたい」とけなされましたけれど。

## 新自然誌の構想が本格化した喜び――ゲノムの登場

歴史のおもしろさやふしぎさを感じることがよくあります。三菱化成の「生命科学研究所」

が始まった一九七一年には、「遺伝学、発生生物学、生態学など生物学の全分野をまとめて、微生物、植物、動物などあらゆる生物を対象にする総合科学」というコンセプトは理解できても、この具体化の方法はまったくわかっていませんでした。単細胞生物である大腸菌などのバクテリアを用いてDNA、RNA、タンパク質という細胞の主成分、つまり生きていることを支える基本物質の関係は解明されました。セントラル・ドグマと言われ、DNA→RNA→タンパク質という情報の流れが明確に見えたのです。しかし、そこから先にどう進むかはだれにもわかりません。しろうとが考えても、生きものの形づくりや脳のはたらきなど、知りたいことはいくらでもありますが、バクテリアを用いていたのでは、それを知ることはできません。

そこで研究対象の選択が始まったのです。「多細胞生物として一番簡単なものはヒルではないか」、「遺伝学が進んでいるショウジョウバエがよい」、「やはり実験動物はネズミだろう」などといろいろな意見が出され、実際にそれへの取り組みが計画されましたが、うまく進みません。多細胞生物の細胞を培養したらよいと考え、思いきって脳細胞の培養を始める研究者もいました。世界中でさまざまな試みがなされているときに、思いがけない解決策が登場しました。それが「組換えDNA技術」です。これでどの多細胞生物でも研究できます。もちろん人間も。こうして生命科学は具体的に研究できる学問になり、言葉としても普及し、内容も急速に充実していったのです。

　そのなかで一九八〇年代半ば、「新自然誌」などというだれにも理解されない言葉をつくって、これをどのように進めたらよいか悩んでいたところに、歴史がおもしろい展開を見せてくれました。実態でありコンセプトでもある「Genome（ゲノム）」の登場です。この言葉を知ったとき、体に電気のようなものが走りました。ゲノムによって生きものとは何か、その中での人間とは何かという問いを、科学を基本に置きながら広く深く考える道がつけられると直感したのです。鋭い切り口と、具体的な研究の方向とが見えてきました。

　こうして生命科学の本来の姿を求める活動への答えとして「生命誌」という新しい知が浮かび上がり、それは「生命科学と人間」というテーマへの答えでもあることがわかりました。ゲノムは細胞の中にあるＤＮＡの全体であり、これで人間のことがすべてわかるというものではありません。けれどもゲノムを切り口にして生きものを見るという方法は、そのときの悩みを解決するものでした。これが生命誌という新しい知への始まりです。

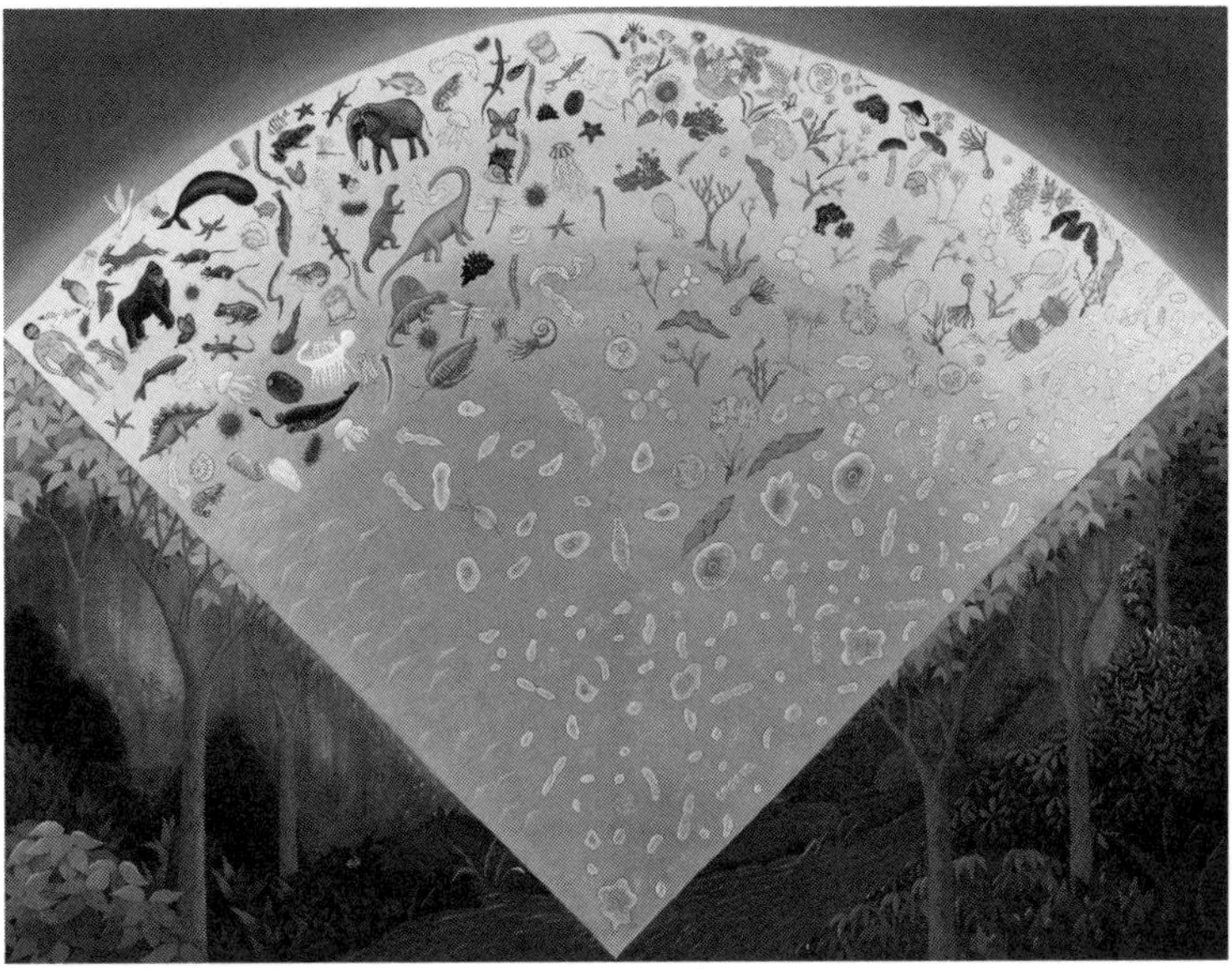

生命誌絵巻

## 「生命誌絵巻」の中で考え始める

ゲノムを知ることで浮かびあがったイメージである「生命誌絵巻」を示します（描いたのは一九九一年に設立した生命誌研究館準備室においてですが、ゲノムによって見えてきたものをまず具体的に示したほうが話が進めやすいので、ここに示します。一三七頁、前見返しのカラー図を参照）。

地球上には数千万種とも言われる多様な生きものが存在します。この多様性こそ生きものたちの存続を支えてきた鍵です。一方で、すべての生きものはゲノムをもつ細胞から成るという共通性をもっています。これは、地球上の生きものはどれも三八億年ほど前に海に存在していた祖先細胞から生まれてきた仲間であることを示します。みごとな共通性をもちながら、驚くほどの多様性を示す。これこそ生きものの特徴であり、興味深いところです。

次に、「生命誌絵巻」は扇形であり、扇の天に描かれた生きものはどれも扇の要《かなめ》、つまり祖先細胞から等距離にあります。すべての生きものが、三八億年という時間あっての存在として、今ここにいるのです。小さなアリも、その祖先をたどれば三八億年という長い時間あってこそ、今ここにいるのであり、一つひとつの生きものの細胞にあるゲノムには、この三八億年の歴史が書き込まれているのです。ゲノムに書き込まれた生きものたちの歴史を解読し、相互に比較し合えば、生きもの同士の関係が見えてきます。生きものの歴史物語が読みとれるのです。まさに生命誌です。

「生命誌絵巻」に描かれた生きものたちの関係から、生きものの間にはそれまで言われていたような高等、下等という概念はあてはまらないことも見えてきました。祖先細胞から始まる進化の過程で、複雑化は起きますけれども。

生命誌にとってとくに大事なのは、「絵巻」の中に人間がいることです。人間は生きものなのですからあたりまえですが、現代社会では、人間は扇の外に出て、上の方から生きものたちを見下しながら暮らしているつもりになっているようです。自然を支配し、自然離れこそ進歩した生活だと考えて技術開発を進めてきたのが、現代社会ではないでしょうか。生きものに対する「上から目線」です。人間も生きものなのですから扇の中にいる存在としての「中から目線」をもち、生き方を考えていくのが本来の姿でしょう。

「生命誌絵巻」は、「人間は生きものであるとは、人間がこの『絵巻』の中におり、三八億年の歴史を他の生きものたちと共有して生きていることである」という事実を示しています。もちろん、数千万種もの生きものたちはそれぞれの能力を生かし、特徴ある生をまっとうしているのであり、人間も人間独自の力を生かした生き方をするのは当然です。扇の中にいながら人間独自の能力を思いきり生かすとはどのような生き方か。それが生命誌のテーマです。

このころ、生命科学でゲノム研究の重要性が浮き彫りになり、一九九〇年にヒトゲノムプロジェクトが始まります。ゲノムを知るための純粋科学であれば、単純で、長い間研究されてきた大腸菌のゲノムから始め、少しずつ複雑なゲノムを調べていこうと考えるのが常識です。ゲノム解析とは、それを構成する塩基の配列を調べることであり、大腸菌ゲノムなら塩基数は五〇〇万ほどです。それなのにゲノムプロジェクトは、いきなりヒトを対象にしました。三二億塩基もあるヒトゲノムがはたして解読できるのか、まだ解析技術も確立しておらず、大きな議論をよびました。それなのになぜヒトなのか。それはゲノムを知りたい理由が、がんをはじめとする病気の研究を進めることだったからです。

幸い、生命誌研究館構想が具体的に動き始めたまさにそのときに、世界中の研究者が協力してのヒトゲノムプロジェクトが始まったのです。もちろん生命科学は機械論で動いていますから、このプロジェクトの底にある考え方は生命誌とは違います。でもゲノム解析の結果は、そのまま生命誌に生かせます。

ヒトゲノムを一応解読したという宣言が二〇〇三年になされ、その後の生命科学研究はゲノムを意識して進められるようになりましたので、生命誌の意味を理解してくれる研究者仲間がどんどん増えていったのは、ありがたいことです。ゲノム研究が始まったことで、これまでのように限られた実験動物を調べる研究から、おもしろそうな生命現象を知ろうと、自然界の生きものすべてに目が向くようになっていきます。生命科学の研究が、生命誌の方向に動き始めたのです。時代の変化を感じました。

# II 「生命誌研究館」を創る

## 1　ある日「生命誌研究館」という言葉が生まれて

### 「一〇〇年先を見て種をまく」

総合研究開発機構の研究叢書『生命科学における科学と社会の接点を考える――生命誌研究館（Biohistory Research Hall）の提案』を開いています。発行は平成元年（一九八九年）ですから、八〇年代に考え続けてギリギリ出した答えです。前述したように、生命科学が本当にやるべきことは何なのだろうという内発的な問いと、「科学技術と人間」という外から与えられた課題が一緒になって出てきました。「科学技術と人間」という課題への、安易な模範解答は書くまいと思ったときには、モヤモヤした形でしか存在していなかった考えを形にしたものです。一〇〇点ではないかもしれないけれど、方向は間違っていないと思えるものになりました。

もっとも、今この時点で「生命誌研究館とは何か」と聞かれたら、ここに書いてあることと同じ答えにはなりません。このときから三〇年、その間「生命誌研究館」のことを考え続けてきましたし、学問も社会も変化していますので。今思うことについては後に書きますが、ここでは「Neo-Natural History」を考える中から、「生命誌研究館」という言葉が浮かんできたときのことを伝えたいのです。本当はこのとき、新鮮な気持ちで懸命に書いた報告書のすべてを読んでいただきたいのですが、それは叶いません。核の部分だけを引用します。

## 生命誌（バイオヒストリー）とは

生命誌は、生命科学（ライフサイエンス）と博物誌（Neo-Natural History）とを踏まえている。生命科学は、すべての生物に共通な基本現象を追究し、そこから生物全体を見ていこうとする分野であり、地球上の生物はすべて、DNAを遺伝子としてもつ仲間であることを示した。この事実は、地球の生物は一つの祖先（それはおそらく三〇数億年前に生まれた）から

進化したものであることも示している。生命の誕生以来、さまざまな生物が生まれ、また死んでいった。そして現在三〇〇〇万種ともいわれる多様な生物は、生態系とよばれる一つのシステムをつくって、お互いに関係し合いながら生活している。遺伝子研究は、この生物の進化の様子をみごとに示しており、生命の流れとよぶのが相応しい生物の歴史を明らかにしつつある。生物地球科学、生態学は、生物たちの相互関係を解明している。つまり、現代生物学は、生命の中に刻み込まれているさまざまな物語（History）を読みとる作業になっている。

かつて、博物誌（Natural History）が、生きものをつぶさに観察し、収集し、生物の歴史や暮しを読みとる作業をしてきた。ただ、この場合は、生物を外から眺め、動物と植物とはそれぞれ別の物と見ていた。

　現代生物学は、大腸菌もハエも人間も、すべて遺伝子を分析している。とはいっても、遺伝子だけを眺めていても決しておもしろくはない。その向こう側に、生きものの姿が見えてくるからこそ興味深いのである。生物学は物質研究で終わることはなく、空を飛び、海を泳ぎ、地上を走る、または春に花を咲かせるさまざまな生きものたちを知り、それと接しなければ意味がない。改めて生物たちが描きだす物語を読みとることがおもしろい時代になったのである。

　このようなものの見方は、博物誌と共通している。ただ、その違いの第一は、生命あるものすべてを一つの流れの中に位置づけること。博物誌の場合、人間は観察者として別に存在していたが、今や、人間も生命の流れの中の一員である。こうして、生命あるもののなかに人間を位置づけることができる。それが生命誌である。

　生命の物語を読みとる作業は、科学だけが行なうものではないのはもちろんである。「生命とは、人間とは、自然とは」という根源的な問いに答えるには、総合的知が必要である。哲学、文学、絵画、音楽……これらすべての活動の根は、生命の物語を読むことだろう。生命科学の項で、科学が分化してしまったと指摘したが、元へ戻れば、これらはすべて混然と存在していたのである。ときにそれは、一人の人間の中で融合していた。これらが分かれてしまった今、現代科学を核としてもう一度それを結び合わせ、その共同作業で新しい生命観、人間観、自然観を打ち出していきたい。これも生命誌の仕事である。

## 文化としての科学

生命の科学、それは、生きているとはどういうことだろうという基本的な問いに答えるもので、この問いに答えようとする他の知的活動、文学や音楽と並ぶものである。けれども、近年、科学には必ずといってよいほど技術の匂いがつきまとい、役に立つかどうかという判断が第一になってしまう。最近では基礎科学の重要性が指摘され、日本でも基礎科学振興がうたわれている。しかし、その理由は技術開発に新しい科学知識が必要だからという面が強い。そこから離れた知としての科学。これだけ経済的に豊かになった日本であれば、そのような活動をする場があってもよいだろう。もう少し広く考えれば、社会のゆとりの一つとして、社会に厚みをもたせるために、たくさん考えられる文化活動の一つとして「日本社会の中に科学を根づかせる」という項目も考えられるはずだと思う。これが文化としての科学であり、バイオヒストリーはまさにそのような活動を盛り上げる分野である。科学と社会の接点の本質は、科学技術をぐんぐん進歩させ、その社会への影響をアセスメントすることではなく、科学そのものを社会に根づかせることである。

## 発想の原点

日本は経済大国になったという。豊かな国だという。その実感があるかと問われると首をかしげる他ない。経済的に余裕があるとすれば、それを海外の土地の購入やリゾート地開発に使うだけでなく、日本の社会に厚みをもたせるために使ってもよいだろう。文化を育てるために使ってもよいだろう。滅びそうな伝統芸能をたて直すこと、だれもが自由にいつでも使えるスポーツ施設を整えること、オペラ劇場の建設……たくさん考えられる中の一つとして、「本物の科学を育てる」という項目も考えられるはずだ。本物の科学とは何だい、そもそも科学は文化かね、という質問がとんできそうだ。そこで、ちょっと身構えて、そもそもと始めたい。

科学はヨーロッパで生まれた。村上陽一郎氏の説を借りれば、今日的意味での科学は一九世紀半ばに誕生したという。一七世紀までは、知識は哲学的、神学的な体系として総合的な形で存在した。自然についての知識も、その中に含まれていた。一八世紀になって、啓蒙主義者がそれを断片的な知識の集まり、つまり百科全書にした。そして一八世紀後半から一九世紀にかけて、気象学、化学など実用的な目的別に知識が分かれ、それぞれの専門家が生まれ、その総称としての科学者という言葉も生まれたのだという。それまでは「知識」の意味であったScienceが、その一分野である「科学」の意味に変化し専門的職業人「科学者」が生まれたちょうどそのころ、日本は江戸から明治への変化の時代を迎えていた。

日本は西欧からの科学の移入にあたり、その目的を産業振興、富国強兵に置いた。このような目的のためには、それはちょうどよい時期だったといえる。大学を設立するにあたって、このように分科した科学と、欧米では専門学校に任されていた技術とをともに取り入れて、その後一〇〇年余、その研究と教育を進めてきた。以後のわが国での科学技術の進展、それを基盤にした産業の振興の成功はすでによく言われているとおりである。現在では、科学技術という言葉が日常的に使われる状況になっている。

このような歴史をもつ科学技術により、われわれの生活は便利に、豊かになった。しかし、人間として「生きる」ことを考えた場合、本当に今の生活を「豊か」と言えるかどうか……多くの人の心の中にそのような疑問がわき始めた。身のまわりの自然、食べ物、医療という物質的側面にも、人間関係、価値観のような精神的側面にも、むしろ「貧しさ」

を感じている人が少なくない。

このような状況をつくった科学、科学技術の世界にいる人間として、何かできないだろうか、というより何かやることがあるという気がするのだ。明治以来、日本が追求してきた近代化の基本は、できるだけ速く欧米に追いつこうということであり、そのためには効率に価値を置いてきた。その点では、この一〇〇年は成功と言えるのだが、その結果、前記のような迷いが出てきた。そこで歴史をふり返ってみると、明治時代の科学の移入は、分科し実用性に結びつくものになった時点で取り入れていることに気づく。科学はどのようにして生まれたのか、科学を支える思想は……西欧で生まれた科学を、それが持っている思想とともに学び直したり、日本人の眼で見直すことが必要ではないだろうか。

日本の自然観の中でとくに興味深いのは、森林との関係だろう。本来狩猟民族であったヨーロッパの人々は、動物への関心が強かった。狩猟は博物学であると言われるように、いかにして獲物をとらえ、食に供するか、これらの日常活動の中で動物の生態、行動、体の構造などに通じていたのは当然だろう。一方、農耕型の文化を基盤とする日本では、自然といえば植物、そして森林との接触が重要であった。このような違いは現代においても、その自然認識、自然とのつきあい方に影響を与えているに違いない。しかし、日本には、本来、自然を対象化し、論理的に解明する考え方はない。それは欧米で生まれた科学として学ばなければならない。このような歴史も踏まえて生命の科学を考えてみる――かなりの、まわり道だが、そんなところから、今後の生き方が見えてこないだろうか。

まず、身のまわりの自然を見つめ、生きもののふしぎを解き明かす、楽しく身についた研究をすること、それが原点だろう。近年、とくに都会では、生きものに触れることが少なくなったと言われるが、全国私立幼稚園協会の調査を見ると、幼児の日常語の中には自然を語る言葉がたくさん含まれている。一方、国立教育研究所の報告に見る、世界一九カ国での科学のテストの成績比較を見ると、日本の子どもたちは上級生になるに従って順位が落ちていくこと、とくに生物学でそれが顕著であることがわかる。生きものを知り研究する場、それが必要だ。そこでは、また「生きる」とは何かについて、ゆったりとしかし真剣に考える。そこには、若者や一般の人も参加でき、思想的裏打ちのある科学、楽しい科学の中から何かを学びとっていくことができる。新しい技術の開発、新製品の生産に直接つながる活動、論文生産競争の中で勝者になること、このような大きな流れから少しはずれたところで、小さな場でよい、新しい芽をつくってみたいという気持ちである。

発想の原点は、このように、少しゆとりのある活動をしたいということだが、心の奥には、人類の未来を考え、地球の将来を考えると、今このような活動を始めることが大事だという意気込み（思い込み？）もある。地球の上での日本の役割を考えたときにも、このような活動は必須だという気持ちもある。けれども、最初からあまり大きなことは言わずに、とにかく小さな芽をつくってみたい。このような活動が、文化としての科学、本物の科学を育てるという言葉で表現したことの内容である。

## 一〇〇年先を見て種をまく

これまで述べてきたように、生命誌という新分野を始め、文化としての科学を日本に根づかせるという作業は、どのくらいの期間をにらんだものになるだろう。よくはわからないが、一〇〇年先に花が咲くことを考えてタネをまくという気持ちである。

科学が日本に導入されたのが明治のはじめ。それから現在まで約一二〇年経過している。そのあいだ科学は、技術に役立つという位置づけがなされ、その意味では、かなりの成功をおさめてきた。日本が産業技術では、世界に冠たる国になったことは確かである。これは、産業をおこし、人々の生活レベルを上げるための科学技術育成というねらいが、社会に根づき育てられてきた結果といえよう。つまり、一〇〇年たてばその成果は現れるということである。

したがって、生きているとはどういうことだろうという基本的な問いを、新しい科学の眼と身のまわりの生物を見る日常の眼とを組み合わせ問うていくという、身近でしかも新しい科学のねらいが的を射たものであるなら、一〇〇年経てば社会に根づいているだろう。それが間違っていれば、どこかで消えてしまうかもしれない。植物のタネも、土にまいて芽を出し、大樹になって枝をのばし根をはるまでには、一〇〇年かかる。

（ＮＩＲＡ研究叢書『生命科学における科学と社会の接点を考える
——生命誌研究館（Biohistory Research Hall）の提案』三四〜三八頁）

「文化としての科学」、思想の大切さ、長期的な視点の必要性などは、最近少しずつ科学者のなかで言われ始めています。生命誌研究館は三〇年以上前にこれらを考えて始めた活動であることを確認しておきたい気持ちで、そのまま引用しました。

## 「研究館（リサーチ・ホール）」が生まれた瞬間

ところで、前の引用では研究館に触れていません。この課題を懸命に考え、いろいろな方に相談しているなかで、ある日哲学を専門とする友人と話しているときに、急に口をついて出たのが「生命誌研究館」でした。この六文字が生まれた途端に頭の中のモヤモヤがすっと晴れて、初めてやるべきことが見えてきたこの瞬間は、今も忘れられません。「生命誌」を考えだし、それを実行する場はどのようなものにしようかと考えた結果、「研究館」という言葉が出てきたのではなく、「生命誌研究館」は一つの単語として現れてきたのです。研究館についても当時の思いをそのまま引用したいと思います。

研究館（リサーチ・ホール）という言葉には、思いを込めてある。研究所というと、専門家が集まってむずかしい研究をする閉鎖的な場のイメージがある。生命誌研究館の場は、多くの人々が楽しく参加し、知的にまた人間的に満足感を味わえるところでなければならない。そのような場の一つとして博物館があるが、これは展示が主で、研究は従になる。

生命誌の場合は、研究を中心に置き、それを社会に開いたものにして、展示もしていくというようにしたい。そこで考えたのが研究館である。音楽にとってのコンサートホールと同じように、プロもアマも一緒に質の高いものを楽しめる場である。

研究館で行なわれることは次の四点である。

①生きものに関する興味深い実験が行なわれること

生きているとはどういうことか。いつの時代にも人々の心の底にある疑問である。哲学も文学もこの疑問から出発していると言ってもよい。生物学では生きていることに関する科学が大変興味深い成果を上げつつあり、そこから新しい知識が得られる。生物はどのように進化してきたか、一個の受精卵から個体ができていく過程で何が起きているか、脳はどのようにはたらいているかなどのテーマは、生きもの、さらには人間のあり様、生き方を考えるうえに重要な情報を与える。実験を重視することは科学の特徴の一つである。その実験が本当に魅力的なものであるか、本当に生きものとは何かという知的興味と結びついているか。生きもののふしぎ、生きものの魅力を引き出すような研究が行なわれる場であることが、生命の問題を考える場としては不可欠である。

②人間とは何だろう、どのように生きるものだろうという基本的な問いについて考える場

であること

実験が生きものについて考える思索につながるか。今は、多くの場でそれが別々になってしまっている。とくに、分子生物学や生化学のように有機物質を扱う実験が多くなり、バイオテクノロジーという応用面が強く打ちだされるようになってからは、生きものという言葉が置き去りにされているという不安感を一般の人々に抱かせている。その結果、科学と社会のあいだには、ときに過剰とも言える成果への期待と、やはり過剰になりがちな不安感という、あまり望ましくない関係がある。その理由の一つは、研究が専門的になり過ぎ、実態がわからないことではないか。そこで、実験の見えるところで、人々が思索し、議論すれば、建設的な人類の未来像を打ちだすものになるのではないか。研究館はそのような場である。ここでは、科学を人間の知的活動の一つとして位置づけ、美術や音楽などと関連づけながら語り、われわれの知の世界を豊かにするもの、思想の基盤づくりの一素材として取りあげる。

③社会とのコミュニケーションのある科学の場であること

絵も音楽も文学も、専門家がつくりだすものだが、それが専門家の中だけにとどまっていることはない。小説が小説家のあいだだけで読まれ評価されるということはないし、小説を書くときにそう考えている人はいない。ところが、科学は多くの成果が専門家の中にしか知らされない。専門家という意味は非常に狭く、同じ生物学者でも、少し違うテーマの研究はもうわからない。これでは、科学が文化として存在するとは言えない。こんなことが知りたい、自分もちょっと科学をかじってみたい、だれさんの研究はおもしろいと思うけれどだれさんの研究はあまり魅力がないなどと、皆で批評してもよいのではないだろうか。科学となった途端に特別視されて、むずかしいと思われたり、急に創造性があるとかないとか言われたりするが、啓蒙ではなく、音楽を社会に送りだすのと同じように科学が社会とつながる姿を求めてみたい。

## ④科学者という人間を浮き彫りにすること

音楽や絵の場合、つねにそれはだれの作品であるかが意識されるのに比べ、科学ではあまり人は登場しない。大きな成果を上げたり受賞したりというようなときには、突如人が現れ、一時期ワイワイ騒がれ、研究者にとってはわずらわしいことになる。時期が過ぎると人の顔はまた消えてしまう。以前は、○○大学には△△先生がいるから○○大学で勉強したいという話もあったが、最近は偏差値のほうが主になって、何をやりたいかさえはっきりしない状態になっている。どこでどのような先生がどのような考え方で仕事をしているか、ほとんど問題にされなくなってしまった。

科学も人間の行為であり、研究には必ず人間性が反映される。長い間研究を続けてきた研究者の中には、必ず独特の蓄積がなされており、そのような人に接するとき、得るものは多い。とくに、若い人が科学者を通して科学を学ぶことができれば、単に知識としてではなく、もっと広い人間の活動としての科学を受け入れることになるだろう。その人たちが、その後科学者になろうとなるまいと、そのような体験は、何らかの形で生きるはずである。科学がより人間的なものになり、人々が科学により親しみを感じる社会ができ上がっていくに違いない。若い人が訪れ、科学者と接し、議論したり、ときには研究をともにしたりできる場をつくることによって、このような芽を育てていきたい。

おもしろい研究が行なわれ、実験の場の脇で、生命について、人間についての議論が行なわれる。ときには音楽や絵を鑑賞しながら、科学と芸術についての議論も楽しい。外部からも人が訪れ議論に加わる。パソコン通信やファクシミリで意見を送ることもできる。送られてきた意見を整理して問題を掘り起こし、またそれを議論の材料にする。議論の成果は、パソコンやファクシミリを通じたり、印刷物の形で社会に発信していく。若い研究者、中学や高校の先生、学生など、生命研究に興味をもつ人々が訪れて、新しい研究や科学者の人格に触れ何かを学び取る。ここは、たとえば薬の開発などといった意味で役立つ研究を行なうところではないが、文化としての科学を根づかせる場として、社会に役立つものになるはずである。

（『ＮＩＲＡ政策研究』Vol.3 No.11 二三〜二四頁）

今や懐かしい言葉となった「パソコン通信とファクシミリ」が登場、実際にパソコン通信を用いて議論の場をつくって、さまざまな分野の若い人たちと話し合いを楽しみました。ときに争いも起きましたし、それが収まっていく過程は、とても勉強になりました。三〇年の間に考えは少しずつ変わっていますが、原点として大事です。文化としての科学、一〇〇年先を見るなどはますます重要になっています。報告書を書くにあたって、世界の名のある博物館・科学館をできるだけたくさん訪れました。研究が社会の中にある状態を見ておきたかったからです。

海外でも、自然誌や科学と市民との間をつなぐ施設をできるだけ訪れ、運営を支えるフィロソフィーを聞くようつとめました。大英自然史博物館（ロンドン）、ドイツ博物館（ミュンヘン）、シテ科学産業博物館（パリ）、発見宮殿（パリ）、ヘルシンキ自然史博物館、スミソニアン自然史博物館（ワシントン）、ボストン科学博物館、エクスプロラトリウム（サンフランシスコ）、サイエンス・ノース（カナダ）などは、展示されている場からは見えない裏側での活動に興味深いものがあり、いわゆる文化としての科学のありようが見え、勉強になりました。博物館の地下にヘビやナマケモノなど子どもたちが喜びそうな生きものがいて、「これらを連れて学校訪問をすると科学への関心が高まって身近に感じてもらえるんだ」と話す学芸員は、ご本人が一番楽しんでいるようで、要は人間だなと思いました。

生命科学研究者にとっては憧れの地と言える、コールド・スプリング・ハーバー研究所（ニュージャージー州）、ソーク研究所（カリフォルニア州ラ・ホヤ、二重らせん発見のクリック博士が活躍）、ウッズホール海洋研究所（カリフォルニア州ウッズホール）など第一級の研究をしている場でも、次の世代に生きものを知るおもしろさを伝える活動がみごとに行なわれており、学ぶことがたくさんありました。とはいえ、私が考える「研究館」とまったく同じコンセプトをもつ施設は、国内はもちろん国外にも見当たらず、研究館の独自性を大切にしようと強く思ったことを思い出します。

## 生命誌研究館につながる活動あれこれ

生命誌研究館では、「生きているってどういうことだろう」というあたりまえのことを、とことん考えたいと思いました。それには、生命科学が重要であることはもちろんですが、科学という学問にこだわっていてはだめです。そこで「生きているとは」をテーマにして、関連することを少しずつやってみることにしました。思い出すとあらゆることを試みていますが、その中から毛色の異なるものを三つ選んで簡単に書きます。そこから生命誌らしさが見えてくることを願って。

第一は、CGIAR（Consultative Group on International Agricultural Research 国際農業研究協議グループ）の活動への参加です。一九七一年に途上国の農林水産業の生産性向上、技術開発、貧困削減、環境保全を目的に創設された国際組織であり、国際稲研究所、国際馬鈴薯センターなど、一五の研究機関が所属しています。

一九八八年のある日、「CGIARの活動に参加しませんか」という手紙が届きました。新しいメンバーを選考するにあたり、女性、日本人、役人ではない、バイオテクノロジーがわかるというキーワードで探したら、私の名前が出てきたというのです。農業も途上国問題も専門外ですが、どちらのテーマも生命誌には含まれますので、アフリカのナイジェリアにある国際熱帯農業研究所の理事として参加することにしました。

ナイジェリアでは首都ラゴスに次いで二番目の都市であるイバダンの郊外にある研究所に、

年二回通う仕事です。この研究所の大事なテーマが地域の自然と歴史や文化を生かすということろにあるのが、私の気持ちとピタリと合いました。所長さんからの手紙に、対象はアフリカの小農であり、彼らの農法や生活を知ったうえでできるだけ高い技術を活用すること、生態系を大事にすることの二つを基本に置くと書いてあり、共感しました。

新しい体験ばかりで書きたいことはたくさんありますが、特に印象的だったいくつかについて述べます。実際に調理場を訪ねて知ったのは、かまどの改良でした。それまでは、鍋の下でただボウボウと薪を燃やしていたのを、「かまどを作り、そこに鍋を乗せるようにしただけで、効率が格段に上がり、薪の使用量が減ったうえに煙くさくなくなった」と語る女性のいきいきとした顔を見て、お手伝いとは、まさしくこういうことなのだとわかりました。

もちろん、最先端技術を用いての品種改良も行なわれていますが、そのためにバナナのタネを採取するには、山ほどのバナナをすり潰し、その中から小さなタネを探しだすという地味で体力のいる仕事が必要です。小さな小さなバナナのタネが一粒見つかると大喜び。バナナのタネを初めて見ました。

興味深かったのはお豆腐づくりです。良質なタンパク質としての大豆食の普及も大事な仕事でした。植民地時代は油をとるために大豆を大量に輸入していたヨーロッパ人が、「大豆には毒がある」と教えて食べさせないようにしていたので（人間って本当に勝手ですね。考えるべきテーマです）、まず大豆はすばらしい食品であるというキャンペーンから始めなければなりません。

そのうえで美味しく食べる工夫として、日本人研究者がお豆腐づくりをしていました。ナイジェリアでは、野草の茎を折ると出てくる液をミルクに入れて固めたチーズのような食品があります。「ボンボン」とよばれるその液を大豆のしぼり汁に入れると、みごとにお豆腐ができます。にがりを入れた日本風の製法を普及するのはむずかしくても、既存の方法を活用するのならうまくいく可能性は高まります。

納豆に注目した例もあります。蒸し煮にしたイナゴ豆を放置し、バチルス属細菌によって発酵させたものを練って天日乾燥した、一種の乾燥みそを使ったスープがあります。ナイジェリアでは毎日これを食べていることを知り、納豆スープを作ったところ、なかには「このほうがおいしい」と言う人もいました。

食べものは保守的なところがありますから、急速な転換はないでしょうが、大豆の生産を計画的に行なうには、それを上手に食べられるようになることが大事だという日常的な発想の重要性を実感しました。生命誌を考えるうえで大切なことを学びました。

生命誌を始めるときに書いた『生命誌の扉をひらく』（哲学書房、二〇〇〇年）にこのときの体験をいくつか述べましたので、お読みいただけるとありがたく思います。

二つ目のトピックは「三宅島プログラム」です。生命誌は専門家のものではありませんので、その考え方をさまざまな人々に伝え、一緒に考える仲間を増やしていくことが大事です。大事な仲間として子どもたちがいます。生命誌研究館で日常的に行なうのは、実験室での研究によって生きものの魅力を解明していく研究と、そこから生まれる知を表現していくことです。さらにもう一つ、自然の中で生きものに接する体験が必要であり、とくに子どもの場合はこの体験が不可欠です。それがどのような形でできるか。それを探る試みとして、自然体験を実行している方に力を借りることにしました。

相談をしたのは、魚類学者として知られるジャック・モイヤー博士*です。一九八八年のことでした。モイヤー先生は、朝鮮戦争で在日米軍として訪れた三宅島の魅力に惹かれ、退役して三宅島で暮らします。そこでアメリカン・スクールの六、七、八年生(日本の小学六年生から中学二年生)を対象に自然教育を続けてこられたのです。そしてこれからの地球のことを考えると、この活動はますます重要になり、日本の子どもにも三宅島での体験をさせたいと考え始めていらしたときでした。

＊ Jack T. Moyer（一九二九―二〇〇四）米カンザス州生。海洋生態学・環境教育コンサルタント。

昼間はモイヤー先生の指導によるきれいな海に潜っての魚の生態観察や、島の人の案内で山に登っての地質や野草などの植物調査を行ない、夕食後にＤＮＡまで含めた生命誌の話をしたら、とても意味のある教室になりますね、と、先生との相談はすぐにまとまりました。

一九八九年の夏から始めた中学一・二年生一四人で五日間のサマー・スクールは、モイヤー先生のそれまでの体験をすべて生かしていただきました。夕食後に、シュノーケルを通して見たクマノミなど鮮やかな色の魚たちの生態について、競って語り合う子どもたちの声が今も聞こえます。事故のないようにと浜から見ている係の私にまで、子どもたちのうきうき感が伝わるすばらしい体験でした。生命誌をどのような形で進めていくかを具体的に考えるありがたい場になりました。参加した子どもたちも、実にいきいきとして短い間にも成長が見えるのです。

研究館の開館後は館での仕事が忙しくなり、他の方に手伝っていただく形をとらざるを得なくなったのはちょっと残念でした。でもこの活動に参加した中学生がその後研究者や医師になり、年賀状のやりとりでさらにその成長ぶりを見せてくれるのはうれしいことです。おちついたらまたやろうと思っていたのですが、二〇〇〇年に三宅島で大きな噴火があり、全島避難という状態になって、プログラムは一時停止せざるを得なくなりました。しかも二〇〇五年まで続いた避難の間にモイヤー先生が亡くなるという不幸があり、このプログラムは消えてしまいました。このような活動は、生命誌という知を構成する大事な要素だと今も思っています。

これほど大がかりなことはできませんが、たまたま研究館の私の部屋の前につくった「Ω食草園」が小さいながらその役割を果たしてくれています。チョウをはじめとする小さな虫たちは、実験室での研究ともつながり、三宅島で考えていたことを生かせる大事な場になっています。

もう一つ、研究館につながる活動は、さまざまな形でのサロンであり、本当にいろいろな分野の方が集まって議論をしてくださいました。すばらしい方たちの参加があり、そこから生まれた豊かな知が生命誌研究館を生んだのですが、日々具体的な活動をするには、すべてを現実にすることはできません。生命誌研究館は、具体的な活動としては、これに関わってくださった方たちの力で、これ以上を望むのは無理と思えるものとなったと思いながら、一方であふれるほどの可能性を与えられながら、それをすべて具体化することは無理であり、九〇%は私の体の中に残っているというのが実感です。一人の人間が生きるとはこういうことなのでしょう。

豊かな情報源となったサロンの始まりは、生命科学研究所で一九八〇年代後半に始めた新しい研究や、新しい研究所のあり方を語り合おうという小さな集まりでした。周囲からは何をやりたいのだろうと疑われそうなので、自ら「謎の会」と名づけ話し合っていました。「私たちはどこから来たのか。私たちは何者か。私たちはどこへ行くのか」。問いを煎じつめればこうなります。

今この文を書くためにそのころの資料を見ると、「私たち人類が、少なくとも形の上だけでも本当に『私たち』と言えるようになったのは、つい最近のことです」と語り合っています。原点ここにありです。

そこでは「親族の基本構造」として人間関係を解いた社会学者の橋爪大三郎さんが語り、宗教学の島田裕巳さんが議論に加わっています。この他に重要なメンバーとして、私が尊敬してやまない医学者、川喜田愛郎《かわきたよしお》先生*がいらっしゃいました。その他研究所のメンバー米本《よねもと》昌平、橳島《ぬでしま》次郎や社会学の広瀬洋子さん、後に研究館開館のときに表現グループの中心になってくれた茂木和行なども、中心人物の一人でした。テーマを一言で表すなら「人類史」であり、ときにフランシス・ベーコン様、チャールズ・ダーウィン様など歴史上の人物に招待状を出して議論に参加してもらう試みもしました。

*川喜田愛郎（一九〇九—九六）専門はウイルス学、医学史。千葉大学学長をつとめた。

生命誌研究館が考え続けなければならないテーマが山積みになって今も私の中に残っています。中心的存在でいてくださった川喜田先生を囲んで話し合った若手は、今それぞれの分野で活躍しており、それぞれの中にこのときの議論が残っていると感じます。すべてを合わせた総合知を生みだすのはむずかしいことですが、人間について基本から考え、話し合える仲間たちがいるのは心強いことです。

すでに触れましたが、研究館を始めることが決まってからのサロンは、私がこれまでに体験した話し合いの中で一番楽しい（参加者もそう言ってくださいます）ものでした。文学、情報科学、歴史、宇宙物理、哲学、宗教、音楽、絵画など、それぞれの専門家と生命科学研究の仲間たちが話し合う場でしたから。このときいただいた知恵は、私の心と体の中にはちきれんばかりに入っており、すべて使いきるのはむずかしいと実感しています。

## 海外で学んだ「文化としての科学」

生命科学も生命誌も、日本で独自に生みだした知ではありますが、科学に根づいていますので、海外での科学のありよう、とくに文化としての科学のありようからは、学ぶものがたくさんあります。

江上先生の生命科学研究所には開始直後から英国の科学誌『Nature』の編集長であるJ・マドックスが強い関心を示し、何度も手紙のやりとりをしました。一九七〇年代、社会における科学のありようが変化しなければならないと感じていたのでしょう。一九七三年には研究所のシンポジウムで話をしてもらいました。そこで彼が、「今大きな問題になっている環境汚染や生態系の破壊への対処も重要だけれど、ライフサイエンスはそこだけを向いていてはいけない。数世紀も前から抱えてきた貧困、不正、避けることのできる不幸、不必要な死なども考えなければいけない」と語ったのが印象的でした。それは「文化としての科学」が存在するイギリスだからこそおのずと生まれてくる考え方と言えましょう。現在、生命誌として考えていることの原点がすでにここで語られていたのだと、改めて感慨深く思い出します。ライフは生命だけでなく、生活、人生、一生などという意味も含むことを忘れずにいる必要があることを教えられました。

そして、翌一九七四年九月、パリのソルボンヌ大学で「生物学と人間の未来」というテーマの国際会議が開催され、江上先生に招待状が届きました。「代理で出席しなさい」。突然言われてびっくりです。テーマには強い関心があるけれど、まだ会議に参加するほどの考えがまとまっているわけではありませんし、第一、海外での会議参加の経験もなかったのですから。でも、「会議の前後は生命科学のこれからに必要になる考え方を議論できる人々を訪問してきなさい。生命科学を確実なものにするために」という先生の言葉に励まされて、パリでの会議を中心にした二カ月近い一人旅をしました。先生が作ってくださった訪問先リストを頼りに。

一九七〇年代初めは、組換えDNA技術が生まれる前であり、人間を含む多細胞生物の研究はまだ行なわれてはいませんでした。それだけにかえって、DNAや細胞の操作の危険性が危惧されていたとも言えます。G・R・テイラー著『Biological Bomb』（日本では、渡辺格・大川節夫訳『人間に未来はあるか――爆発寸前の生物学』みすず書房、一九八〇年）が出されたのが象徴的です。もちろん「Atomic Bomb」を意識してのタイトルで、生命科学の進展によって「クローン人間」「試験管ベビー」が生まれる時代が来るとの予測です。和訳のタイトルがそれを示しています。

研究が進んで「クローン人間」はまったく無意味とわかり、一方、体外受精は医療として定着してその技術の象徴のようであった〝試験管〟という言葉は消えた今ですが、決して未来が明るく見えてきているわけではありません。「生物学と人間の未来」は、今も考え続けなければならないテーマです。

アメリカで生まれた生命倫理学（Bioethics）に対して、フランスでの会議では、外からの規制より、生物学者自身が「人間とは何か」を考えることが重要であるという認識が示されました。この会議の重要メンバーとしてパスツール研究所のJ・モノーとF・ジャコブ*がそのような立場の発言をしていたことを今も思い出します。二人は、遺伝子のはたらきが環境に応じて巧みに調節されていることを示す、みごとな実験でノーベル賞を受賞されています。DNAのはたらきに生きものらしさを感じさせる初めての実験であり、モノーとジャコブは若い仲間の憧れの的でした。

＊ Jacques Monod（一九一〇―七六）著書『偶然と必然』他。François Jacob（一九二〇―二〇一三）二人は一九六五年、オペロン説（遺伝子群の発現制御機構）でノーベル生理学・医学賞を受賞。

初参加でもあり円卓の向こう側での発言を聞くだけで、直接話しかける勇気はまだありませんでしたが、モノーのモスグリーンのコーデュロイ、ジャコブの黒に近い紫のベルベットの上着が目に残っています。日本の会議ではダークスーツしか見たことがありませんでしたから、さすがフランスと感激でした。その会議以来、生命倫理の重要性は認めたうえで、「人間とは何か」を考え続けるほうが大事という気持ちがどんどん強くなり、それが生命誌へとつながったのでした。会議中に懸命にとったメモを眺めながら、出発点の大切さを改めて感じています。

会議からの帰りに地下鉄で眠りこけて（電車での居眠りはマナー違反と知りながら）、気づいたら車庫の中だったり、ホテルのフロントでパスツール研への道を教えてもらったら、パスツールその人が研究をしていた時代の古い施設に行ってしまったり、という失敗をくり返しながらの初めてのパリでした。車庫では、車掌さんに「この電車はまた出ていくから、このまま待ちなさい」と言われてホッとし、旧パスツール研ではパスツールが亡くなるまで過ごした部屋や、血清研究に使った馬のいた小屋を案内していただくおまけがつきました。科学の歴史として習っていた事柄が、肌で実感できるのはヨーロッパならではのことです。

この旅はイギリスでの二週間で始まり、ロンドン、エディンバラ、カーディフと大学を訪ね歩きました。ロンドン郊外の老夫婦のお宅に滞在させていただき、朝ベッドにモーニングティーが運ばれてきて、恐縮しきった体験も懐かしく思い出します。その後、ウィーン、ブダペスト、ミュンヘン、ハンブルグ、ストックホルム、ベルリン、ストラスブールと動いた後にパリの会議に出たのです。すべての都市、すべての大学や研究機関で、日常と学問について考えさせられる経験をたっぷりしましたが、ここではイギリスでの体験を簡単に記します。

まず、王立研究所（Royal Institution）です。一七九九年設立で、王立とありますが、現実には社会改革家や科学者が率いた団体から生まれたものであり、当時生まれつつあった新しい科学や技術の知識を多くの人が共有できる教育活動の場として考えられたものです。一八二七年から続けられている青少年向けのクリスマス・レクチャーは多くの方がご存知でしょう。最初の講義は『ろうそくの科学』で有名なM・ファラデー（一七九一―一八六七）で、以後、すばらしい科学者たちが毎年工夫をこらして子どもたち（実際にはおとなも一緒に楽しみます）に語りかける階段教室の、ファラデーが実際に立っていた場所に案内されたときは、一五〇年の歴史を実感しました。その後に見たファラデーの実験室も、実物の重みをひしひしと感じさせられました。

R・ドーキンス（一九四一―）のクリスマス・レクチャーを日本で行なう企画のお手伝いをし、階段教室でロンドンの子どもたちと一緒に彼の進化の話を聞きました。DNAのとらえ方については意見を異にしますが、話す方も聞く方もいきいきしていて、基本を変えずに続けることの大切さを思いました。しかも王立研究所の経営基盤は会員の会費、寄附、講義参加費で支えられていて、科学と日常のありようの、一つのお手本です。日本も、もう科学を特別のものとせず、自分のものとして育てていくときです。研究館がその核になれるようにと思っています。

王立研究所より一〇〇年近く遅れて始まったBAAS（British Association of the Advancement of Science 英国科学振興協会）も参考になります。この文字を見て、科学に関心のある方ならAAAS

ファラデーのクリスマス・レクチャー（1856年）

（American Association of the Advancement of Science）を思い起こすのではないでしょうか。有名な雑誌『Science』を出しているところですが、これはだれでも入会できる組織であり、社会的な課題にも積極的に対応しています。その原型がＢＡＡＳです。ここでも次世代、つまり子どもたちを意識した活動が続けられていました。毎年一つの都市を選び、そこの高校生が中心になって科学フェスティバルを開き、それを全国につなげる役割をＢＡＡＳが果たしているのです。訪れた年はエディンバラが選ばれたとのことで、「生徒たちは今張りきっています」と語ってくれた担当者も張りきっていました。

コツコツと歴史を創ることだと感じた例をもう一つ。こちらもRoyalとついている「キュー植物園」

での体験です。世界的に有名な植物園ですから訪れた方も多いのではないでしょうか。一七五九年からの歴史をもち、熱帯植物のあるみごとな大温室など、一日歩いても見きれない植物に囲まれた美しい庭園ですが、ここは研究施設です。案内されて入った研究施設でドアを一つ開けたら、あまりに遠くて先が見えないような広大な部屋にずらっと標本棚が並んでいるのには驚きました。種子植物の標本七〇〇万種、菌類・地衣類の標本一二五万種があり、今はその情報をウェブで公開しているとのことです。

私が訪れたときはウェブはありませんでしたが、とにかく地球上の植物を知るだけ知ろうという意欲と実物の力に圧倒されました。今からでも遅くはない。一八世紀にヨーロッパが大切と思ったのは科学そのものだったけれど、今もっとも大切なのは、「生きる」というところに焦点をあてての活動をコツコツ進めて歴史を創っていくことだと思いました。

一九七〇年代の生命科学は、アメリカを中心にして医学の科学技術化とそれを制御する生命倫理として進んでいましたが、私の中では、「生きる」ということ、「人間とは何か」ということを問う新しい知として創りあげるものとなりました。それは江上先生から託されたものであり、初めてのヨーロッパで学んだものです。生命誌研究館を創設するまでに、科学と日常を結ぶことを意識している研究機関を多く訪れました。アメリカにも優れた機関があるのはもちろんですが、文化としてはやはりヨーロッパの歴史の中に学ぶものが多いと実感しました。

　海外から多くを学んでの生命科学から生命誌へと続く活動ですが、やがてこちらからも発信することになっていきます。これもさまざまな形で行ないましたが、そのなかで科学を基本に置きながら、こだわりを捨てて、「生きること」と「人間」に目を向ける生命誌としてのお誘いを受けた会として印象に残っているものを一つだけあげます。

　一九九九年の秋にベルリン日独センターが行なった「東洋と西洋における〈心と物〉――新しい知のパラダイム」というシンポジウムです。日本からは、芦津丈夫《あしづたけお》京都大学教授の「ゲーテの自然像と西田幾多郎」、上田閑照《しずてる》京都大学教授の「禅と西田哲学」、私の「生命誌から見た物と心」を発表しました。ゲーテや西田哲学と並ぶとちょっと怖じ気づきますが、二一世紀に向けての知のパラダイムとしては大事な視点だと心を決めて話しました。

　参加者も幅広く、当時ベルリンフィルのコンサートマスターでいらした安永徹さん、作曲家の細川俊夫さんご夫妻など素敵な方が理解を示してくださったのは忘れられない体験です。ドイツの方からもよい反応をいただきました。

　段ボールに詰めこまれた大量の資料を前に、これらを体系的に整理し、世界に発信するもう一人の私が欲しかったという思いです。日本での生命誌の確立に忙しく、発信が断片的になっているのが残念です。研究館からの英語での発信も決して十分とは言えません。残された大きなテーマです。

## 2　研究館を始めるにあたって——準備室の開設

生命誌研究館の構想ができ、さまざまな活動から私の中では生命科学から生命誌への展開は不可欠という状況ができ上がりました。実際に「生命誌研究館」を設立しなければなりません。

### 具体的な活動の場を求めて

でもそれはどこでできるのでしょう。大学や国の研究機関にそのような考え方があるようには見えません。唯一可能性があるのは、「生命科学研究所」だけです。江上先生の構想に戻り、今という時代を入れていけば、「生命誌研究館」になる可能性はあります。けれどもすでに二〇年もの間、多くの研究者が具体的な実験を進め、実績をあげていますから、そこに新しい構想を持ちこむのはとてもむずかしいことでした。

そこで、「小さな研究機関として生命誌研究館を創り、一緒にやっていくことはできないでしょうか」。現実的な方法として三菱化成の社長に相談しました。生命科学を理解し、活動を支えてくださっている方です。私の新展開への望みもわかってくださいましたが、残念ながら「企業としてこれ以上の支援は無理」というのがお答えでした。当然です。そこで他に応援してくださるところを探すことを許していただきました。

とはいえ、世間知らずの身としては、動きようがありません。

## 新しい可能性にめぐり合えて

報告書を提出した総合研究開発機構の下河辺淳理事長に相談する他ありません。お話しすると、理事長室の書棚に並んだたくさんの報告書を眺めながら、「これだけの報告書を受け取ったけれど、それを現実化したいと相談に来た人は初めてだよ」と笑われました。「でも……」と粘って相談を続けているうちに、専売公社から民営化したＪＴ（日本たばこ産業株式会社）が、

1990年、下河辺淳理事長と対話

新しいことに関心をもつ挑戦的な空気のある組織であることを知る機会があり、そこに可能性はないだろうかと思い始めました。

たまたま民営化して最初の社長になられたのは、元大蔵次官の長岡實さん、二代目は元国税庁長官の水野繁さんで、下河辺さんとは国のお仕事で意気の合うお仲間だったことがわかりました。そこで、お二人にお目にかかる機会をつくっていただきました。もちろん、いきなり「生命誌研究館」と言っても、わかっていただくのは無理ということは、いくら私でもわかります。けれども当時は夢中でしたので、お相手の気持ちを慮る余裕もなしに、いっしょうけんめい思いを込めてお話ししました。「最近生命科学という言葉はよく聞くけれど、中身はまったくわからない。でも、今の時代に必要という気はするし、熱心さはよく伝わってきた」。こう言って、一つ提案をしてくださいました。

「ＪＴのこれからを実際に動かしていく中堅の人たちがどう受けとめるか。そこが関心をもつようだったら具体化の可能性はある」と。さっそくさまざまな部署の中心になって活動していらっしゃる方たちの集まりでお話ししたところ、うれしいことに「やってみよう」という答えが出てきたのです。ＪＴの運営に直接役に立つという話ではありませんから、わかっていただくのはむずかしいだろうと思っていましたので、本当にありがたかったのです。その後の三〇年、まさにその場にいらした方たちが関心をもって支えてくださることで生命誌研究館は動いてきたのですから、なんと幸せなことでしょう。日々「新しいことへの挑戦の雰囲気」を感じられる組織ですので、その仲間に入れていただいた運のよさを嚙みしめています。

新しいことですけれど、今進められている経済成長、科学技術の開発をよしとして自然から離れていく現実社会より、あたりまえのこと、ふつうのことを考えているのが生命誌です。「人間は生きもので自然の一部」なのですから。その後はただただ思いを語ることを続けているうちに、本質を理解してくださる方が周囲に生まれ始めていることが実感できました。私自身が模索中でしたから、さまざまな試みをしながら考え続けました。あまりにも多様なことを行ないましたので、一つひとつをトピックスとして書くしかなく、ときに順不同にもなりますが、お許しください。

## 実験設備のあるサロン＝研究館(Research Hall)
### 世界に例のないユニークな試み

アオムシからきれいなチョウが生まれてくる驚き……子供の時に感じた生き物の不思議。それをそのまま最先端の知識と技術の中で問いにします。動物の神経がどのようにしてみごとなネットワークをつくるのか、これほど多種多様な生き物がどのようにして生まれるのかという誰もが抱く疑問をテーマにした研究が行われます。魅力的な研究の場です。

生物の実験を実際に見ながら、生命観、人間観、自然観などを、さまざまな分野の人間で継続的に議論する場です。

そして、この財産を次世代に伝える場です。

実験設備のあるサロンとしての研究館

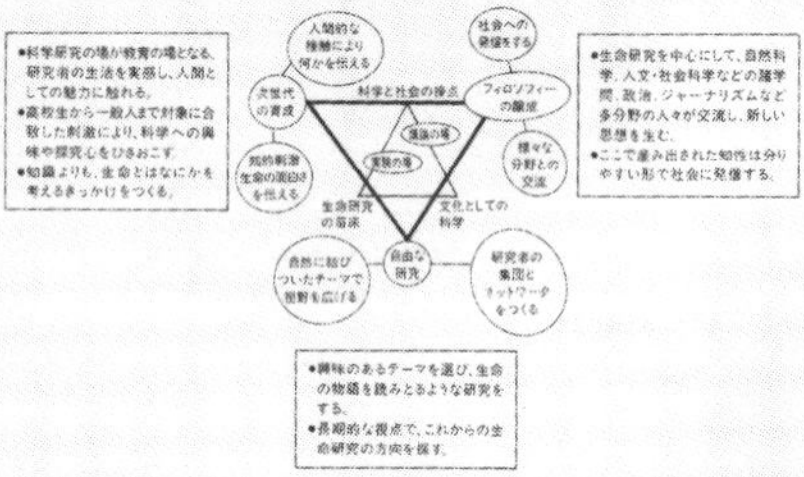

建物の中心に配置された展示スペースとロビー

ビデオ鑑賞もできる吹き抜け階段

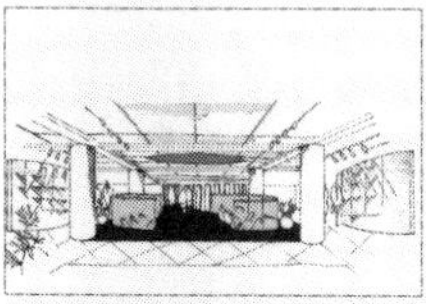
柔軟な議論がはずむ楕円形のミーティングスペース

サロンにもなるルーフガーデン

（「生命誌研究館」構想のパンフレット　JT発行）

## 即決してくださった岡田先生

まず大事なのは人です。私の中にやりたいことが山ほどあり、それを実現する場が欲しかったのですが、それを社会的に意味のある組織として創りあげていく中心になっていただけるのは、発生生物学の岡田節人《ときんど》先生*しかいらっしゃらないと心の中では決めていました。

*岡田節人（一九二七―二〇一七）京都大学教授、岡崎国立共同研究機構基礎生物学研究所所長・同機構長等を歴任。一九九三―二〇〇二年、JT生命誌研究館館長、その後名誉顧問。著書に『発生における分化』『細胞の世界』他。

幸い、NIRAの報告書づくりをした研究会のメンバーとして、数年間私の考えを聞いていただいたり、先生から教えていただいたりしていましたので、私の気持ちはわかってくださっている。そう思ってもいました。当時は「生命誌研究館」の六文字にのめりこんでいましたから、思い込みの気持ちのまま、ある日先生に電話をしました。愛知県岡崎市にある「自然科学研究機構　機構長室」です。幸い在室だった先生に「生命誌研究館の館長になってください」とお願いしたところ、間髪を入れず「いいよ」とのお返事でした。

スバラシイ！　一人で大喜びをしたのですが、しばらくしてこういうときはアポイントメントをとって伺うのが常識だということを思い出し、頭が真っ白になりました。しかもそのときの先生のお立場は、国の自然科学研究の中心組織の長だったのですから、それを捨てて海のものとも山のものともわからない小さな組織に来てくださるとは、だれも思わなかったのではないでしょうか。そんなことも考えられないほど、「生命誌研究館」で頭がいっぱいだったのです。本当に運よく、そのような失礼にもかかわらず快諾してくださった先生の大きさに、ただ感謝するのみ。後日失礼をお詫びしたときの「大事なことは一秒で結論を出すことにしているので、そんなことは考える暇もなかったよ」との言葉は忘れられません。

これまでの三〇年間、生命誌研究館は大事と思うことをコツコツと進める気持ちのよい組織として活動してきましたが、岡田節人館長で始まったからこそできたことです。

## 小さいからこそのおもしろい展開

岡田先生が館長を引き受けてくださるにあたって、たった一つだけ条件がありました。「大沢省三さん（一九二八―二〇二二）を仲間に引き込むこと」。願ってもないことです。名古屋大学教授を退官されていた大沢先生は、渡辺先生、江上先生と一緒に日本の核酸研究を本格化し、若い人たちを育てられたパイオニアのお一人です。これらの先生方が作られた「日本分子生物学会」には、秘密結社（少し大げさかもしれません）として「虫の会」がありました。

元昆虫少年たちの集まりなのですが、当時の研究の流れでは虫などにかまけるのはとんでもないとされていましたから、隠れ虫屋として秘かに趣味の話を楽しまれていたのです。岡田先生も大沢先生も、「虫の会」の有力メンバーでした。三〇年後の今、事情はまったく変わって、今や虫の話は堂々となされるようになり、秘かになどという話は必要なくなりました。この変化に、生命誌研究館が大きな役割を果たしたことは後述します。

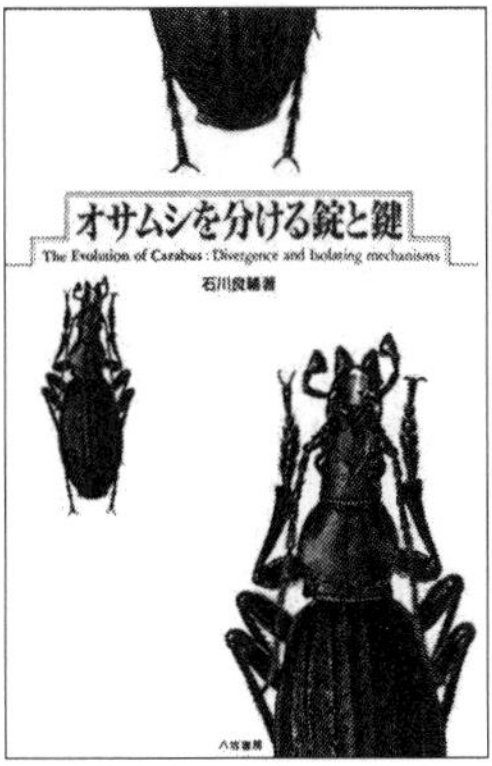


岡田先生、大沢先生という虫コンビなら、新しい道は探れます。一九九一年に虎ノ門にある森ビルの一室に開いた「生命誌研究館準備室」では、堂々と虫を話題にし、研究の方向を探りました。そこで行なったさまざまな準備の記録は、厚いファイル二〇冊にまとめてあり、どのページを開いてもそこから大勢の方の顔、さまざまな場面が浮かんできます。大事なところだけ綴っていきます。

まず、「多様で小さな生きものたちを見つめる研究」として何を始めるか。当時はDNA研究とつながる形での虫の研究はありませんでした。数少ないチョウや甲虫などの研究を調べているうちに、石川良輔先生が長い間研究されていたオサムシの生殖器研究をまとめた『オサムシを分ける錠と鍵』（八坂書房、一九九一年）という著書を出されたばかりということがわかりました。これだけの知識があるうえで、DNA解析を用いて種分化の研究をしたらおもしろいかもしれない。私は岡田、大沢両先生と違って虫のことは少しもわかりませんでしたが、初めて昆虫の本を精読して、これはおもしろそうと感じました。表紙が、アメリカのスミソニアン博物館でサイエンティフィック・イラストレーションを学んで帰国された木村政司さんのみごとなイラストで飾られていたことも、研究意欲を誘いました。

「少人数の研究室で、これまでに例のない小さな虫のDNA研究を始める」というスタートに、これまで大学でオーソドックスな研究をしていらした大沢先生が、「こんな小さいところからちゃんとした結果が出る保証はないよ」とおっしゃったとき、私が「サンショは小粒でピリリと辛い」と言ったのだそうです。本人はまったく記憶にないのですが。実際三人で始まった研究室からみごとな成果を出せたのは、大沢先生の豊富な知識、優れた構想力と実行力のおかげです。小さなグループでは無理とはまったく思いませんでしたし、事実、小さかったからこそおもしろい展開をしたと思っています。

その他、タコの腎臓にいる細胞数が五〇個にも満たないニハイチュウの生活史がおもしろそうだと大阪大学の研究室へ見学に行ったり、異形再生と言ってアマミナナフシが触角に脚を生やすのはなぜだろうとナナフシを取り寄せたり、切っても切っても体のあらゆる部分から再生してくるプラナリアもおもしろそうだねと姫路工業大学まで出かけたり。振り返ると、おもしろそうな研究を探る楽しい毎日でした。

ナナフシは今も研究館で繁殖を続けており、来館者に大人気ですし、プラナリアは最近になって若い人が研究を始めました。生きものとは長い時間をかけてのつきあいが大事です。小さな生きものたちを見つめながら、生きものである人間の生き方を考えるのは、本当に楽しい作業であり、これからの社会にとっての生命誌の意味はここにあります。小さな生きものが伝える物語をいつも読みとり、生きているとはどういうことかを発信し続ける役割であり、それが研究館の核です。

## 豊かな知が集った生命誌サロン

一方、より広い視野から「生きているとはどういうことか」を考えたり、さまざまな表現をするにはたくさんの知恵が必要です。そこでサロンを開き、数えきれないほどの方から知恵をいただきました。幸い、大勢の方が生命誌に関心を示してくださり、サロンはいつもにぎやかでした。そのとき学び合ったことを踏まえて、新しい分野を創ろうとしていらっしゃる方を数名、代表例としてあげさせていただきます。

無の状態から誕生した宇宙が急速に膨張するインフレーション理論を打ち立て、宇宙論研究で高く評価されている佐藤勝彦さんは熱心な参加者のお一人で、後に自然科学研究機構の機構長として「アストロバイオロジーセンター」を創設されました。私もこの勉強会に参加し、宇宙に生きものがいるだろうかと考える楽しさを味わい、今も若い方たちの研究報告を楽しんでいます。佐藤さんは、「生命誌サロンでの勉強で生命研究のおもしろさを知ったことがセンター開設につながった」と言ってくださいました。

「情報とは何か」というテーマに正面から取り組み、基礎情報学という重要な学問を組み上げていらっしゃる西垣通さんも、情報は生命あってのものという切り口から生命誌への関心を持ち続けてくださり、今も議論を重ねています。

物理学から入り、「生命とは何か」と問う金子邦彦さん、数学を駆使して脳の本質を問う津田一郎さんも、学問としてはむずかしい内容ですが、生命誌としては一緒に考えたいところにいつも目を向けていて、長いおつきあいをしてくださっています。物理学や数学はいつも普遍を見ていますので、そこから学ぶことは多いのです。金子さんの「生命」は、地球生命に限らず宇宙を対象にした普遍的生命です。

また、芸術家や文学者など、科学とは遠いとされている分野の方とも意気投合するところがあり、楽しいおつきあいがたくさんありました。小説家の大岡玲さんは、「僕は幼時からの生物フリークで、本当は生物学者になりたかったのだけれど、理系に進むには数学が必要なのが気に入らなくてドリトル先生になろうと決めた」と話してくれました。そう言えばお父様である大岡信さんの詩には科学の匂いがします。そう申し上げましたら、やはり化学がお好きで、「詩はまさに化学反応のように生まれる」とおっしゃって気持ちが重なり合い、詩と生命誌を語る舞台をご一緒しました。

大岡さんにはこんな思い出もあります。

月へのパック旅行

ガイドさんがにこやかに話しかける
竹取のじじ　ばばは　元気かしら
青い海　輝く緑　優しい人
なつかしいわ　あの星が

中村桂子

宇宙航空研究開発機構（JAXA）が宇宙科学への関心を高めようと大岡信さんを選者に、「宇宙連詩」を始めました。呼びかけ係になりなさいと言われ、こんな詩を載せていただきました。研究館での表現活動にもつながった思い出です。

サロンにはアーティストも参加してくださいましたが、韓国の崔在銀《チェジェウン》さん、中国の蔡國強《ツァイグォチャン》さんとのかかわりは、生命誌の展開に大きな力になりました。この二人については、後で詳しく取りあげます。

# 3　「生命誌絵巻」の誕生

準備室での仕事は次から次へと生まれてきます。新しい構想を練りながら、その具体化を考えるのですから、手探りばかりでした。その一つが「生命誌絵巻」です。この作成のための最初の集まりへのお誘いの文です。

《生命誌の考え方に基づいた系統図づくりに関する研究会》

地球上に存在する生きものは、祖先を一つにし、進化を重ね多様化してきました。生命誌では、これらの生物の相互関係を的確に把握し、わかりやすく表現する系統図づくりを研究の一つと考えております。

　これまでにもさまざまな考え方のもとに多くの系統図が描かれてきました。けれども ＤＮＡ研究が進んだ今、その成果をふまえ、発生過程や体制などにも目配りをしつつ生きものの相互関係を考えられるはずです。

　そこで、進化、発生、分類などの分野を関係づける新しい系統図づくりのための話し合いの会を企画いたしました。


長い間大沢先生の共同研究者として活躍なさってきた名古屋大学の堀寛さん、このようなときには欠かせない友人である、大阪市立大学の団まりなさんと、東京大学海洋研究所でさまざまな生きものの実態をよくご存知の白山義久さんが、強力な協力者になってくださいました。

当時の記録を見ていると、山程の資料から大事なことを引き出して多くの提案をしてくださった様子が、鮮やかに浮かびあがってきます。会合のまとめに「大変刺激的で、しかも和気藹々《あいあい》というよい会になりましたこと、お礼申し上げます。今後もこの線で進めていきたいと思っておりますのでよろしくお願いします」と書いています。

大沢先生と堀さんは、分子（とくにＲＮＡ）の解析からつくる、いわゆる分子系統樹によって進化を考えています。一方、団さんは、生きものそのものを見る立場であり、生きものの基本構造である細胞を重視します。白山さんは個体を見る目に優れている方……というわけで、それぞれ生きものを見る目が異なっています。

当時の研究者の世界では、〝分子派〟と〝細胞や個体派〟は別のグループをつくっており、お互いに関わり合わないようにしていると言ってもよい状況でした。生命誌はそうはいきません。そこでお互いを尊重し合いながら、大事なことは主張できる方々に集まっていただいたのです。皆さんが和やかに話し合ってくださったのはもちろんそれぞれの方の人柄ですが、生命誌を大事に思う気持ちで重なりがあったからだと思います。このときの会から見えてきたことを、

①生物の多様性を進化と発生、分子と体制、ミクロとマクロという異なる点から見て、両者の総合を試みる。

②よい系統図を作るために、今、欠けている情報は何か、その部分を補うにはどうすべきかを考える（実験が可能であればどのような計画が組めるか）。

③系統図として正確でわかりやすい表現法を探る。

とまとめました。

研究者社会の外からはまったく見えないことでしょうが、三〇年前を思い出すと、「生きものを機械のように見て、それを構成する分子を調べ、生命体なるものに共通の構造と機能を明らかにすることが生命科学の目的であり、それで生命とは何かが明らかになる」という考え方が生命科学の主流でした。

つまり、多様性に注目したり、昆虫をおもしろがったり、顕微鏡をのぞいて形や動きに関心をもつことなど、まったく歓迎されなかったのです。生きものはみごとな共通性をもちながら多様なところがおもしろい。最近やっとそのような認識への雰囲気が出てきました。この三〇年を振り返って、その変化の過程を思い出しながら、生命誌研究館がその道を創る一端を担ってきたことに喜びを感じます。

当時のやりとりは、電話とＦＡＸ、それに手紙です。図を描いたＦＡＸと手紙が行き交いました。そこには、「古細菌は嫌気性とされるが酸素を必要とするものもある」、「珪藻はいつ出現したか」、「多細胞生物の起源をどう考えるか」、「イソギンチャク（腔腸動物）は果たして左右対称か」などなど、細かな議論がたくさん並んでいます。

専門外の方が見たら、そんなことを一つひとつ議論するのかとあきれられそうですが、系統樹をつくるためには、どれもこれも必要不可欠な情報です。しかもすべて研究途上ですから、

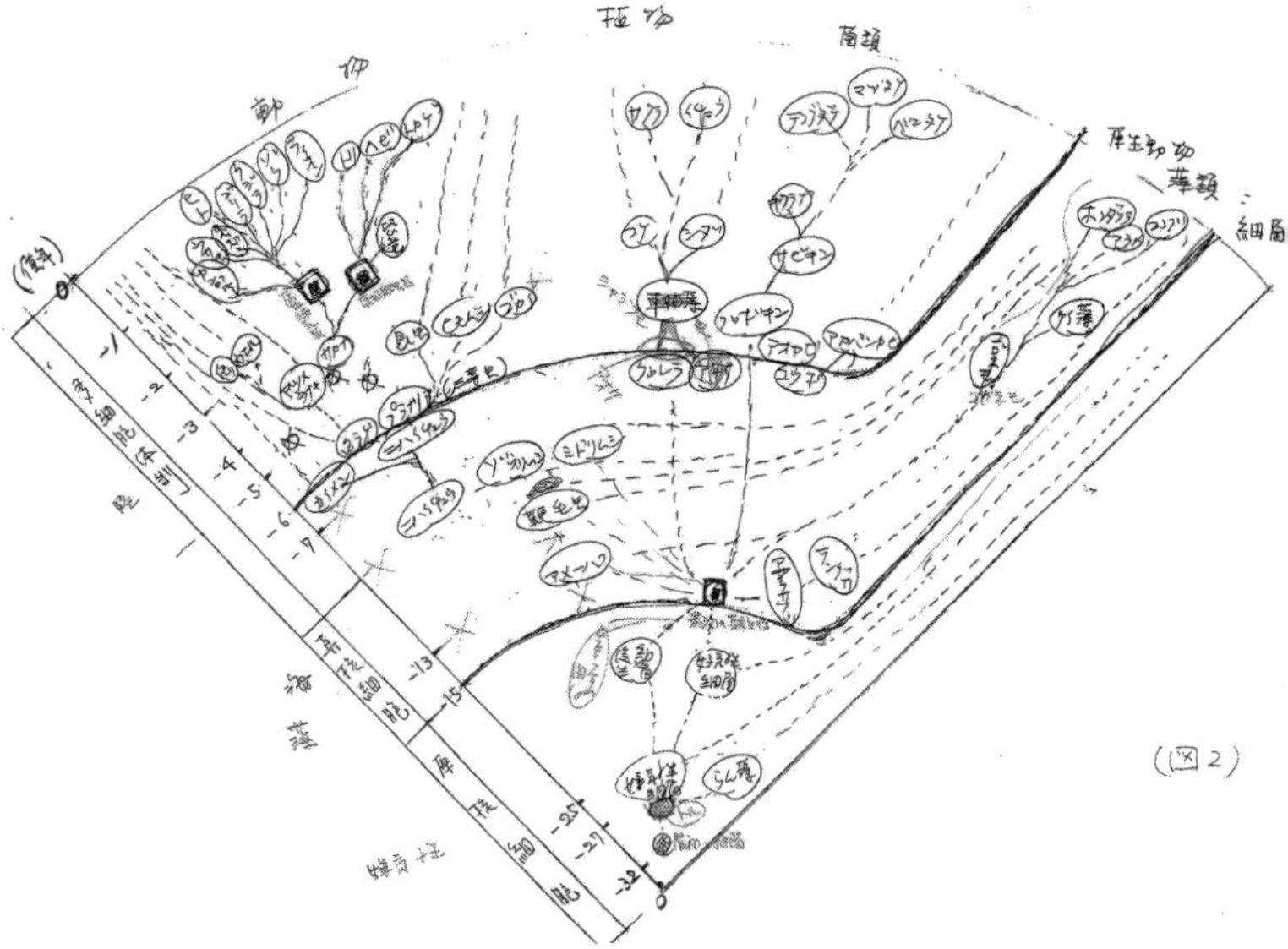


「生命誌絵巻」の下書き

こんな説もあるという場合が多く、全体を見たときにどの考えがもっとも適切と判断するかを話し合う必要があるのです。

話していると本当に楽しく終わりがないのですが、とにかく生命誌研究館を始めるには、これを形にしなければなりません。特定の説の主張でなく、全体としての折り合いをつけていき、スケールを工夫しながらいくつもいくつも図を描きました。

研究は進んでいますから、今これを見ると問題もあります。一番大きいのは菌類のことです。三〇年前には細菌、アーキア（古細菌）、菌類、植物、動物の五界説では、菌類は植物に近いとされていました。

ところがその後、菌類は動物に近いこと

が明らかになりました。もし今「生命誌絵巻」を描いたら、植物と動物のあいだにキノコを描いたでしょう。でも「生命誌絵巻」は三〇年間かけた存在の意味をもっていますので、生きものを四〇億年近い時間を相互に関係し合いながら生きてきた多様な存在としてとらえる表現としての意味はこれでよいと思います。

この描き方は日本的で、西欧の人にはわかりにくいのではないかという質問をよく受けますが、これまでそのように言われたことはありません。「とてもわかりやすくてきれいなので、子どもの教育に使いたい」という要望が、フィンランドやアメリカからも届き、もちろんどうぞお使いくださいと答えました。

最近、これまでになく「生命誌絵巻」への関心が高くなっているのを感じますので、生命誌のコンセプトの表現として、これからも活躍させます。科学をめんどうな専門用語ではなく、美しく表現しようという生命誌研究館の活動の象徴として。

## 4 マルティ²プレゼンテーション——研究館コンセプトのお披露目

小さな研究館を創って披露する会をもとう。一九九三年に開館する生命誌研究館のミニチュアを創ってみようということになりました。この会は、まず、「挑戦をしますので、応援してください」という意味をもっています。とくに実物は高槻に創りますので、東京でお披露目しておきたいという気持ちがありました。何でも東京ばかりではないでしょうという気持ちもあって高槻を選んだのですが、東京をまったく意識しないわけにはいきません。

この会のもう一つの目的は、研究館という新しい場の具体化に向けての練習です。こちらのほうが大きな意味をもっていました。何しろ、どこにもお手本がなく、しかも自分の中にこれと決まった形があるわけではないのですから、考えながら創っていくしかありません。試してみることです。

まず「マ$^2$ルティの発信」というイメージを決めました。一つのマルティは、生きものを知る科学を、文学、音楽、芸術などと共通の場において日常を豊かにするものにしようというねらいで「さまざまな分野とともに」というマルティです。それにはさまざまな関心と視点から生きものを見たうえで、さらにさまざまな表現法を探ることが必要で、これもマルティです。このように内容・表現ともにさまざまが重なるという思いを込めてマルティが二つ、つまりマ$^2$ルティです。

次頁は、一九九二年一一月二八日に東京・青山のスパイラルホールで行なった会のプログラムです。

小さなホールをコンサートホール、美術館、サロン、科学館を一体化させた場所にし、思いきり生命誌を語りました。まず岡田館長が、生きることを支えているのは〝しなやかさ〟であると語ります。心から愛している細胞たちはなんともしなやかで、イモリの目のレンズは、失われても再生してきます。網膜の黒い色素細胞が透明なレンズに変化するのですから、驚きです。

〝再生がなければ、生はあり得ない。何でもかんでも再生するならば、死はない〟（R・J・

## 生命誌研究館披露の会

題目　科学、音楽、絵画、文学・・・すべてを動員して生きものの秘密を探るマルティプレゼンテーション

開催日時　１９９２年１１月２８日（土）　１３：00～１７：00

場所　スパイラルホール（東京都港区青山５の６の２３）

内容　○ビデオと講演

「生きものーこのしなやかなもの」　岡田節人

「ＤＮＡに書かれた生きものたちの物語」　中村桂子

○音楽

ラベル「博物誌」、シャブリエ「セミ」他

歌　野々下由香里　　ピアノ　小坂圭太

○自然の中の実験室（プラナリアの再生）　渡辺憲二、阿形清和（姫路工大）

○自然の中のアトリエ（脳の中の美術館）　布施英利（美術評論家）

○サロン　　大岡玲（作家）、佐藤勝彦（宇宙論）、西垣通（情報科学）

松原謙一（分子生物学）、大澤省三（分子進化）他

参加費　無料

応募方法　往復ハガキで下記の場所に。先着順。一杯になり次第締め切らせていただきます。

申し込み先、問い合わせ先

〒１０５　東京都港区虎の門　2-3-13　第１８森ビル１１階

生命誌研究館設立準備室（岡田節人、中村桂子）

Tel　０３-３５９５-１４５５

Fax　０３-３５９３-６５７２

ゴス）。とても興味深いテーマです。私は〝生命の物語を読む〟というテーマで、ゲノムという普遍性を踏まえた多様な生きものたちの歴史と関係を語りました。「生命誌絵巻」のデビューです。今ではなじみとなった「絵巻」のブルーと黄色ですが、橋本律子さんのアクリル画を初めて観たとき感じた鮮やかさが、今も目の奥に残っています。

自然の中のコンサート、実験室、アトリエの組み合わせも、皆で考えぬきました。プラナリアは元気に再生の姿を見せてくれましたし、苦労して作った脳の模型（美しさにこだわりました）を使って、東京藝術大学で美術、東京大学で解剖を学んだ布施英利さんがモネは目で、セザンヌは脳で自然を見たことが、描かれた絵を通してわかることを教えてくださいました。つまり、絵画を通してモネは私たちの目を、セザンヌは脳を発見させてくれるのです。

コンサートは歌・野々下由香里さん、ピアノ・小坂圭太さんでした。今お二人は、東京藝術大学とお茶の水女子大学で教鞭をとり、演奏とともに人間にとっての音楽の意味を考えるお仕事をなさっています。今も生命誌の仲間です。

その後はサロンを開きました。文学、宇宙、情報、ゲノム、虫をそれぞれ専門とする先生方の坐る椅子を囲んで五つの輪ができ、おしゃべりがはずみました。

私のつたない文章ではあのときの会場に感じられた知的な興奮を伝えるのはむずかしいので

すが、生命誌研究館はこの内容、この雰囲気を文化として育てていくんだ、おもしろいことになりそうだと高揚した気分を味わっていました。

もっとも、本当の意味で考え、楽しんだのは準備の間でした。さまざまな分野の方が思うが

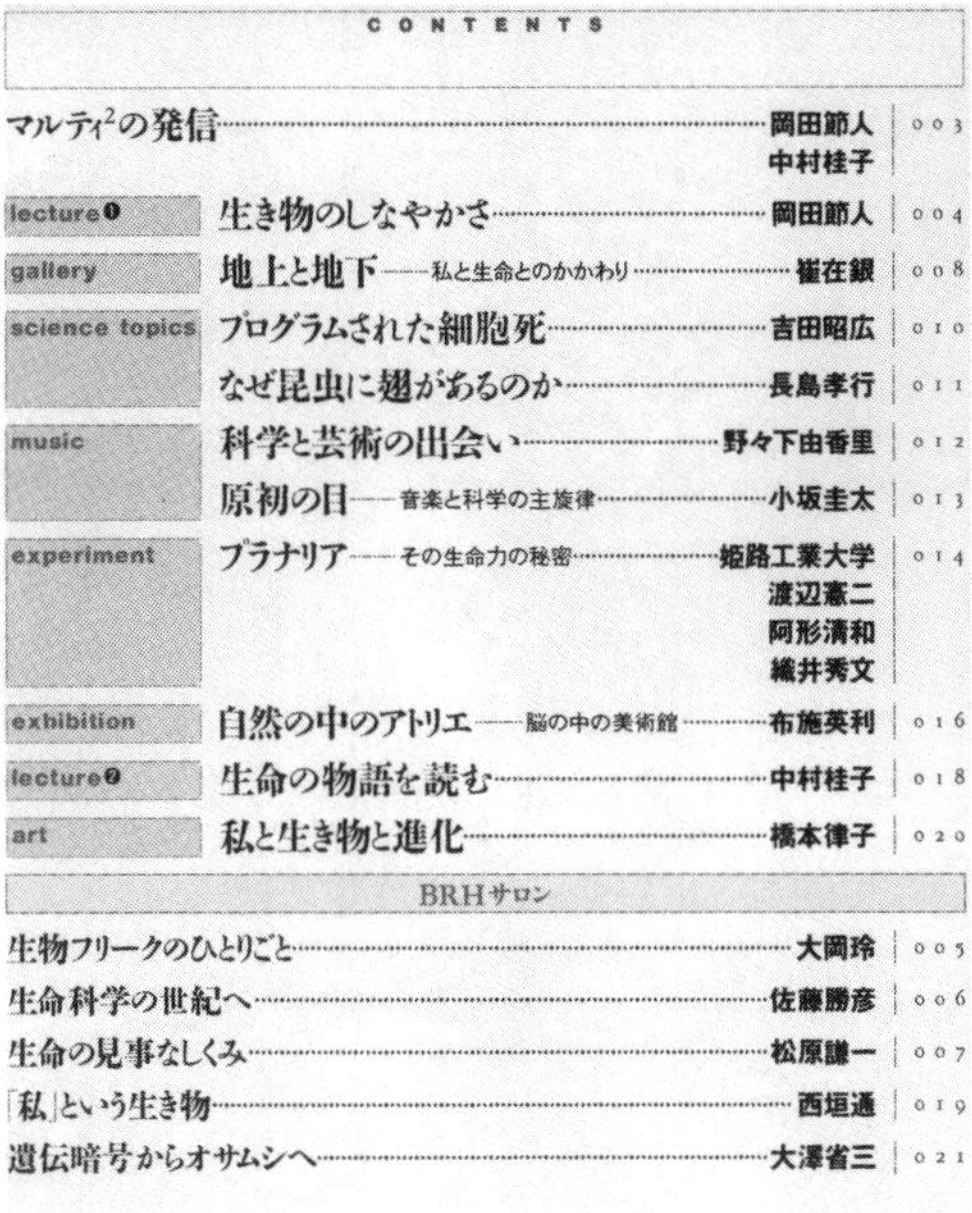

CONTENTS



『生命誌 biohistory』No.0
マルティプレゼンテーション特集号
「生き物さまざまな表現」

ままに語り合ってくださったサロン、「生命誌絵巻」のために、系統樹に関する新しい論文を集めて正確で美しい表現を探る作業は、大変さと楽しさが重なる忘れられない時間でした。

コンサートの曲目や実験室に持ちこむ生きものの選定をし、出演者と打ち合わせている間に、私の頭の中で「生命誌研究館」の姿ができ上がっていきました。まさに生きものが少しずつ育っていくような感じで、次々と新しい構想が生まれ、皆とワイワイ語っては具体化する楽しさを味わったのです。いろいろな考え方、さまざまな能力が重なり合っていくおもしろさには、他にはない魅力があります。これぞ生命誌であり、研究館です。

## 5　「生命誌研究館」の建設

### コンセプトを生かした建物を

ＪＴは、一九八五年に専売公社から民間会社になり、たばこと塩に限られていた事業にとどまらず、時代に合わせた新展開を始めていました。「自然・生命・人間を一つの大きな仲間として、医薬事業、アグリ事業、食品事業、不動産事業、エンジニアリング事業など、さまざまな事業」に目を向けるという方針で動いていたのです。

その一つである医療事業のために、医薬の基礎研究から開発研究までを行なう医薬総合研究所の建設計画があり、その建設時に生命誌研究館も建てるという案が出されました。いくつかある候補地の中から大阪府高槻市にあるたばこ工場跡地が選ばれ、ここで活動が可能ですかと打診されました。

私は、東京生まれの東京育ちです。子ども時代に疎開した愛知県で三年ほど暮らしましたし、大学院のときには京都で一年間の下宿生活をしましたが、生活拠点はつねに東京でした。関西の仕事場……現実にはさまざまな問題があることはわかっていましたが、即、よろしくお願いいたしますと答えました。

私は物事を良いほうに見る性質なので、このときもまず利点を探しました。岡田先生は京都の方です。高槻なら毎日通っていただけますから、最高です。しかも当時生命科学研究は、「西が強い」と言われていました。京都大学や大阪大学を中心に、先端的な研究に挑戦する組織が次々に創られていたのです。私自身はいわゆる単身赴任になりますが、週末に東京に戻れば家のことはなんとかなるでしょう。その辺はのんきに構えて、高槻という未知の土地で新しい仕事を始めるのが楽しみになりました。

建物は「生命誌研究館」のコンセプトを具体化する場です。設計をどうするか。私は子どものころ、家の設計図を描くのが大好きでした。お人形さん遊びの延長上で、こんな家に暮らしたら楽しいだろうなと思いながら、人形の暮らす家をつくり、大きなテラスやサンルームをつけて、皆を楽しく遊ばせていました。ところがある時、理想的な設計図を描いたつもりになっていたら、兄に「この家はここに柱が立っていないからすぐに潰れちゃうね」と意地悪を言われ、以来その遊びからは遠ざかりました。でも生命誌研究館だけは考えなくてはいけない。久しぶりに方眼紙を出しました。

あれこれ思いを語っているうちに、生命誌について一緒に考え続けてくれた友人の仕事仲間である、イタリア人の建築家 Antonio Susini さんが、「考えてあげよう」と言ってくれたのです。「生命誌大好きだから思いきり楽しくしてあげる」と。本当にうれしい申し出でした。設計の基本は「オープン」です。すべての人に対して、すべての知に対して開かれた場であることが一目でわかるようにしたいと思いました。そのうえで、生命誌のもつ「多様な生きものの歴史と関係の中にいる」という感じがもてたらいいな、と。

ほぼ思いどおり、これほど思いをそのまま形にできるものだろうかという図面を見せられたときは、息を呑みました。玄関を入ると正面に二重らせんを思わせる階段が四階まで続き、二階は回廊になって表現作品を展示するギャラリーです。

内輪話をするなら、研究室が並ぶ三階の手洗いは建物の中央両端にあり、広々としています。

狭いところを有効に使うことばかりを考えてきた私には余裕があり過ぎるように見え、「これだと中に書棚を並べたくなる」とやわらかく異議を申しました。「僕が日本の建物で気に入らないのは、手洗いが隅にあって、しかも小さいことなんだ。だからまずこれを決めたんだよ」という返事、これには参りました。

彼のすばらしい設計を生かし、予算内に収まるよう設計会社が直しを入れた結果が、「生命誌研究館」となりました。幸い、基本はそのままです。

## 思わぬ滞り

建設は、JTの担当者が進めてくださりお任せしていたのですが、思わぬ事態に悩まされることになりました。関西は生命科学研究がさかんで研究所も多いと書きましたが、それらの研究に対する市民の反対運動もさかんだったのです。問題は、組換えDNA研究です。前に書きましたように、この技術については専門家による議論の結果、ガイドラインが作成され、それに従って研究を進めることで安全性を保証するという方法がとられています。

けれどもDNA、つまり遺伝子の操作と聞くと、専門外の方は生きものを勝手にいじりまわして人間の思いどおりに動かす非常に危険な行為と受けとめます。技術に絶対の安全はありませんし、自然をすべてわかっているわけではありませんから、研究はつねに謙虚に、しかも安全性に配慮して行なうのは当然です。けれども一九七〇年代以来積み上げてきた体験を生かして行なわれる組換え実験は研究手段として重要です。

当時、既設の吹田市の大阪バイオサイエンス研究所、蛋白工学研究所などについても建設反対運動がありました。私も、蛋白工学研究所建設のときに、研究の安全性についての市民との話し合いに出席した体験があります。医薬総合研究所も生命誌研究館も生きものの研究をしますので、同じ問題があり苦労をしました。話し合いの場をもちたくても当事者になるとさまざまな要素が絡み、自分の気持ちだけでは動けません。つらい体験のうえ、工事は大幅に遅れました。近年、このような話をあまり聞かなくなったのは、親子関係の鑑定にＤＮＡ鑑定が使われたり、病原体の同定にＰＣＲ検査が利用されるなど、遺伝子を対象にした技術が日常に入ってきたからでしょうか。

生命誌研究館で考えなければならないのは、まさにこのことです。ＤＮＡを基本に置いて、生きものについての学問を徹底的に進めることが、生きものを勝手にいじりまわし、危険なことにつながるという状況になってはならない。研究を進めれば進めるほど生きものの大切さが見えてきて、生きやすい社会になる、そのような知を創りたい。研究自体に疑問をもち、否定する動きにどう対応するか。最初に出合った思いがけない滞りは、大事な体験でした。

## 生命誌研究館への誘《いざな》い

生命誌研究館の建物ができ上がり、研究活動を始めたのは一九九三年六月でした。まず、入口を入ってすぐの壁に「生命誌絵巻」を飾り、皆さんをお誘いする用意をしました。

実はその前年の一一月、雑誌『SCIENCE』に研究館の紹介記事が載りました。タイトルは『生物学に美学を取り戻す』です。記事は「レオナルド・ダ・ヴィンチの時代には、美の理解と科学の探究とは手を取り合っていたのに、近代科学は還元的になり美を忘れている。ここで、茶道や武道のある日本に、美学と科学を同居させる新しい計画が生まれた。生命誌研究館である」と始まり、「中村は、美しい表現で伝えれば、市民は最先端の科学を楽しめると述べ、プログラムされた死がチョウの翅で起きていることを通して伝える試みをしている」と結ばれています。ダ・ヴィンチと並べて語られると緊張しますが、まさに求めていた言葉でした。科学的な事実を伝えるにとどまらず、そこにいることで豊かな気持ちになれる場をつくりたいという気持ちを、アメリカの雑誌が評価してくれたのです。わかってくれている。この記事を読んだときの満たされた気持ちを今も思い出します。

公開を始めたのは一一月三日の文化の日で、京都にお暮らしのツトム・ヤマシタさんの演出による〈オープニング・セレモニー〉をしました。香川県だけで産出される岩石サヌカイトは叩くと独特の透明な音を響かせます。ヤマシタさんによるサヌカイト製の打楽器演奏は、生命誌のもつ純粋さへの望みを表現するもので、今もあの冴えた音が忘れられません。そのとき、坂出の前田仁さんが心をこめて作ってくださったサヌカイトの風鈴は、今も大事にしています。

開館にあたってのこの会は、生命誌研究館の凝縮のつもりでした。科学の会に音楽を添えものにするのではありません。科学を基盤に置くけれど、人間を考えるにはさまざまなアプローチが必要であり、ヤマシタさんの音楽への思い、茂山一家の狂言にこめた人間を考える姿勢は、生命誌での問いと重なるからこそ、時間の共有が大切なのです。そこから生きるとはどういうことかをともに考えていくための場づくりです。

**生命誌研究館オープニングセレモニー「新しい生き物の物語」**

開催日：1993 年 11 月 27 日
場所：JT 生命誌研究館（大阪府高槻市）

【メインプログラム】

**第一部　生命の海**
ピアノ演奏　メシアン「鳥の歌」から　小坂圭太（ピアノ）
トーク「ゲノムに書かれた生命の物語」　中村桂子
二重奏　ベートーベン「スプリング・ソナタ」
船岡陽子（バイオリン）

**第二部　刻（とき）の証し**
狂言「横座」大蔵流　茂山千之丞、茂山あきら、丸石やすし

**第三部　旅立ちの今**
室内楽　サンサーンス「動物の謝肉祭」　船岡陽子 他
トーク「生き物のしなやかさ」　岡田節人
ピアノ演奏　メシアン「鳥の歌」から　小坂圭太
打楽器演奏「悠久の今」「識（しき）」　ツトム・ヤマシタ

［演出］ツトム・ヤマシタ　［アート］津田達夫

## ゆったりした発信を

生命誌研究館の公開を始めてから約二カ月の間に、さまざまなことを体験しました。訪れる方は、まさに老若男女、さまざまです。あるとき、両親と一緒に来館した坊やは、私をおおいに楽しませてくれました。熱心に展示を見て歩いている両親と離れて、ハイビジョンの前に陣取ったその子は、黄色い長靴を脱ぎ捨てて、ベンチの上に寝転びました。その様子に、新しい場所を訪れたという緊張感はまったくなく、おそらくあんなふうにして家でテレビを見ているんだろうな、と思わせるゆったりムードです。

ハイビジョンの中身は、アリとシジミチョウの共生を扱ったものです。シジミチョウのサナギをたくさんのアリが守り、無事に孵化させます。ところが、無事に孵化してチョウが飛び立とうとすると、アリはそれをつかまえて餌《えさ》にするのです。せっかく育てておいてどうして?と聞きたくなります。しかし、チョウのほうだって負けてはいません。羽の周囲にある毛を捨ててうまく逃げのびるチョウも少なくないのです。こうして、アリもチョウも生き続けてきた。それが生きものの世界です。ともに生きるとはこういうことなのです。

ハイビジョンは、この様子を文字を入れて解説した静止画面なので、小さな坊やにはその内容がわかるはずはないのですが、倦《あ》きずに画面を見つめています。あまり熱心なので、「おもしろい?」と尋ねると「アリンコ大好き」という答えが返ってきました。その様子がかわいく、私のほうは倦きずに坊やを眺めていました。これが、この子が科学好きになるきっかけになるだろうなどとは言いません。しかし、研究館を少しも特別の場と思わずに、親しみをもって受け入れているようなので、またいつかここを訪れてくれるでしょう。そのときは科学を理解する年齢になっているかもしれません。

昼食に出る途中で、立ち寄ってみたビデオの部屋では、お年寄りが熱心に、花の形を決める遺伝子の研究を紹介した「科学者ライブラリー」に見入っています。それから二時間ほどして、通りがかりに、ふと中を見ると、先ほどの方がまだそこにいらっしゃるではありませんか。ビデオの製作には費用もかかるので、そうそうたくさんは作れません。今のところ、全部合わせても二時間ほどしかないはずですので、一度に全部見てしまわれたことになります。困ったなあ。次にいらしたときに、「まだこれしかないんですか」と言われても、そう簡単には増やせないし。というのは、まあうれしい悲鳴といってよいでしょう。

若い僧侶のグループがいらして、「DNAの展示があるかと期待してきたのに」、とちょっと不満そうです。もちろん、DNAについて理解していただくための努力はしていくつもりですが、これはとてもむずかしいことです。そのために、生命誌研究館には、その方法の開発を担当するコミュニケーションスタッフがいます。お坊さんたちは、長時間このスタッフたちと議論をし、「また近いうちに来ます」という言葉を残して帰っていきました。今、科学と宗教の話し合いが求められています。けれども、大上段に構えて、科学者と宗教家が集まったシンポジウムを開いても、それほどめざましい成果はあがらないようです。それよりは、DNAの勉強をしようと思った僧侶と研究者のあいだの日常的な議論の中から、何かが出てくるのではないでしょうか。

科学が文化として日常の中にあるようにしたいと願って始めた生命誌研究館でした。たくさんの夢を頭で考え、口で話しながら、それを手を使って表現することのむずかしさを実感しました。そこには、現実化のためのノウハウ、人材、資金、時間……たくさんの問題があります。毎日が悩みの連続です。

けれども、訪れてくださる方が、それぞれの形で楽しんだり、疑問をぶつけたりしてくれる日々を通して、方向は間違っていないという実感をもてました。おそらく、唯一の正解などないのでしょう。それぞれの人が自分で楽しさを発見できる場であればよいのであって、その材料をできるだけたくさん用意しておくことで十分なのだと思います。
これまでは、科学というとすぐに教育、普及、啓蒙という言葉が使われ、できるだけ多くの人に画一的なものを伝えようとしてきました。もっとゆったりと発信していけばよいのだという自信を、坊やの笑顔やお年寄りの情熱から与えてもらいました。

（『生命誌の窓から』小学館、一部変更、一九九八年）

その後若い僧侶に求められたＤＮＡの展示をつくって展示室の入り口に置き、まずＤＮＡについて考えていただくようにしました。タイトルは『あなたの中のＤＮＡ』です（一七八頁の写真参照）。人の形をした鏡の前に立つと、あなたが映ります。そこにＤＮＡがある。ＤＮＡを考えるときは、実験室の中にある物質としてではなく、「いつもあなたという生きものの中にあるものとして考えてください」というメッセージです。もちろんＤＮＡは人間だけではなくあらゆる生きものの中にありますが、生きもののいないところには存在しません。ＤＮＡは物質ですから、つい客体として見てしまいがちですが、体の中ではたらいている姿でとらえなければ意味がありません。「あなたの中のＤＮＡ」なのです。
二階の回廊をギャラリーとし、科学の成果として一級であり、しかも美しいものを展示する場にしました。たとえば、東京大学医学部の鹿川信隆先生が、細胞を急速凍結して動きを瞬間的に止め、電子顕微鏡観察をするという新しい手法で撮影された写真を飾りました。細胞内には細胞骨格とよばれる繊維が張りめぐらされているのですが、その上を二本足のモータータンパク質が中に大事な物質の入った小胞体をかついで歩いている、それをみごとにとらえた写真です。細胞内の物の移動は、街での移動と同じように血管という道路の上を運ばれていくのです。細胞内のみごとな秩序を示す第一級の発見であると同時に、二本足のモータータンパクが健気《けなげ》に見えて引き込まれるすばらしい写真でした。

「生命誌絵巻」で多様な生きものたちのありようを描き、一つひとつの生きものの生き方を調べていく研究を追っているうちに、生きものは地球上に存在しているのであり、地球も生きものと同じように動く存在であるという事実が深く心に入ってくるようになりました。オサムシ研究もその気持ちを強くさせました。そこで、地球と生きものの関係を描いた新しい「生命誌絵巻」が欲しくなりました。創立一〇周年のとき、そのころ生命誌の話を楽しく聴いてくださっていたイラストレーターの和田誠さんにお願いして、「新・生命誌絵巻」ができました。これから私たちは地球という場で多様な生きものの一つとしてどう生きるかということが、これまで以上に重要になるはずです。生命誌は、時代、社会の動きと連動して動いていく知であ

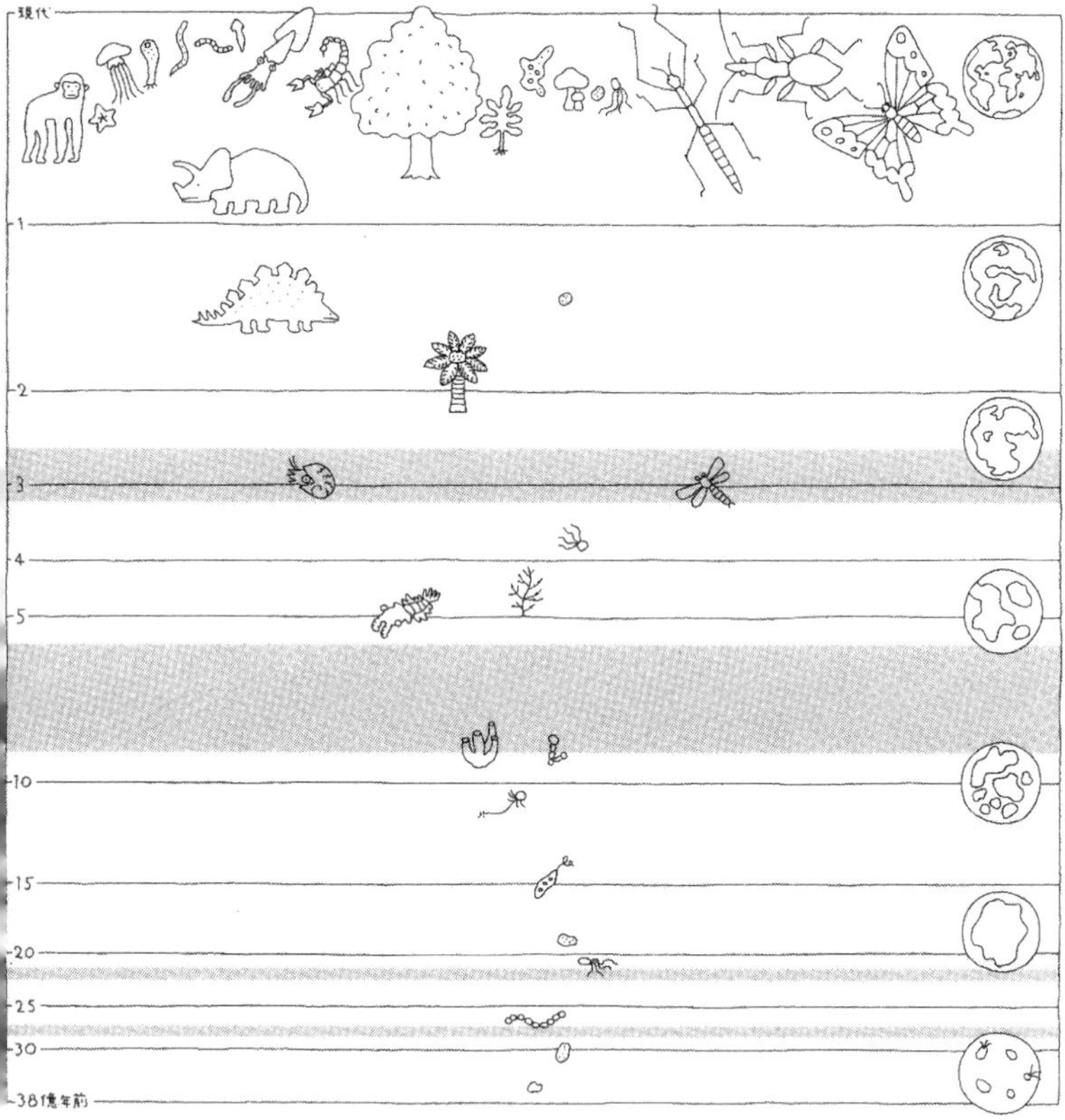


新・生命誌絵巻 (開館10周年記念)

イラストレーション　和田　誠

大陸移動・気候変動（とくに氷河期）などダイナミックに動いてきた地球の中での生きものの歴史を描きました。現存生物の大きさは種数比を表わしています。生きものと環境がお互いに影響し合いながら豊かな生態系を生み出した物語りを紡いで下さい。

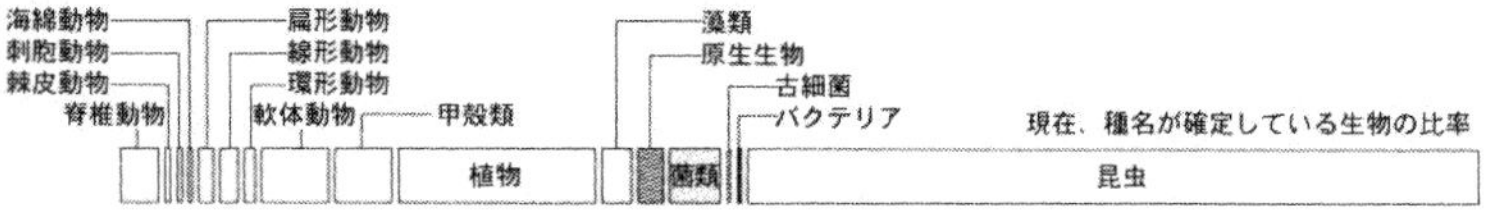


新・生命誌絵巻

り、研究館は知識を伝えるところではなく、さまざまな方と新しい知を創りだし、楽しむ場なのです。

三〇年ほどの間に生まれた展示や映像などは、すべて生命誌研究館のホームページを通してご覧いただけます。実際に研究館へいらしてそこの空気を吸っていただくのが一番うれしいので、ぜひお越しください。そして、この本の最初に引用した高村薫さんの言葉を、もう一度読んでいただけますか。

# III

# 生命誌研究館の日常——総合知を創るために

# 1　「生きている」を見つめる研究館の核
## ――小さな生きものが語る物語を聞く――

### 核であり、根である実験研究室――小さな生きものたちと

どのように生きるかを探す生命誌という新しい知を創るには、多様な分野の多様な活動を総合していかなければなりません。それは、四〇名ほどのメンバーで行なえるものではなく、日常もつねに外部の知恵を集合していくことが重要です。それが研究館の独自性を生みだすのですが、その核は、生きているとはどういうことかを知ることであり、とくに生命科学から得ら

れる知識が不可欠です。

これまでも触れてきましたが、一九九〇年代に行なわれていた生命科学研究はあまりにも機械論的であり、しかもモデル生物だけを対象として得た成果をいかに役立つか、より具体的に言うならどれだけ経済価値をもつかというところで評価していました。生命誌は「科学に拠って科学を超える知」、自然に向き合い、生きているとはどういうことかと正面から向かう研究を自分たちで始め、それを根として知を組み立てることが不可欠だったのです。小さいながら実験研究室をもち、生きものたちのいる日常をつくり、そこで考えてきました。

具体的に何を研究するか。実はこれが一番むずかしい課題です。新しい知を創るのですから、対象にする生きものを決めるというイロハから自分たちで考えなければなりません。でも、今思うとこれを考えていたときが一番楽しい時間でした。思い出しても、自然に表情が和らぎます。そこでのおもしろい話をすべて書く余裕がないのが残念ですが、最終的に選んで今に続いている研究は、どれも生命誌の構築に役立ち、物語のある興味深い成果をあげることができました。日々の研究を地道に続けてきた若い研究者たちのおかげであり、これも運に恵まれたと言えます。

## オサムシに始まるこれまでにない研究

生命誌研究館の活動を支えた例として、オサムシが日本列島形成を語ってくれた研究があります。いわゆるモデル生物ではない身近な虫を調べたこと、DNA解析をとおして見えた虫の歴史が日本列島の歴史と重なり、自然を全体として見る眼がもてたこと、採集その他でアマチュア愛好家の力を借りて一緒に研究を楽しめたことなど、それまでの科学研究とは違う姿を見せる研究となりました。しかもそれは、私たちが頭の中で描いていた生命誌を具体的に示してくれたのです。予想以上の知恵を生みだしてくれたこの研究は、第Ⅱ巻『つながる 生命誌の世界』（二六七〜一八五頁、第Ⅲ部第一章）に詳述しましたのでお読みください。

この他の研究もおもしろく進みました。たとえば藻は水中で光合成能を獲得し、その後、上陸して植物になる重要な存在ですが、新しい能力の獲得は、大きな細胞に小さな細胞が共生していくことでなされる様子を明らかにしました。そこで「藻——食べて食べて食べて……」という展示をしました（〜一九九九年九月）。共生が進化の基本にあり、新しい型の細胞はこのようにして生まれてくることは現在では教科書にも書かれる事実ですが、当時はまだ一つの説とされていました。研究室のガラス器のなかで、細胞の取り込みがくり返し行なわれるのを目にして、共生が生きることを支える基本であると実感しました。

「藻―食べて食べて食べて…細胞の進化へのチャレンジ展」。布を使った展示。音声説明にしたがって順番に布をくぐり抜けると、単細胞藻類の進化が辿れる

チョウの翅づくりの研究も、驚くような事実を教えてくれました。アゲハチョウのサナギの中での翅は、まずモンシロチョウと同じような縁が丸い形でできあがります。その後に外側の細胞が死んでいくことによって、ギザギザのあるアゲハチョウの翅の形ができていくのです。外側の細胞は自ら死ぬ、いわゆるアポトーシスを起こしていることを知り、びっくりしました。

　アポトーシスとは「プログラムされた死」、つまり体をつくりあげるために必要な死であり、遺伝子に書きこまれているものであることは、今ではよく知られています。母親の胎内で私たちの体ができていくとき、手はまずげんこつの形ができ、五本の指を残してその間の細胞が死んでいくことによって完成するのです（第Ⅲ巻『かわる　生命誌からみた人間社会』一一九―一二三頁、第二部第四章参照）。一九九〇年代初めはまだ十分な研究が進んでいないときでしたので、さまざまなチョウに特有の翅の形がこのようにしてできることを知って、アポトーシスという新しい知識

# 中村桂子コレクション

月　報　8
第8巻
(最終配本)
2023年4月

目　次



藤原書店
東京都新宿区
早稲田鶴巻町523

## 中村桂子さんに

服部英二

「シルクロードは、陸の道・海の道を問わず、秀れて文明間の対話の道であった」

これは一九八五年、私が起草したユネスコによる五年計画「シルクロード・対話の道総合調査」の冒頭の一行である。ユーラシアの砂漠の上空で私の頭にひらめいた「文明間の対話」というこの一言が、なんと磁石のように三〇カ国、二〇〇〇名の学者を引きつけた言葉であったことは、後で身にしみて実感することとなる。

一九九〇年代、サミュエル・ハンチントンの「文明の衝突」論が世界を圧したとき、このシルクロード研究の主要メンバーであったイラン（ペルシャ）のハタミ大統領は、その危険な立論に対抗すべく、冒頭のこの言葉を国連に提唱、二〇〇一年が国連による「文明間対話国際年」に指定されたのであった。

世界を駆け回り、シルクロード及び世界遺産を調査するうちに、この文明間の対話というものの実態は、少しずつ私の中で形を見せて行くことになる。

文明は、生き物のように移動し、他と出会い、子をつくる。その子がまた成長し、旅に出て他と出会う。その姿は徐々に私のなかに現れてきたのだった。

「文明は死なず、変容し、転生する！」

二〇一九年に上梓した『転生する文明』（藤原書店）は私のその感慨を込めたものである。

私がパリから日本に帰り、出会った人々の中で、一番嬉しかった一人が中村桂子さんである。彼女の『生命誌』

は、ゲノムという極小の世界から出発して、私が比較文明研究で到達した結論を、いのちという神秘の世界で共有していたのである。それは誠に壮大ないのちのものがたりであった。生命の年表的歴史ではなく、いのちという大河のストーリーなのだ。

「平等」は自然の言葉ではない。自然の法則は一見むごたらしい。しかし食うものと食われるものの食物連鎖もまた、悠久の命の流れにとっては摂理であり出会いなのだ。太古のDNAは今私たちを取り巻いている数千万種の生物に受け継がれている。変容と転生の姿なのだ。私は中村桂子さんのこの「誌」というアプローチを強く支持する。私の文明研究を「比較文明学」ではなく「文学」だ、と批判する人もいたが、私はそれをむしろ嬉しく受け止めたい。

四五億年前、太陽系が誕生してから、この地球に生命が誕生するのは驚くほど早い。そこに水と太陽の光があったからだ。

三八億年前、海で生まれた単細胞のいのちは、様々に姿を変え、カンブリア紀には種の大爆発を起こし、植物・動物ともやがて陸に上がりさらに多様化して行く。

二〇一一年、東日本大震災直後、多くの人が訪日を取りやめるのを尻目に、決意して来日したオギュスタン・ベルクと私との鼎談で、中村桂子さんはこう言った。

「進化とは多様化のことなのよ！」

この水の惑星に生まれた、いのちという神秘の三八億年の流れの中には、まさに出会いと「ともいき」があった。すべてがすべてと結びあい、互いを活かし合っている。万有相関と相互依存がこの星のいのちの実相なのだ。

この生命の実相の把握は、まさに「自然界に生物多様性が必要なのと等しく、人間生存には文化の多様性が不可欠である」と銘記した「文化の多様性に関する世界宣言」（UNESCO　二〇〇一年）と呼応している。

多くの国の代表が、この宣言は「世界人権宣言」に次ぐ重要性を有すると評価したが、私はそれを上回るものだと思っている。他者はそこではもはや寛容の対象ではなく、不可欠の存在と定義されているのだ。他者のおかげで私はいるのだ。

中村桂子さんの扇型の「生命誌絵巻」を、「デカルトの目は神の目」という私の科学革命批判図と対比させて使うことが多いが、これほど美しい図を私は見たことがない。

今、私は中村桂子さんと同じく「わたしは私たち（全生命）の中にいる」ことを実感している。

（はっとり・えいじ／元ユネスコ事務局長顧問）

# 幻の生命誌研究館から

舘野　泉

三月の東京に雪が降ったある日、中村桂子さんが初めて自由が丘の拙宅に来て下さった。「リレー対談」という本の企画で、その初回の対談のためでした。

生憎の雪にもかかわらず、玄関に現れた中村さんは、穏やかに微笑んでおられた。初対面であったことなど忘れて、楽しく対話したことを憶えている。その四日後に、東日本大震災が起こったのだった。

しばらくして、関西で僕のコンサートがあった。終わってから、息子のヤンネのコンサートが別の会場であったので、そこへ移動する予定だった。が、それまでに少し時間があったので、ふと思いついて、僕は生命誌研究館を訪ねてみることにした。

高槻の駅からタクシーで行ったと思うが、残念ながら、中村さんは不在だと言う。勿論、アポも無しに、いきなり勝手に行ったのだから、仕方がない。僕もあっさり引き下がり、中に入ることも憚られたので、ただ敷地内から建物の周りを巡り、外から眺めて、帰って来た。

これが、僕の幻の生命誌研究館の思い出である。

その後、中村さんは僕のコンサートにも足を運んで下さり、何度か楽屋でお会いした。聞けば、中村さんは、ご自身も子どもの時からピアノを弾いていたそうで、僕が病で倒れる前からのファンだったと伺った。

そんなことから、NHKテレビの「スイッチインタビュー」で対談することになり、一度はまた僕の拙宅で、二度目は、生命誌研究館で行われた。このとき、僕はやっと、建物の中に入れたわけである。

内部の美しさもさることながら、僕には初めて視るような不思議で奇妙な生き物らしいものや、興味深い展示物があった。そして、何よりも、中村さんの物静かで優しい物語に、またもや魅了された。

中村桂子という女性は、大きな深いことを話して下さるのに、その言葉の一つ一つが分かりやすく、とても自然で、すっと、胸に入って来る。押し付けがましいところもない。上から目線で偉そうに言うのではなく、ふわりと語りかけてくれるので、僕だけではなく、おそらく誰もが彼女の話に惹きこまれ、その中にすっぽりと包み込まれたように感じるだろう。そして、大切な何かに気づくのだ。

特に、僕は、中村さんが子どもたちに話をしているのを見るのが大好きだ。これは、稀なることだと僕は思う。だから、生命誌研究館も、そういう感じの空間と時間を生きているのだろう。研究館そのものが、そういう中に存在していると言った方がいいのかもしれない。その貴重な心地良さを、多くの皆さんが、これからも味わってくださることだろう。

何より嬉しいのは、中村さんが、「科学を音楽家が演奏するように、普通の人たちに表現して届けたい」と考えておられることである。長年、それを実践してこられた。

このような科学者がこれまでおられただろうか。もしかすると、左手のピアニストとして演奏活動をしてきた僕の音楽の本質も、中村さんの表現するものと共通するところがあるのかもしれない。

中村さんとお話ししたり、そのご著書を拝読していると、ピアニストの僕も、もっと自由になって、科学も音楽も、文学も絵画も、みな「表現する」というキーワードで繋がっているように感じる。

いつかまた、ぜひ生命誌研究館を訪れたいと思っている。そして、暖かい光を浴びるように中村さんの語りに、耳を澄ましたいと夢想している。

僕と同い年の中村さん、お互い、これからも元気に歩み続けましょう。

（談　聞き手・柏原怜子）

（二〇二二年十一月二十一日　自由が丘自宅にて）

（たての・いずみ／ピアニスト）

## 「DNAの伝道師」――中村桂子先生のこと

石　弘之

中村先生は私の中高時代の同級生のお姉さんである。

ということで、中村先生には不思議な親近感を抱いてきた。私にとっても、著作をお送りすると必ず紹介、書評をしてくださる優しい「お姉さん」である。

七〇年も前のことになる。先生がお茶の水女子大附属高校の生徒で、私がその近くの教育大附属(現・筑波大附属)の中学生だった。あるとき、学校の帰り道に弟と連れだって歩いていたら、制服姿の女子高生とすれ違った。しばらくしてから弟が照れくさそうに「あれはボクの姉貴だ」といったことが最初の出会いだ。その後、私の人生に大きな影響を与える人になるとは、思ってもみなかった。

私は五歳のときに、ご近所の植物好きのおばちゃんに連れられて、牧野富太郎先生が主宰されていた植物の観察会に参加した。これをきっかけに植物採集にのめり込んだ。太平洋戦争で焼け野原になった東京にも野草や小動物が戻ってきて、生き物好きの少年にとっては天国だった。生きるのに忙しい親たちは子どもを構うひまもなく、やりたい放題の少年時代を送った。

一九五三年。生物学は震度7ぐらいの激震に見舞われた。ジェームズ・ワトソンとフランシス・クリック両氏による、DNAの「二重らせん」構造の解明だった。中学生の私は衝撃を知るよしもなく植物採集に励んでいた。

植物学者になることを志して大学に進学、故木村陽二郎先生(東大名誉教授)に師事することになった。植物分類学者であり科学史の分野でも大きな業績を残された方だ。発見から一〇年がたち、ようやく学生レベルにまでその革新的な理論が広まってきた。私もまわりも生物学がどうなるのか、浮き足だっていた。

きわめつけは、英国の物理学者のアーネスト・ラザフォードの「科学には、物理学と切手収集の二種類しかない」(All science is either physics or stamp collecting.)という言葉だった。これを受けて分子生物学者の柴谷篤弘先生が、著書『生物学の革命』(みすず書房、一九六〇年)の中で「従来の生物学は切手集めにすぎない」と挑発的なことばを述べられた。この書を囲んで仲間内で何度か読書会を開いたが、私と同じ「古典的生物学」を志していたものは、足腰が立たないほど打ちのめされた。

結局、私は科学ジャーナリストの道を選んだ。次の衝撃は、その一五年後の一九六八年に、ワトソンが発見のいきさつを綴った『二重らせん』を発表したときだ。それが、中村桂子・江上不二夫両先生の共訳で出版された。

私の生命科学の景色は一変してしまった。中村先生はまさに「DNAの伝道師」だった。先生の書かれた本をむさぼるように読んだ。

その後、柴谷先生にお目にかかったときに「先生のおかげで人生が変わってしまいました」と恨み言をいったら、「本一冊で変わる方が悪いんだ」のひとことで切り棄てられた。中村先生と対談する機会があり同じ恨み節を語ったら、黙ってニコニコしているだけでコメントはなかった。腹のなかで同情してくれたのか、時代を読めないノロマと思われたのか。私は、その後大学に戻って環境史の研究者になったが、環境学の分野では古典的な生物学が大いに役立っている。引かれ者の小唄かな……。

（いし・ひろゆき／朝日新聞社、東京大学大学院教授等歴任）

## 運命の出会い

木下　晋

二〇一三年二月、見るつもりもなく、たまたまつけていた早朝のテレビに出ていたのが、中村桂子さんでした。

二〇一一年三月十一日に大震災が起きて、人間中心とは何なのかということを、ずっと考えていました。もう限界が来ているのではないか。むしろ、人間は地球上に現れた生き物の中で一番愚かしい生き物ではないか。とにかく、なにしろ、人間が多すぎる。地球の許容人口をはるかに超えている。四倍はいるんじゃないか。その分、他の生き物に迷惑をかけとる。そのことについて、考えているようで、だれ一人考えていない。あいかわらず、自分らの利害関係だけで戦争やったりしとるわけです。

未来のために、こうすればいい、ああすればいいという答えなんか、何もない。しかし少なくとも、なぜ人間が今、この地球上に存在しているのか、これまでの歴史があるのか、それを知りたい。私は中卒で学がありませんから、何もわからない。今、こんなどんづまりに人類が陥って、近い将来、人間は壊れて、滅びていくんじゃないか――それが当時、今もそれは続いていますが、私の追いつめられた思いでした。そこに突然、中村さんという美しい人が現れたんです。私は絵描きですから、美しい人という印象は大事なんです。私は美しいものしか描きませんので……（笑）。

美しいだけでもいいんですが、しゃべっていることが、実に興味深い。私の心に響くことを、彼女がしゃべっていたんです。いや、これはすごいな、と。強くひかれました。女性の年齢のことを言うと失礼かもしれんけど、その時の彼女は、七十を過ぎていたらしいですが、五十代くらいに見えました。私は瞽女《ごぜ》の小林ハルという、当時の私にとってすごいおばあさんでしたが、そういう人も描いてますし、いわゆる若くてきれいだということを言っているんじゃないんですよ。自分より若いのに、こんなすごいことを考えている人がいる。それがテレビを見た時の印象でした。

手を止めて中村さんの話を聞くうち、この人に会いたいと強く思いました。だれかに強く会いたいと思う時は、いつもそうなんですが、その時朝の六時半くらいでしたが、後先考えず、友人の藤原さん（藤原書店社主）に電話をかけました。「こんなすごい人をテレビで見た。ともかく会いたい」と熱く語ったところ、なんと藤原さんは中村さんをよくご存じで、会わせてくれるというのです。

もう一度、その運命のテレビ番組を見る前に話を戻すと、私には六十過ぎくらいから、もう人と出会えないんじゃないか、という思いがありました。すでにいろんなことをやって、いろんな人に出会ってきた。しかし、これ以上、自分の価値観がひらかれるような出会い、そういうのはもうないんじゃないかと。ある種の孤立化という感じです。若い頃、瀧口修造や荒川修作と出会い、話をすると、はっと見えてくるものがあった。そういう感じがなくなって久しく、自分の中で、自分で新しく知っていく他ないなという諦めのような中にいたんです。そういう中で、中村さんの話を聞いて、ああ、おれの中にまだ新たに存在しうるだけの存在がいたのだ――そう感じました。

そのテレビで、中村さんは、学者として至極まっとうなしゃべりであった。今はまっとうなことが普通でない。だからまっとうすぎて、逆に異星人がしゃべっているようだった。

まもなく、当時私が銀座で開いていた展覧会に、藤原さんが中村さんを連れて来てくれることになりました。少し早めに画廊に着いて、まだ開廊前だったので、一般のお客さんが間違って入ってこないよう、入り口のところにいたら、五十代くらいの女性が入ってこられたんです。「すみませんが、まだ準備中です」と声をかけたら、「私、中村です」とおっしゃる。よくある姓でもあるし、「いや、どこの中村さんか知らないけど、まだ……」と言いかけた時、女性の後ろに藤原さんの顔が見えました。「中村……あっ中村さんですか‼」テレビで見ていたのに、全く失礼をしてしまいました。それほど、ふつうの女性に見えたんです。

中村さんは『ふつうの女の子』(『「ふつう」のおんなの子』)という本も書いておられるそうですけど、まったくそんな感じでした。偉そうにしている学者ばかり見てきたのですが、中村さんはごくごく、ふつうのたたずまいだったんです。私は偉いという言葉しか知りませんけど、中村さんはこういう言葉は嫌いかもしれませんけど、本当に偉い人はこういうふつうの人なんだと思いました。

変なたとえかもしれんけど、音楽家が絶対音感を持っているようなものなんですよ。自信があるということです。私のようなわけのわからん者の言うことにも、ちゃんと自分として受け止めて、答えられるものを持っとるということです。

中村さんはどうだったか、わからないんですが、私は藤原さんが中村さんを連れて来てくれたのが「雑誌のための対談」だなんて考えもしていませんでした。ところが、どうやらそういうことだったようで、この時の中村さんとの対話は「生命と人間」として、『環』五四号(二〇一三年夏、藤原書店)に掲載されています。

対談だろうが何だろうが、ともかく、私が中村さんに聞きたいことは決まってます。人間が多すぎるという私の懸念を、中村さんは否定せずに聞いてくれて、人間というよりは、生命の起源について理路整然と話してくれて、私には非常に勉強になりました。

初めてお話を聞いた時から、私の中で中村さんの印象は全然変わりませんし、彼女自身もその後、コロナ騒ぎがあり、何があっても、まったくぶれないで立っていると感じています。

対談をした後、私はよくわかりませんが、ホームページですか、それに彼女が私のことを「生命誌の仲間が増えた」と書いてくれた、と知人が教えてくれました。嬉しかったですね。(談)

(きのした・すすむ/画家)

がとても身近なものになりました。

## 小さな生きものを見つめ続ける

オサムシ、藻、チョウという身近な小さな生きものが、生きものの本質をみごとに教えてくれることがわかり、生命誌研究館の日常が楽しくなってきました。その後の三〇年、小さな生きものから学ぶ活気に満ちた雰囲気が、生命誌という知を支え続けてくれました。

現在進行形の研究からいくつかを紹介し、生命誌の特徴を示したいと思います。

動物界は大きく脊椎動物（私たち人間はこの仲間）と節足動物（代表は昆虫）に分かれ、両者の発生、つまり体づくりの過程は異なります。小田広樹研究室では、これらが分かれる前の共通祖先を想定し、そこから両方へと進化していった過程を見て、多様化に関連した進化の法則性を探ろうとしました。まず、節足動物で昆虫とは五億年以上前に分かれたクモに着目し、オオヒメグモの飼育から始めました。一匹のクモから透明な卵二〇〇個ほどがいっせいに発生するので観察しやすく、今では世界中にクモ研究の仲間ができました。ショウジョウバエの場合は、より古くから存在する単純な線虫などと同じで、あらかじめ遺伝子で決められたとおりのパ

卵を守るオオヒメグモ

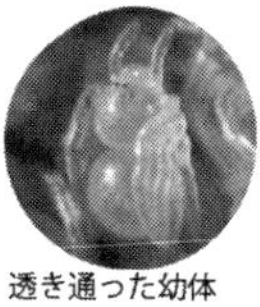

透き通った幼体

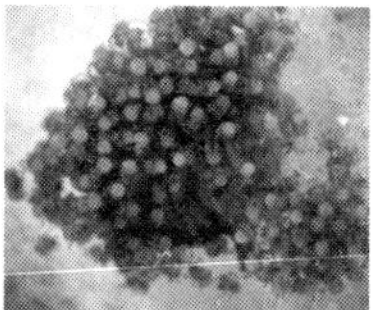

蜘蛛の子を散らす・・・孵化の直後

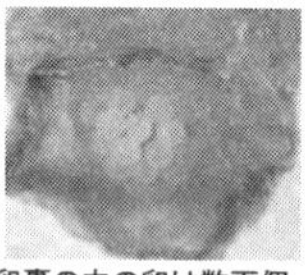

卵嚢の中の卵は数百個

ガラス容器で飼育。餌はコオロギとショウジョウバエ

新しい実験動物「オオヒメグモ」

人家や山などに普通に見られるクモ。からだは、6 ～ 8mm。受精後、母親グモは卵嚢をつくり、そこに卵を産み付ける
https://www.brh.co.jp/publication/journal/042/research_21

ターンで体を速やかにつくっていきます。

一方クモは、遺伝子発現の変化と細胞のふるまいが波を起こし、体の軸や反復パターンが生まれる複雑な様相を見せます。そこにはハエと同じ様子と脊椎動物と同じパターン形成が見られ、形づくり全体のモデルを考えられそうなところにいます。クモは、動物全体の進化の法則性を見るのにちょうどよい位置にいるようで、見ているだけで、そのまま進化の物語が書けそうな楽しい研究です。クモの透明な卵の中で赤ちゃんが育つ様子を顕微鏡で見ると、とてもかわいいです。見にいらしてください。

小田研究室では、多細胞の体の細胞を接着しているカドヘリンという物質で、同じように進化の物語が書けそうな研究もしています。多細胞生物でいるためには細胞同士がお互いに接着していなければなりませんから、あらゆる生物がカドヘリンをもっています。でも生物種によってその構造が違います。興味深いことに、多細胞生物の仲間としては一番古い刺胞動物（クラゲ・イソギンチャクなど）のカドヘリンが、もっとも要素が多くて長いのです。そこから昆虫や脊椎動物へと進化していく過程で、その成分が整理され、短くなっていきます。

私たち人間を含む脊椎動物のカドヘリンは、もっとも要素が少なくすっきりしています。進化というと複雑化を思いうかべる方が多いかもしれませんが、カドヘリンの例を見ると、体づくりに不可欠な物質は、進化とともに上手に整理して本当に必要な部分だけ残していく様子が見えます。このような例に出合うと、「生きものはなかなかうまくやってるなあ」と実感します。

おもしろい研究の紹介をしているときりがありませんが、クモのほかにも、現在進行形の研究を簡単に見ていきます。一つは尾崎克久研究室の「チョウが食草を見分けるしくみ」です。チョウの幼虫は、特定の植物だけを餌にします。同じアゲハでも、たとえばナミアゲハはミカンの仲間、キアゲハはセリの仲間、アオスジアゲハはクスノキの仲間と食べる葉っぱが決まっています。そこで母チョウは、幼虫が食べる葉に卵を産まなければなりません。

ナミアゲハのドラミング
JT生命誌研究館のホームページでドラミングの動画が見られます
https://www.brh.co.jp/special/butterfly-nursery/research/research02.html

まず「どのようにして葉を見分けるのか」という問いが生まれます。母チョウは、産卵の前に前脚で葉を叩きます。ドラミングとよぶこの行動で、葉に存在する化合物を味として感じとるのです。メスチョウの前脚には感覚毛があり、その先端は私たちの舌にある味蕾とまったく同じ構造をしています。味を見るという行為に必要な組織は、チョウでも人間でもこれですよと言われているようで、「生きものはみんな仲間」という言葉が実感できます。ここではたらく味覚受容体遺伝子を同定し、そのはたらきを調べていく一方で、さまざまなチョウの食草転換を見るなどして、昆虫と植物がどのように関わり合いながら生き、進化してきたのかを追っています。

このような姿を直接観察する場として、研究館四階中央の、周囲を壁に囲まれた小さな空間に「食草園」があります。実は、研究館活動が評価されて二〇〇二年にΩ《オメガ》アワードを受賞したとき、その賞金の使い方を考え、ふとチョウと食事の関係を日常的に見る場として「食草園」を作ったらどうだろうと思いついたのです。

調べてみると、昆虫館はたくさんあるけれど「食草園」はないことがわかりました。だれもやっていないと知るとやってみたくなる。けれども研究館には広い庭があるわけではありません。唯一外につながる空間は、四階の私の居室の前にある、高い壁に囲まれた狭い空間です。こんなところにチョウが来るかしら。不安はありましたが、思いついたのだからやってみよう。こうして始まったのが「Ω食草園」です。ホームページを見てください。「どうしてこんなところにやってくるの」とふしぎになるくらい、さまざまな虫たちが訪れるにぎやかな場になりました。高槻の昆虫たちの間で、「あそこによい所があるよ。行ってごらん」という情報が行き交っているに違いないと思っています。来館者にも人気の、研究と日常をつなぐ研究館を象徴する場になっています。

次も植物と昆虫、具体的にはイチジクとイチジクコバチの共生関係を知る、蘇智慧《そちけい》さんの研究です。熱帯雨林でつねに実をつけ、森の生態系を支えているイチジクには、絶対共生関係にあるイチジクコバチがいます。コバチの送粉によってイチジクはつねに実をつけることができると考えると、この小さなハチが地球生態系の中でもとくに重要な熱帯雨林を支えているとも言えます。植物や昆虫の存在の大きさとその関係の重要性は、いくら強調しても強調しすぎることはないと言ってもよいでしょう（詳細は第Ⅵ巻『生きる 17歳の生命誌』三二頁に書きました。大事な研究ですので見てください）。

もう一つの橋本主税《ちから》研究室では、カエルやイモリなど両生類の形づくりを調べ、これまで教科書にあるモデルと異なる新しいモデルを提唱しています。形づくりには、細胞が増殖することと、細胞がさまざまな性質をもつように分化していくことの二つが必要です。新しいモデルで考えていくと、細胞が増えているときには分化しない。つまり、さまざまな性質をもつ細胞への変化を起こすときには、細胞は増えていないということがわかってきました。少し専門的な話ですが、生きものらしさを感じさせるおもしろい研究ですので、関心のある方は、研究館のホームページを開いてみてください。

## 生きものの物語を聞いて、私たちの生き方を考える

生命誌研究館では、よく考えてよい研究をしていくことを大事にしています。事実、他には

ないユニークな研究が行なわれ評価されています。競争に勝つことを目的にはしていませんし、事業につながることも意識していません。生きものたちが語る物語を聞いて、「生きているってどういうことなのだろう」と深く考えることを大事にしています。そこから、生きものの一つである私たち人間の生き方が見えてくるに違いありませんから。

したがって、研究館の中での研究だけでなく、世界中でどのような研究が行なわれているかにいつも目を向け、興味深い物語を見つけたら聞きにいき、ときに共同研究を進めて私たちの物語の世界をより広く、より深いものにしていきます。研究館の基本は「オープン」です。

## 聞こえてきた物語を表現し、世界観につなげる

実験研究をする仲間と日々をともにし、セミナーで話し合いをし、ともに考えながら生きものの物語、つまり生命誌を紡ぐ。そしてそれを美しく、だれもが受けとめられる形に表現し、発信をしていくグループがあります。他にはどこにもない、まさに生命誌研究館を研究所ではなく〝開かれたホール〟にする役割を担う仲間です。

展示の始まりにある「あなたの中の DNA」

右はしにあるのは、人の形をした鏡です。DNA はあなたの中にあることを実感してください
https://www.brh.co.jp/exhibition_hall/hall/the-dna-inside-you/

## 『あなたの中のＤＮＡ』

生命誌研究館の展示の始まりに『あなたの中のＤＮＡ』という小さなコーナーがあります。今、生きているということを考えようとしたら、ＤＮＡをはずすわけにはいきません。これが生きものすべてをつないでいるのですから。ほとんどの方がＤＮＡという言葉を聞いたことがあるでしょう。現代を生きる者としてはこれを知らなければいけないと思っていらっしゃる方も少なくないのではないでしょうか。そして、科学の勉強としてとらえ、むずかしそうだぞと身構える、たいていはそうだろうと思います。

残念ながら、その入り方は生命誌にはつながりません。あなたがそこにいればＤＮＡはそこにある。ＤＮＡのないあなたはいないのです。あなた

の中にあり、あなたをあなたにしているのがＤＮＡですから、自分の中にあるものとしてとらえ、そのＤＮＡとなじみになることが、生きものとして生きるために不可欠なのです。しかもＤＮＡは、あなたの中だけにあるのではありません。すべての人、いやすべての生きものの中で、それぞれをそれぞれらしくしているのです。このようなＤＮＡを感じとれたら、人間同士はもちろん、他の生きものとのつながりを感じずにいられなくなります。研究館にいらしたら、まずここであなたの中のＤＮＡを感じてください（一六〇頁を参照）。

### 四六億年分の二重らせん階段

研究館を入るとすぐ、正面に二重らせんを描いて四階まで続く階段があります。これは一段登ると一億年、地球誕生から始まって四六億年分登ると四階の現在に着きます。一方の鎖には多様性を示すさまざまな生きものの進化が描かれ、もう一方には共通性を示すＤＮＡ、ＲＮＡ、タンパク質などがはたらく細胞を通しての進化が描かれています。生命誌を実感する場です。このように、科学の知識を得るのでは

二重らせんを描く階段

なく、科学が明らかにしたことを通して、生きものである自分を実感する場を創るのが表現グループの役割です。

あくまでも研究館であり、研究成果を出し、そこから生命誌という知を創るのですから、博物館のように標本を並べたり、動物園のように実際の動物を見せることはしません。とはいえ、生きものについて考える場としては〝息づくもの〟が必要と考え、小さなスペースで可能なかぎり、しかも意味のある生きものがいるような工夫をしました。

## 研究館で暮らす生きもの——ナナフシ

あたかも一階展示室の主であるかのように暮らし続けている生きものは二種類（ヒト以外）、ナナフシと肺魚《はいぎょ》です。

ナナフシは再生の研究対象候補になりましたので、兵庫県の伊丹市昆虫館へ見学に行っていただいてきたものであり、アマミナナフシです。胴体も脚もヒョロッとした枝のようで、木の枝の中にいるとどこにいるのかわかりません。「擬態」です。動物なのに植物のように見せかけるのですから、なんともふしぎです。細い脚や触角はとても切れやすく、ガラス槽の中で飼っている個体のなかには脚が切れたものをよく見かけます。そして失われた部分はいつか再生しているのです。

しかも興味深いことに、触角の位置に脚が生えてくることがあります。ＤＮＡのことを知らなかったらこんなことが起きるはずはないと思うような異形ですが、原因は形づくりのＤＮＡの変異であることがショウジョウバエの研究でわかっていますので、研究対象になります。実際にはオサムシの研究をすることになり、ナナフシにまで手を伸ばせなかったのですが、愛嬌ある姿に惹かれて飼い始めました。ナナフシはチョウのような変態はせず、生まれたときから親と同じ、超小型の姿から始まり脱皮をくり返して擬態への道を歩きます。ゴマ粒のような黒い卵をたくさん産みますので、それを持ち帰った小学生からの飼育報告が届きます。都会生活者の多い現在、身近に見なくなった小さなムシを飼って観察する楽しさを味わうことは大事です。

ナナフシ

虫も、カブトムシやクワガタなど特定の種に人気が集まり、お店で買ってくるものになってしまっています。けれども、ムシは多様性の権化のようなものであり、しかもムシが生きていくうえでかかわりをもつ植物との関係を見ることがとても大事なので、ナナフシをきっかけに子どもたちが、そのような眼をもってくれるのはうれしいことです。そこで、ガラス槽の中で元気に増え続けているナナフシにソッとお礼を言っています。

## 研究館で暮らす生きもの――肺魚

四・一億年前（デボン紀）に登場したとされる肺魚も、生命誌の中で独特の意味をもつ仲間です。硬骨魚類には条鰭類《じょうき》（日常食卓にのるお魚たち）と肉鰭類《にくき》の二系統があります。肉鰭類は肉厚の鰭《ひれ》をもつもので、現存するのはシーラカンスと肺魚だけです。肺魚は通常の魚類と同じように鰓《えら》をもっており、幼体では両生類と同様に外鰓をもっていますが、成長とともに肺が発達します。成体は、酸素を主として鰓でなく肺でとり込むようになるという興味深い存在です。

現存する肺魚はすべて淡水産で、オーストラリアハイギョ一種、ミナミアメリカハイギョ一種、アフリカハイギョ四種の六種しかいません。研究館の肺魚はアボカドくん（オーストラリア）、エンピツくん（アフリカ）の二匹から始まりました。悲しいことにエンピツくんは亡くなり、マーブルくんに代わりましたが、今も二匹の肺魚が研究館入り口近くで元気に泳いでいます。水面に顔を出して呼吸をしている姿を見ると、進化の経緯を目のあたりにするおもしろさを感じます。来館者もこれを楽しみにしてくださいます。

陸へ上がって四足類へと進化したのは肉鰭類ですが、その中で水中暮しを選んで四億年もの長い間生きてきた肺魚を見ると、生きものはさまざまな生き方を選んで続いてきたのだということを改めて実感します。水槽が玄関近くにありますので、毎日、朝と夕方に、「おはよう」と「また明日」の挨拶をしに水槽に近づくと、二匹ともこちらへ近づいて見つめてくれる様子がとてもかわいいのです。四億年を独特の方法で生きぬいてきた仲間とのご挨拶で一日の区切りをつける研究館ならではの日々でした。

## 骨格標本から見えてくるもの

餌を食べ、呼吸をしているナナフシと肺魚は、研究館のメッセージを明確に伝えてくれる大事な存在ですが、それとは少し違った形で重要な役割をしてくれた展示を二つ記します。

一つが進化によって骨の形がどのように変化し、その結果それぞれの生きものの機能がどのようにして生まれてくるかという様子が見える骨格標本の展示です。ナメクジウオ、スナヤツメ、ホシザメ、コイ、肺魚、カエル、カメ、ニホンザル、トリ。肺魚は残念ながら亡くなってしまったエンピツくんです。

もう一つが、受精卵から始まって形づくりが行なわれるなかで骨ができる過程を示す標本です。こちらはスナヤツメ、ゼブラフィッシュ、アフリカツメガエル、アカウミガメ、ニワトリ、ラットが並んでいます。これだけの標本が一度に見られるところは他にありません。じっくり見ていると、それぞれがそれぞれの形でできあがっていく一方で、基本の構造（ボディプラン）は保たれ続けていることがわかり、生きものの安定なところが明確にされたうえでの柔軟性が見えてきます。個体一つひとつがこのような発生をくり返すなかで進化が起き、多様になっていくことがよくわかります。

「魚には首がないから振り返れない。後ろを見るときは、体ごと動くんだ」とわかり、魚の気持ちになったり、人間には首があってありがたいと思ったりするのも楽しいものです。

研究館の骨標本で多くの方が驚くのが、カメの甲羅は肋骨だということです。開館のときから不変の展示なのですが、生命誌を考える基本なので、来館者をご案内するときは必ずこれを眺めながら生命誌のお話をします。生命誌絵巻に示したコンセプトを具体的な物語にしていくときは、一つひとつの生きものから話を聞かなければなりません。これが原則です。

## 生命誌は「動詞」で考える

そして、あらゆる分野の人と語り合うことも大切です。それを『季刊 生命誌』として発信していますし、生命誌研究館の活動のすべてが、これまでに何度か触れたホームページにすべて載っていますので、ぜひご覧ください。

活動を続けているうちに、生きていることを考える言葉は動詞でなければならないということに気づいたのも、大きなことでした。科学に限界を感じたのは、それが「モノ」を対象にするところにあります。「コト」を見ていかなければ生きているとはどういうことかはわからない、というあたりまえのことが見えてきて、生命誌は常に「動詞で考える」ことになったのです。

毎年、その年の動詞を決め、その言葉を軸に生きもののおもしろさを考えていきました。最初の動詞が「続く」になったのは当然です。生きものってなあにと聞かれたら、まず「続いていくもの」と答えます。何しろ四〇億年近く続いてきたのですし、これからも続くでしょうから。毎年、その年の社会の様子を見ながら生きものの特徴を表す動詞を選びました。「続く、めぐる、編む、遊ぶ、変わる、うつる、ゆらぐ」と続き、科学が明らかにする事実をもとにしながら、生きものとしての人間の日常を考えることを楽しみ、充実した日々を過ごしました。

ところで社会は、日を追うにつれて競争の激しい格差社会になり、暮らしにくくなっていきました。二〇一九年には大事な言葉として「和」が浮かびました。動詞にすると「やわらぐ、なごむ、のどまる、あえる」など、いずれも穏かさを基本にしながら大事なメッセージを送ってくれるものです。

なかでも私は「あえる」がとても気に入っています。さまざまな人種が暮らす大都市はよくサラダボウルにたとえられます。トマト、キュウリ、セロリ……さまざまな野菜が一つのボウルに入っていますが、それぞれは独立し、口に入るときもキュウリはキュウリ、トマトはトマトです。それに対して日本の和えものはそれぞれの材料が独自性をもちながら、ともにあることで新しい味を出します。白和えは、ホウレンソウやニンジンなどの野菜、豆腐、ゴマが一緒になってこその味です。これこそ、これからの生き方を示しているのではないかと思います。「和」は日本を表わす文字でもあり、平和の和でもあります。

動詞で考えると「生命とは何か」ではなく、「生きているとはどういうことだろう」という問いになり、生きものの具体的な行動を見つめることになります。人間の場合も日常のありようが大事になります。さまざまな動詞を通して「生命誌」について考え続け、研究館が二五周年になり『季刊 生命誌』が一〇〇号になったところで、区切りよく一段落、館長職を退くことにしました。二〇一九年につくった一〇〇号と一〇一号のタイトルは「私の今いるところ そしてこれから」です。生きているとはどういうことだろうと考えながら見つめてきた生きものは「どう見ても変てこでめんどうで、だからこそ魅力がある」というのが実感です。なかでも一番変てこで、めんどうで、魅力的なのは人間（ヒト）という生きものです。だからこそ、人間について考え続けようと思います。

生命誌は「自然の中にいる生きものとしての人間」の生き方を支える世界観を提供する知であり、すべての人の心の中に存在する知になるはずと考えています。生命誌研究館とそれをとりまく世界にいる人々の中ではそれが形になりつつあるという実感があります。それが、「私の今いるところ」です。

ところが、社会全体の動きを見ると、権力と金力の支配が強くなり、政治、経済、教育、科学技術などすべての質が落ちている、つまり人間の質が落ちているように思えます。ですから「そしてこれから」では、世界観の転換を社会に広げる活動をしたいと思います。「人間は生きものである」という事実はすべての人が実感できるはずですから。

## 2 時間の芸術・音楽を生かす
### ――生命誌の基本「ピーターと狼 生命誌版」――

### 生きものが語る「生きもの」の物語

生命誌研究館での研究活動が順調に進み、生命科学と同じように細胞やＤＮＡを研究しているのに、日々の気持ちが少しずつ変わっていくのを実感するようになりました。生命科学の研究室では、そこにいる生きものはＤＮＡや細胞のはたらきを知るための存在です。ですからほとんどの場合、研究はモデル生物とよばれる大腸菌、ショウジョウバエ、マウスなどで行ないます。一方研究館では、生きものが主人公です。オサムシやチョウやイモリの生き方を知ろうとして、DNAや細胞のはたらきを研究するのです。まさに小さな生きものたちが語ってくれる物語を読んでいく気持ちです。子どものころ、アリやウサギやクマのお話を読んでドキドキしたり、ワクワクしたのと同じ気持ちになり、それをだれかに話したくなります。科学の知識を伝えるなどという気持ちではありません。研究の成果を展示や季刊誌で伝える活動をしているうちに、研究館を名のるからには「物語」として伝える試みが大事だと思うようになりました。

表現を担当するセクションの初代ディレクターである茂木和行さんは、毎日新聞の記者から転進して研究館で活躍後、聖徳大学人文学部で哲学の教授になった方です。最近は「人力エネルギー研究所」というNPO法人を立ち上げ、人力こそ究極のエコ・エネルギーという自己完結型社会をめざして活動をしています。そのような彼を中心として「物語」を語る方法を考え、一九九五年に「サイエンス・オペラ　生き物が語る『生き物』の物語」を創作・上演しました（次頁にプログラムを掲載しました）。

マダ・ジュンコの舞台設計、ハイディ・S・ダーニングのコンテンポラリーダンス、井上道義指揮の京都市交響楽団の演奏が溶け合って生みだすメッセージと、岡田館長と私とが語る科

サイエンス・オペラ
「生き物が語る「生き物」の物語」

日時：1995年4月8日（土）
場所：高槻現代劇場 中ホール（大阪）
主催：生命誌研究館
演奏：京都市交響楽団
指揮：井上道義
舞台制作：マダ・ジュンコ

【プログラム】

**第一部　脳が失わせたもの・パート1**　　語り・岡田節人
序　奏　ハイドン「時計」第一楽章 より
第一幕「18世紀：実験生物学の源流」
間奏曲　ハイドン「告別」第一楽章
踊り／ハイディ・S・ダーニング
第二幕「イモリのレンズは再生すること」
幕間曲　ハイドン「太鼓連打」第一楽章 より

**第二部　生命誌版『ピーターと狼』**　　語り・中村桂子
曲／プロコフィエフ

**第三部　脳が失わせたもの・パート2**　　語り・岡田節人
第三幕「レンズを食べる寄生虫の話」
間奏曲　ハイドン「軍隊」第三楽章
踊り／ハイディ・S・ダーニング
第四幕「がんと再生力のお話」
終　曲　ハイドン「驚愕」第四楽章 より

学の話とが重なり合い、「生きものが語る物語」を伝えることができたと思っています。これまで試みられたことのない表現を創りだす過程は、子どものころの遊びを思い出させる楽しいものでした。

岡田館長は、個体が生まれ出るところに見られる生きものらしさを、イモリを例に話されました。私たち人間は複雑な脳を手に入れた代わりに、イモリのような再生のしなやかさを失ったのではなかろうかと問いかけながら。

私は『ピーターと狼 生命誌版』で、四〇億年近くの時間をかけて生まれた多様な生きものたちの物語を語りました。生命誌版では、ピーターは「時間の坊や」、おじいさんはダーウィン、狼は恐竜です。バクテリアに始まり、地球上の生きものすべてが登場します。原核細胞であるバクテリアの登場に始まり、真核細胞の誕生、光合成の始まり、生きものたちの上陸と多様化、恐竜の絶滅という生きものの歴史物語を時間が生みだしたのだという話は、生命誌の真髄を表現しています。本来の『ピーターと狼』ではフルートは小鳥ですが、生命誌版ではバクテリアです。突然バクテリアと言われて最初はちょっととまどい、どうしたらよいだろうと心配そうだった京響の方たちが、本番のころには、「こりゃあ楽しいや」と言ってくださるようになりました。だんだん息が合っていく心地よい体験をしました。井上道義さんは最初から「生命誌は日常とつながっているところがよい」と言ってくださった、よき理解者です。この試みで、音楽も日常にごく自然につながっているのだということを示し、音楽嫌いが楽しめる場をつくるのだと張りきっていました。

二〇〇八年には日本科学技術研究機構主催の「科学と音楽の夕べ」で、ピアノデュオ「プリムローズ・マジック」（石岡久乃、安宅《やすみ》薫）と一緒に『ピーターと狼』を演奏し、「生きものはつながりの中に」というタイトルで生命誌の話をしました。続いて野依良治先生の講話後に、東京フィルハーモニーとプリムローズ・マジックによるサン＝サーンスの『動物の謝肉祭』の演奏があり、それに合わせて私が生命誌による語りをしました。場所は東京渋谷の新国立劇場中劇場です。そこで安宅さんが『ピーターと狼』は、生命誌版のほうが本物なんじゃないかと思ってます」と言ってくださいました。

京響との共演のときもそうでしたが、生きものの物語を語る楽しみが広がっていくのを感じ、音楽には本来そのような力が備わっているのだと思いました。音楽は時間の芸術ですから生命誌とはとても相性がよいのです。ピアノですから、小学校の体育館でも演奏しましたし、この作品は生命誌研究館の大事な財産です。

「科学と音楽の夕べ」という催しがありますが、科学の話の後で音楽を演奏することによって科学を啓蒙しようというのでは、科学に対しても音楽に対しても失礼です。意味がありません。道義さんの言うように「科学も音楽も日常の中にあることでつながっている」という実感をもつことが大事なのです。『季刊 生命誌』（一九九五年）に次のような一文を書きました。

## 生命誌版『ピーターと狼』――プロコフィエフと私

今回、生命誌版『ピーターと狼』を作ることになり、そのつもりでこの曲を聴き、〝生命の歴史を語る音楽〟にこれほどピッタリのものは他にはないかもしれないと感じた。

プロコフィエフの作風でだれもが気づくのは、古典を強く意識しながら、革新的であるということだろう。交響曲第一番は、まさにその典型で、名前がズバリ「古典交響曲」となっている。「この交響曲を書いた目的は、ハイドンやモーツァルトが二〇世紀に生きていたならば、書いたに違いない交響曲を作ることだった」。作曲者の弁である。

実は、この感覚は、「生命誌」を始めて以来、いつも私の心の中にあるものだ。「今、アリストテレスが生きていたら、DNA（ゲノム）研究の成果をもとにしてどんな生命像を描いただろう。もしゲーテが、もしレオナルド・ダ・ヴィンチが、いやお釈迦様が……」。

生命誌が描きだしたい生命の姿の基本は、まさに〝古典〟の中にある。決してまったく新しいものを描きだそうとしているのではない。しかし、「ゲノム」という、今初めて私たちが意識したものを通したときに見えてくる何かが、古くから人々が描いてきたイメージを、革新的なものとして浮かびあがらせるに違いない。そう思っているのだ。

プロコフィエフはまた、音楽には抒情とダイナミズムが不可欠だと言ったとも聞く。これもまた、「生命科学」から「生命誌」へと移ったときに考えたことだった。私がこれだけ心動かされる生きものの科学が、なぜ多くの人をワクワクさせないのだろう。そんな疑問がわいてきたときにふと浮かんだのは、事実に頼りすぎて心に訴えようとしないからだということだった。美しく、そしてダイナミックに表現しよう。そう考えた。

そんな気持ちで『ピーターと狼』を聴くと、子どもたちのためになじみやすく作られていながら、古典・革新・抒情・ダイナミズムというプロコフィエフの真髄がみごとに生きているのがわかる。いや、子どもへの愛情をこめて作ったからこそ、彼の本質が生きたと言ったほうがよいのかもしれない。これまた同じだ。研究館では、よく「対象はどういう人ですか。子どもたちですか」と聞かれる。多くの可能性をもつ子どもや若者にダイナミックに動いている現代生物学の魅力を伝えたいとは思う。でも、私たちの気持ちを高め、これこそと思う表現をすれ

## 生命誌版　ピーターと狼

オーケストラまたは二台のピアノ、語り、そしてスライドで楽しむ舞台です。

……

沢山の生きものがいる地球の素晴らしさは、太鼓のような音も交えて賑やかに奏でます。

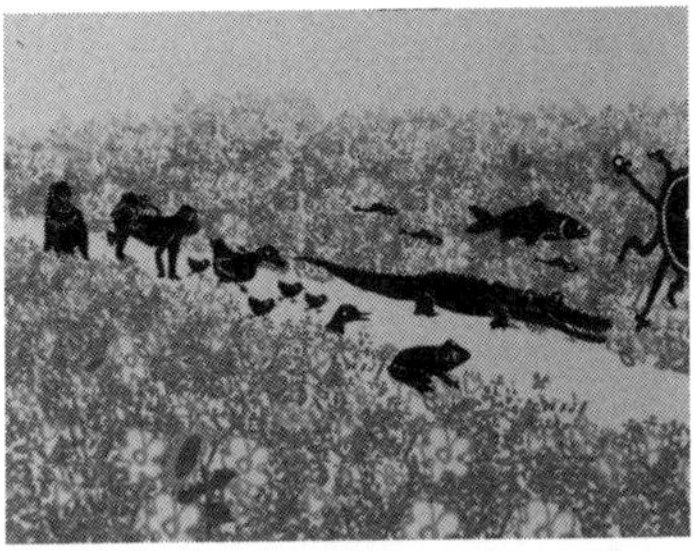

……

海の中ではバクテリアが泳いでいます。
地球に初めて生まれた生きものです。
やあ、君たちおはよう。
時間の坊やは楽しくて声をかけました。
バクテリアはダンスで応えます。

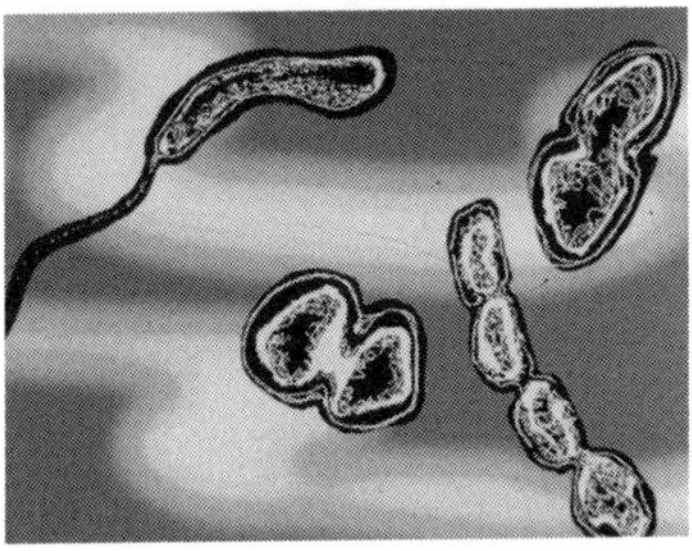

……

居心地が良さそうだな、とお日様の光で養分を作るバクテリアが大きな細胞に入り、葉緑体になりました。
葉緑体が入った細胞は植物のへ、入らなかった細胞は動物の道へ。

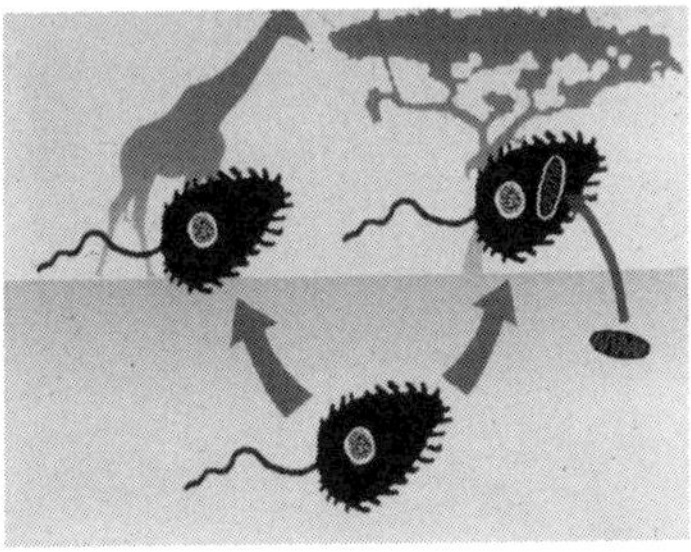

……

ば、子どももおとなも同じように受けとめてくれるはずだと思っている。『ピーターと狼』と私とは、偶然誕生の年（一九三六年）が同じだ。今年生まれる「生命誌版」の中にこめた思いが多くの人に伝わり、この版も生き続けてほしい。作曲者が初めてピアノで子どもたちに聴かせたとき、アンコールがくり返されたという〝猟師の行進〟では、地球上の全生物が大行進をするので。

（『季刊 生命誌』通巻八号 一九九五年）

生命誌研究館で行なわれる音楽を含むさまざまな表現は、お客様を呼びこむためのイベントではありません。生命誌という知が、音楽と同じものを求め、お互いに重なり合っているのです。一方が他方の添えものではありません。

生命誌の基本を多くの人の心に訴える形で表現しようとしたとき、まず「生命誌絵巻」が生まれ、次いで『ピーターと狼 生命誌版』になりました。絵画と音楽を生かし、空間と時間を表現したこの二つは、生命誌の表現として基本となる作品です。このような形での知の表現はこれまでにはなかったもので、生命誌の特徴です。すべての人の日常とつながる知であるには、このような表現が不可欠なのです。生命誌は芸術なしでは存在しません。

# Ⅳ　生命誌を支える豊かな心

# 1 「根っこ」と「翼」に込めた願い

## 活動すべての根っこと翼

生命誌研究館の活動がたくさんの方々に支えられてきたことは、これまでのところで述べ、お名前をあげてきました。実はこの他に、深い尊敬の念をもち続け、その方がときどきかけてくださる優しいお言葉がどれだけ励みになったかと、いつも思う方がいらっしゃいます。同世代の女性として生き方を学ぶことができたことが、とても心強い支えでした。私的な記録の中では控えるべきかとも思いましたが、それが欠けては納得のいく記録にならないという気持ちから、触れさせていただきます。

生命誌研究館の創立まもなくに岡田節人館長とお招きをいただき、上皇上皇后両陛下（当時は天皇皇后両陛下）と夕食をご一緒しながら、生物研究の話題とともに新しく始まる研究館についてお話しいたしました。そのとき、パッと開くとアゲハチョウが浮かびあがるように工夫したパンフレットを美智子様がとてもお気に召して、その後お目にかかるたびに「お仕事いかが。チョウが飛び出すの、今も思い出すのよ」とおっしゃってくださいました。

ある日、ふとつけたテレビでお話しされている美智子様のお姿を、なにげなく見始めました。すぐに引き込まれ、気づくとテレビの正面に座って聞き入っていたのでした。

「私にとり、子ども時代の読書とはなんだったのでしょう」と問い、

「それはあるときには私に根っこを与え、あるときには翼をくれました。この根っこと翼は、私が外に、内に、橋をかけ、自分の世界を少しずつ広げて育っていくときに、大きな助けになってくれました。『根っこ』は悲しみに寄り添い、『翼』は希望に向かって飛びます」

と語られたのです。


（一九九八年九月にニューデリーで開催された国際児童図書評議会での基調講演「子供の本を通しての平和——子供時代の読書の思い出」録画による参加）

この「根っこ」と「翼」という言葉は、生命誌を始めてから、生きものの世界を象徴する言葉としてつねに頭の中にありましたので、このような形で語られるすばらしさに感動しました。なんと自然でしかも深いお考えでしょう。本を読むことは自然を見つめることと重なります。

二〇〇二年、館長になった年にこの思いをこめて、館内で「根っこと翼」をテーマにした催しを開きました。生命誌をよく理解してくれている友人のコンテンポラリー・ダンサー、ケイ・タケイさんに踊りをお願いしましたら、「あなたも一緒に踊りなさい、体での表現も大事でしょう」と説得され、ケイさんのスタジオで何度も練習を重ね、黒と白でおそろいの舞台衣装を縫ったのもよい思い出です（巻頭口絵2頁参照）。

「根っこと翼」は、生きものたちのつくる生態系のありようを象徴する言葉であり、その中の一員として生きる私たち人間の生き方を示す言葉として、生命誌の中でいつも大切にしてきました。その言葉により深みを与えてくださった美智子様の存在は、私にとって、生命誌を支え、導いてくださる根っこでもあり、翼でした。

## 根っこと翼

中村桂子

あっ。
小さなサクランボの木のまわりを
グルグルまわっていたタローは
転んでしまいました

だめだなあ
弱虫だなあ
ワタシなんかこんなに細くたって
倒れたことなんかないよ

サクランボは
タローが生まれた日に
大喜びのお父さんが植えたのです
生まれたての赤ちゃんくらいの
小さな苗でした

タローは三歳
サクランボの木のある庭で
遊ぶのが大好きです

庭には、お母さんが大事にしている
ローズマリーも繁っています
垣根越しにお隣からのぞくカエデは
秋になるとタローの手のような
真紅な葉っぱをたくさん落とします

細い細いサクランボの木が
倒れないのはなぜ
ローズマリーを
摘みに急いだり
カエデの葉っぱの上で
かけまわると
すぐ転ぶタローにはふしぎです

ワタシは
この庭に植えられたその日から
地下に根っこをはってきたのさ

植物には根があります。
根の役割は二つ
一つは、植物の体を支えること。
もう一つは土の中の水や養分を
吸い上げて植物を育てること。

根の先の細胞を見ると、
クルクルまわりながら

先へ先へと伸びています

地上にある芽や葉の細胞は
お日さまに向ってのびる性質
　をもち

根の細胞には
お日さまから遠くへ遠くへと
進む性質があります。

あれから三年
サクランボの木は
お父さんより高くなりました
春には、
枝いっぱいに繋った葉の間に赤い
　実がなりました

たった三つでしたけれど
きっと根っこは
もっと広く、もっと深くと
伸びていったのでしょう
木はどんどん大きくなって
たくさんの葉を繁らせ
実もいっぱいならせるでしょう

サクランボは
小さな庭のシンボルです
「私が根をはった私の場所」
ゆったりとまわりを見まわしてい
　ます

ヒヨドリがやってきて
一つ、二つ、
赤い実をついばむと
ヒィーッと高い声で鳴き
　飛んでいきました

タローは一年生
学校へ行ったり
公園で野球をしたり
大忙しです
かけまわっても
もう転びません
小さな庭は大切な場所だけれど
もうそこだけが
タローの世界ではありません

朝から強い風と雨です
でもサクランボの木は
しっかり立っています
繋った葉の陰に隠れたヒヨドリが
　言います
根っこがあるって素晴らしいね

ありがとう

でもワタシはいつも思ってるんだ
高い空へ上っていったら
どんな景色が見えるのかなと
翼があるのは素敵なことだよ

野球に行けないので
庭を眺めていた
タローの耳に
こんな話が聞こえてきました

翌日タローは公園の隣の林に
サクランボの木を
見つけました。
小さな小さな木です。

誰が植えたの。
お父さんは答えました。

タローのサクランボの
子どもだよ
ヒヨドリのふんの中にあった
タネから生えてきたんだろう。

サクランボは翼がないけれど
ヒヨドリがタネを運んでくれる
ヒヨドリには根っこがないけれど
サクランボの木が風から守ってくれる
根っこと翼は助け合っているのです

それにね、
三年生になったタローに
お父さんが話してくれました。

サクランボの木とヒヨドリは
兄弟なんだよ

大昔、そう三八億年も前に
地球に初めて生まれた生命
それが祖先さ

それは顕微鏡でなければ見えないような
小さな細胞だったでしょう。
海の中の
栄養分をもとに、どんどんふえていき、
その間にいろいろな性質をもつ細胞になって
いきました。二〇億年ほどして、
お日さまの光を使って自分で
養分を作れるけれど

動けない植物の仲間と、動き
　まわれるけれど
植物を食べなければ生きてい
　けない動物の仲間
が生まれました。ですから動
　物も植物も祖先は一つ、
もちろん人間もその仲間です。
トリの翼と人間の手は起源が
　同じです。

サクランボもヒヨドリも
そしてタローも
一つの祖先から生まれた仲間
それぞれの生きものは
それぞれの性質を生かして生きて
　いくのさ
サクランボは根っこ
ヒヨドリは翼

でも、ボクには根っ子も翼もないよ
タローは少し悲しくなりました
どうかな
タローは今、お父さんと一緒に
生きものが皆んな仲間だってことを
考えたよね

考えると
タローはどうしてここにいるのか
少しづつわかってくるだろう
それがタローの根っこさ

話し合っていると
タローにどんなことができるか
少しづつ夢がふくらんでくるだろう
それがタローの翼さ

さまざまな生きものの中で
脳が大きくなり、
考えることができるように
　なったのが
人間です。
考えることによって、
ほかの生きものと一緒に
どのように生きていくのか
わかってくる。
こんなことができるのは
人間だけです。

生きものたちに向き合って
ゆっくり語り合い
人間同士集まって
じっくり考え合う

すると
根っこと翼が生まれるんだ
人間は、根っこも翼ももてる
すてきな力をもっているんだ

ヒヨドリが高い声で唄っている
サクランボの木の下で
タローはつぶやきました
君たちとボクとは
三八億年も前からの仲間なんだよ

ぐんと足を踏んばって
青い空を見上げ
そっとささやきました
ボクの大切な根っこと翼

## 3・11を超えて――「セロ弾きのゴーシュ」

二〇一一年三月一一日の東日本大震災には大きな衝撃を受けました。とくに東京電力福島第一原子力発電所での事故は、科学の世界に身を置く者として、どのように対処してよいのか判らない難題でした。当面は被災地の応援が大切としても、長い目で見たときに何をすればよいのだろう。深く悩むなかでふと手にしたのが、なぜか『方丈記』と『宮沢賢治全集』でした。『方丈記』は思いがけず災害ドキュメンタリーであることに驚きましたが、じっくり読んだのは宮沢賢治です。その気持ちはこのシリーズ第Ⅶ巻の『生《な》る　宮沢賢治で生命誌を読む』にまとめました。そこでも取りあげた『セロ弾きのゴーシュ』は、震災前に読んでいたときには気づかなかった自然に生きる姿の大切さがとくに印象的で、生命誌で大切にしている「表現」につなげたくなったのです。

二〇一三年が創立二〇周年でした。「自然に学び、その思いを表現することで社会を変えていく」という生命誌の願いの具体化として、『セロ弾きのゴーシュ』を生命誌で解釈した舞台を創ろうと考えました。そこで、以前から表現について教えられることの多かった人形劇の沢則行さん（チェコ在住）にお願いしました。「やりましょう」。即答に、頭が動き始めました。

京都大学で生命科学の修士課程を終えた後、チェリストの道を歩み始めた谷口賢記《まさのり》さんに「ゴーシュになって」と頼むと、これもOKです。チェロも本格的なら生命誌も一〇〇％理解している人が身近にいるなんて、なんと運がいいのでしょう。人形たちは、京都造形芸術大学のヤノベ・ケンジ教室の学生さんたちが協力してくれました。若者とのカラフルで個性的な人形作りの楽しかったこと、思い出してはニヤニヤしています。

美智子様にはいつか研究館の活動を見ていただきたいと願いながら、大阪にいらしていただくのは無理でしたので、東京での二〇周年の会にお出ましいただき、生命誌のメッセージを受けとめてくださるようお願いしました。たまたま前日に伊豆大島の噴火の被災地を見舞われるというスケジュールが入り、ご無理かと思ったのですがいらしてくださいました。

『セロ弾きのゴーシュ』について、「子どもたちに見せたら、皆考えてくれるのではないかしら。ぜひなさってね」とおっしゃった優しいお声が今も耳に残っています。舞台はなかなか上演できませんが、映像にして上映の機会をつくっています。

実は、沢さんのご縁で、この舞台は二〇一五年にプラハで開催された人形劇の国際フェスティバルに招待されるという幸せも加わりました。人形劇の世界の中心地と言ってもよいプラハでの公演はとても楽しいものでしたが、同時に世界から集まったみごとな人形劇をたくさん観ることができ、表現のおもしろさを改めて学びました。プラハでは街角で人形劇が演じられており、子どもたちが目を輝かせて観ている姿があちこちで見られました。実物に接する喜びは格別だ。生命誌研究館の原点を再確認した旅でした。

美智子様にはある時、「桂子さん、菊地病院に入院なさったのね。私もですのよ」とおっしゃられてびっくり。私は小学校一年生のときにそこで中耳炎の手術をしたのです。それを書いた文をどこかでお読みいただいたのでしょう。本当に驚きました。私より二年早いお生まれです。同じころ、同じような体験をしながら生きてきたすばらしい方が、少し遠くからですが見ていてくださることがどれだけ心強いことか。この気持ちをどうしても書き留めておきたいと思い、失礼にならないことを願いながらの一文です。

# 2　アーティストとの共鳴——崔在銀《チェジェウン》・蔡國強《ツァイグォチャン》

## 崔在銀さんの「On The Way」

虎ノ門での準備室に熱心に通ってくれた一人が韓国のアーティスト崔在銀さんでした。彼女は当時、「ワールド・アンダーグラウンド・プロジェクト」として、特製の和紙を日本、韓国、イタリア、ナイロビなど世界七カ国の土に埋めて、三〜四年後に掘り出すと、土地により異なる模様が見え、それが時間とともに変化していく作品を発表していました。

そこに存在する微生物を顕微鏡で見ているうちに新しい世界観が生まれ、一九九五年のヴェネツィア・ビエンナーレでは日本代表として「MICRO－MACRO」を出品しました。その相談を受けるところから始まり、生命誌と関わり合いながらの作品が次々生まれていくようになったのです。三〇年間「自然・生命・人間」という根っこを共有しながら科学にも芸術にも関心をもち、お互いに必要なものを与え、受けとり合って仕事を深めてきました。

一九九三年に韓国の大田《テジョン》で開催された、初の国際博覧会の政府館のプロデューサーに選ばれた崔さんは、テーマ「リサイクル」の表現としてワインの空きびんを四万本集め、その茶色とグリーンを生かした美しい屋根を作りました。上から入る光が透明感のある一〇〇〇坪の空間を作りあげ、外の自然の動きが一日中、内部に反映します。美しさから考え始めることの大切さを、肌で感じました。彼女も「作品のイメージをつくる段階で細胞やDNAについての科学を知ることで、作品がおもしろく変わってきた」と言ってくれました。

一九八九年にベルリンの壁が消えたとき、彼女は「朝鮮半島にはまだ境界がある」と語り、「On The Way」という映画を構想し、私も脚本を手伝いました（二〇〇〇年完成）。

「実際の板門店で撮影された唯一の映画であり、撮影中、南北の兵士が言葉を交わすという奇跡を生みだしました。また、いまだに死の影が色濃いアウシュビッツの収容所と対比的に、鮮やかな花々が彩る板門店の風景は私たちに無言のまま多くの真実を語りかけてくれます。いつか人間の閉じた境界が開くように、過去とその途上（＝On The Way）である今を見つめます」という作品です。

板門店の三八度線で、韓国の少女が私の思いを語ってくれました。

境界をつくるところから生きもの
　は始まりました。
ハチはハチ、バラはバラ
でもハチはハチだけでは生きられ
　ません
バラの蜜をもらい、葉の陰で休み
　ます
バラはハチに花粉を運んでもらい、
次の世代を育てます
境界をつくるところから、
人間の生活も始まりました
川をはさんだ町と町、山をへだて
　た国と国
境界を越えてものをやりとりし、
人が行きかいます
遠くの国の歌で、人は踊ります
でも、なぜか人間は時に境界を閉
　じます
国や心に築かれた境界線は、
数えられない生命を奪い
今もなお、多くの人々を苦しませ、
　悲しませます
生きものの境界線はいつも開いて
　います
人間も生きものです
草原の中の生きものと共に思いま
　した
地球上の閉じた境界はいつか開く
　と

音楽は細野晴臣《はるおみ》さん。テーマは重く厳しい現実ですが、映像はときに幻想的でさえあります。生きものにとって「境界」は大きなテーマです。そして人間社会にとっても。このテーマは今、「The Nature Rules」というプロジェクトに展開しています。プロジェクト提案文を引用します。

## Nature Rules こそ今求められている
### ――Seed Bomb で DMZ を美しい地球の象徴に――

宇宙船から地球を眺めた Astronote は、「地球は海と森のある美しい星であり、どこにも境界線はなかった」と言った。四六億年前に宇宙に生まれたこの星には三八億年前に生命が誕生し、それが進化を続け、今や数千万種の生きものが暮らしている。その一つが私たち人間なのである。

人間は生きものであり自然の一部であるが、多様な生きものの中で唯一文化・文明を創る能力をもつ存在でもある。それを支えるのは想像力であり、美術・音楽を楽しみ、過去や未来にも思いを馳せる豊かな生活を生みだした。

ところが、いつかその中に権力志向が生まれ、強力な国が国境をつくり、国家間の戦争

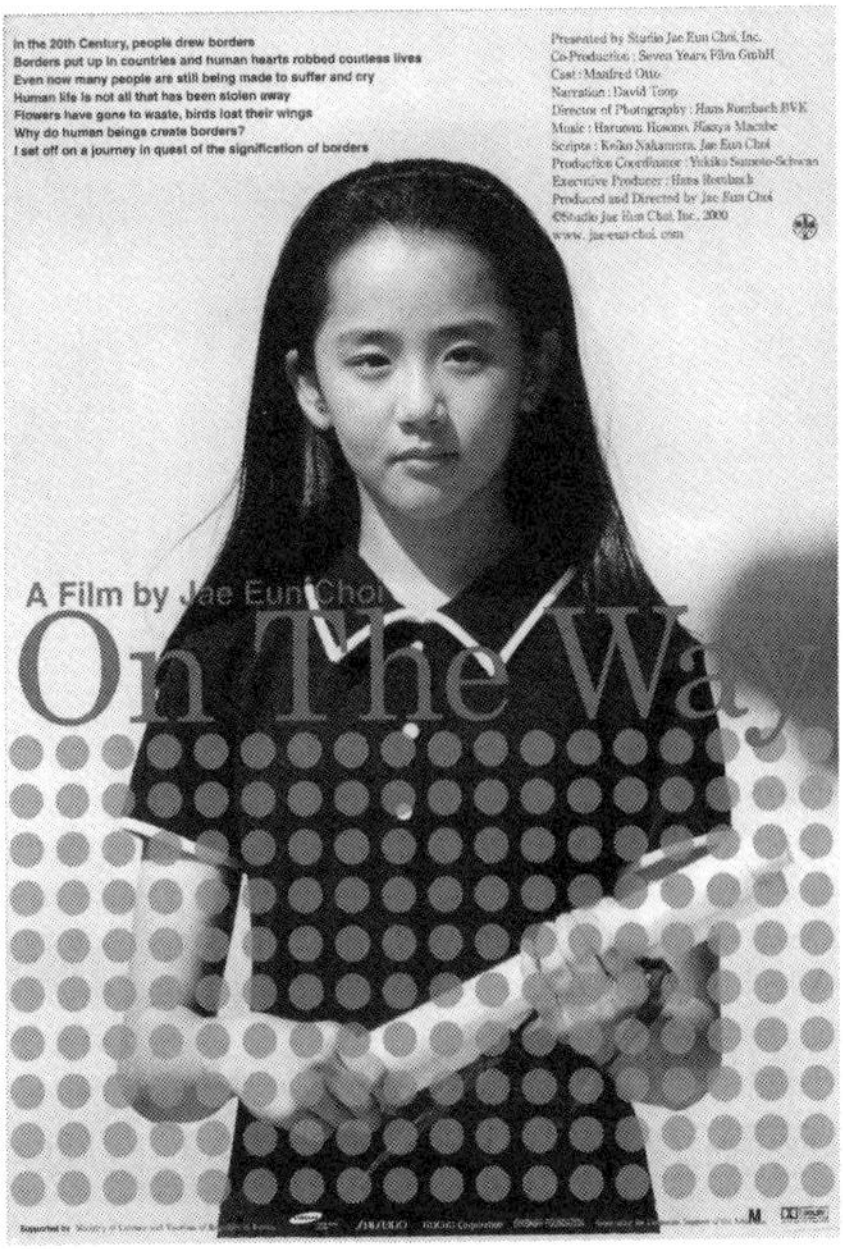
In the 20th Century, people drew borders
Borders put up in countries and human hearts robbed coutless lives
Even now many people are still being made to suffer and cry
Human life is not all that has been stolen away
Flowers have gone to waste, birds lost their wings
Why do human beinge create borders?
I set off on a journey in quest of the signification of borders
On The Way

が続くことになった。そこで生まれたのがＤＭＺ（非武装地帯）であり、一つの国の中に境界線が存在するという異常な状況が長く続いている。

興味深いことに、ＤＭＺには七〇年間人間が足を踏み入れなかったが故に、絶滅危惧種を含む二八〇〇種の野生生物が存在するみごとな生態系が生みだされている。自然とはなんとしなやかで、なお強いものなのだろう。その底にある力を人間に見せ、考えさせるのである。ただ、その地面には二〇〇万個もの地雷が埋め込まれている事実を忘れてはならない。また、放置された森林は荒れており、再生が必要である。

現在は国家間の戦闘は行われていないが、権力闘争は経済競争の形で続いており、人力が及ぶ場は自然破壊が進み、今や地球全体での異常気象などの問題まで起きている。人類の存続のためには、人間は生きものであることを思い起こし、Nature Rules に基づきながらそのうえにまったく新しい文化・文明を築き直さなければならない。今私たちは、大きな転換点にいるのだ。

そのような新しい方向を探る場として、ＤＭＺほど適したところはない。崔在銀は、Atomic Bomb ならぬ Seed Bomb を用いて、ＤＭＺを真に豊かな自然の場とすることで、Nature Rules に基づいた新しい文化・文明をもつ世界への道を拓こうとしている。

世界中から訪れる人々が Seed Bomb を投げ入れる場には、Seed Bank や Ecology Library なども建設され、世界中の研究者が、これからの地球とそこに暮らす人々の豊かで幸せな社会を生みだす研究をする。ＤＭＺは世界を明るくする場になるのである (seed bomb：植物のタネを豊かな土で包んだもの)。

みんな違ってみんな同じ
アリもスミレも人間も
これが Nature Rules です
一つの祖先に始まり
長い長い時間をかけて
創りあげられた生きものたち
みんな違ってみんな同じ

これは生きものの国のルールです
生きものの星地球
みんな違ってみんな同じ
これが地球のルールでは?

No Borders exist in Nature

中村桂子

三八億年間生き続けた地球の生きものたちが語る物語を解読する「Biohistory」の研究者として、上のように語りたい。

## 蔡國強さんの「文態系」

中国のアーティスト蔡國強さんとも、お互いに影響し合ったことを思い出します。彼は生命誌を始めたばかりのときにいち早く関心を示し、「生命誌は方法論と宇宙論が一体化しているところがおもしろい」と最初から本質を突いてきました。彼の言葉で印象的だったのは「文態系」です。「生態系」に対して「文態系」がある。蔡さんは火薬を爆発させるなど火をよく使います。「作品によって生じた光は宇宙へ向かって進み続けているので、一〇年経てば一〇光年先にその姿が存在することになるでしょ」。こうして宇宙に文化が創りあげたシステムが存在していることになるというのです。

もちろん地球にはさまざまな文態系があります。「知は生態系を大事にするけれど、美は文態系を大事にします」と蔡さんは語ります。彼ともさまざまな作品で一緒になりましたが、最も印象的なのは、平安建都一二〇〇年を祝って京都市役所前広場に作った「長安からのお祝い」(一九九四年)です。広場に三十六峰《さんじゅうろっぽう》の砕石を埋め、吉祥の符合とDNAの形を彫って、そこに一二〇〇年前からの友人である西安(長安)市民から贈られたお酒一二〇〇リットルを流し、点火しました。

私の役割はDNAの二重らせん構造が正しく描かれているかどうかをチェックすること。櫓の上に乗って確かめました。そこには長安から続く時間が生態系と文態系として流れていました。彼は「京都という街のこれからにもつなげたいという気持ちから、アートにとどまらず都市計画の気持ちもあった」と語っています。これは京都という街あっての作品なのです。

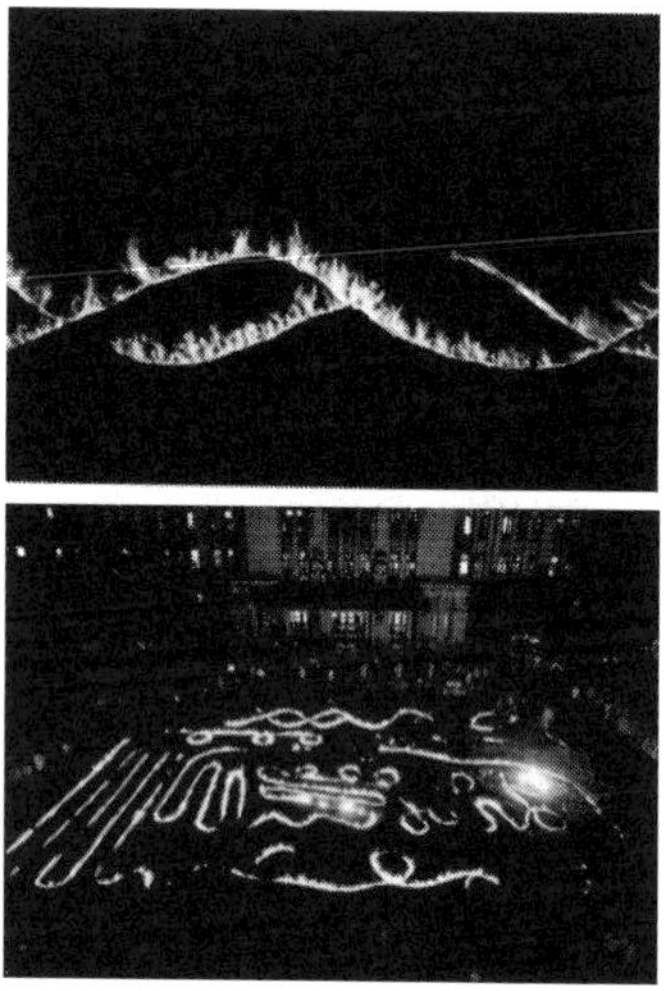

蔡國強「長安からのお祝い」
（京都市役所前）
（上）燃え上がる二重らせん（写真＝森山正信）（下）上から見た全景
https://www.brh.co.jp/publication/journal/005/cl_1

崔在銀、蔡國強の二人とは『ゲノムの見る夢　中村桂子対談集』（青土社、一九九六年）でたっぷり話し合っています。二人がアジア文化圏に属していることには意味があると考えています。生命誌はあらゆる文化となじむものと信じていますが、アジアにはどこか一層なじみやすいものがあることは確かなのです。この二人は芸術を通して生命誌を広げる役割を果たしてくれています。

# 3　本を書くこと

## 『自己創出する生命』

「生命誌」という知を創るにあたっては、さまざまな方の援助があったことを書いてきましたが、その一つとしての本づくりに触れます。「生命誌研究館」の六文字が頭に浮かんだとき、それまでぼんやりと広がっていた構想がまとまった形になったという強烈な体験は、事あるごとに思い出します。その後も言葉によるコンセプトの明確化という体験を何度もしました。そこで本を書くことによって頭の中を整理していこうと思いました。

今も生命誌について考えるとき、手探り状態だったころにつくった本を棚から取り出すことがよくあります。対談の場合など、お相手の言葉にその時とはまた違う新しい意味を読みとることができて、改めて教えられながら読み耽ることも少なくありません。基本は変わっていませんし、三〇年経過したとはいえ、まだ当初抱いていた問いへの答えがすべて出たわけではありませんから、その問いを噛みしめることになるのです。

編集者として一番真剣に向き合ってくださったのは、哲学書房の中野幹隆さん（一九四三―二〇〇七）でした。渡辺格先生がDNA、RNA研究の始まりのころからそこに生と死、人間、精神など科学が苦手なテーマを見ていらしたことはすでに述べました。それを受けとめる編集者でいらした中野さんは、「生命誌には科学が捨ててきた時間が存在するところがおもしろい」と言って、まだうまくまとまっていない構想を聞いてくださいました。話しているうちに少しずつ全体が見えてきたところで、『生命誌の扉をひらく』（哲学書房、一九九〇年）を書くよう促されました。

大胆にも「科学に拠って科学を超える」と副題をつけることになったのは、中野さんのアドバイスあってのことです。心の中では考えていたことではあっても、こんなこと言って大丈夫かしらという心配を振りきり、思いきって文字にしました。この文字を見るたびに、これは本当に大事なことだ、これを確実なものにしていかなければならないのだと今でも気を引き締めます。

続いて書いた『自己創出する生命――普遍と個の物語』(哲学書房、一九九三年。現在ちくま学芸文庫)は、私の考えの基本をすべて投入したもっとも大事な本です。DNA、細胞という切り口で生きものを見るとき、科学が注目するのは「自己複製」です。自分と同じものをつくれるのが、生きものの特徴です。とくにDNAの場合、その構造にずばり複製能力が入っていますから、ここが強調されます。しかし、本当にそうだろうかという疑問が生まれました。

「確かにDNAの複製能力は大事だけれど、一つひとつの個体に注目するなら、つねに唯一無二のものを生んでいるのであり、『自己創出』ではないか。普遍性をもつDNAが唯一無二の個につながる、生きものの妙がここにあり、まさに『自己創出』だ」。

創出という言葉を思いついたことで先が見え、以後の思考や活動の方向が決まりました。幸い『自己創出する生命』は毎日出版文化賞という形で評価していただきました。「自己創出」という言葉は私にとっての生きもののありようをもっとも的確に表現するものであり、豊かな広がりの中に生きものが存在する姿を見せてくれる大切な言葉です。この本の中にすべてが入っていると言ってもよいかもしれません。

同じころ、同世代の多田富雄さんが『免疫の意味論』(青土社、一九九三年)、養老孟司さんが『唯脳論』(青土社、一九八九年。現在ちくま学芸文庫)を書かれ、多田さんは「出発点は二人がそれぞれ医学・免疫学と分子生物学・ゲノムと異なるけれど、向かっているところはどうも同じらしいね」と言われ、養老さんは「自己創出する生命には思想がある」と言われました。中野さんの企画で三人が集まり、生命について語り合うことによって、考えがまとまっていくのでした。この話し合いは、『「私」はなぜ存在するか——脳・免疫・ゲノム』(哲学書房、一九九四年、現在哲学文庫)として一冊の本になりましたし、その後もお互いに生きることに対する考え方に大きな重なりと少々のずれを感じながら、ときどき話し合うことを楽しみました。

## 『生命のストラテジー』

このような形で見てきた生命や自己は形而上学的に考えたものではなく、生命科学の目で生きものを見ることによって生まれてきたものです。具体的な研究成果が出てくるにつれて、生きものらしい生き方を支えている戦略とも言えるものが見えてきて、わくわくしたことを思い出します。当時は、まだ細かなところがわからなかったが故に、かえって大枠がはっきり見えていたのです。多様だが普遍、普遍だが多様、安定だが変化し、変化するが安定、巧妙・精密だが遊びがある、偶然と必然、合理的だがムダがある、精巧な設計図だがポップアート方式、通常と異常に明確な境はないなどの生きものの基本が、事実として明確に見え始めて本当におもしろかったのです。

それを『生命のストラテジー』(松原謙一との共著、岩波書店、一九九〇年、現在ハヤカワノンフィクション文庫)としてまとめたのが一九九〇年で、まさに生命科学から生命誌に向けて頭が大きく動いていたときです。「あとがき」にあたる「書き終えて」という文に、「この本を書き始めたのは八年前」とあります。八〇年代はずっと、ここにあげたようなダイナミックな生きものの姿を見て、そこに大きな意味があること、したがって生命の科学は新しい形に変わらなければならないはずだということを考え続けていたのでした。渡辺先生の血を引いた先輩である松原さんとの話し合いを八年間も続け、私たちでなければ書けない生きものの姿として世に問うたのであり、私にとって大事な本です。でも、当時の生命科学は遺伝子に還元する機械論でしか考えられていませんでしたから、少し早過ぎたのでしょう。思うように理解されずとても残念な思いをしたことを、今もはっきり覚えています。

ここで見えてきた生きものの姿を見る目が生命誌へと展開し、今もこれらの言葉を呪文のように唱えながら、生きることについて考えています。一言で表すなら「生きものは矛盾の塊」であり、だからこそダイナミックな存在なのです。矛盾が消えるときは死のときです。現代社会は矛盾を嫌うがためにダイナミズムを失っているのではないかと、いつも思っています。

## 対話から広がる世界

本を書くことは「生命誌」を創っていくためにとても大事なことであり、それによって考えをまとめてきました。そのたびに、書いた内容が広く受け入れられることがいかにむずかしいかを感じてきました。今に続く実感です。科学をふまえているために、生命誌のもつ広がりの部分を理解していただくのがむずかしいというもどかしさがつねにあります。これをなんとか解消してくれると同時に、私の物の見方、考え方を自然に広げてくれるのが対談です。

生命誌の出発点となる対談集は、『ゲノムの見る夢』(青土社、一九九六年)です。ここに登場してくださった方たちは、このとき以来ずっとお世話になりました。多田富雄、養老孟司、村上陽一郎のお三人はまさに同世代。河合隼雄先生と樺山紘一さんとは、学問と日常の結びつきの大切さを共有できました。仏教に徹して話してくれた中沢新一さん、オートポイエーシスの河本英夫さん、脳を考える数学者津田一郎さんは、考えるときの切り口の大切さを共有するお仲間です。そして蔡國強、崔在銀のお二人は、生命誌の素敵な表現者として本書（二〇九頁〜）で紹介しています。

新しい知を創るには、対談によってその方の中にある知を人間性とともに丸ごといただき、自分の中にあるものと合わせて何かを生みだしていく方法が大きな力をもつと感じ、『季刊 生命誌』では毎号対談をしました。二六年の間に行なったほぼ一〇〇名の方々とのお話し合いはどれも楽しく、「生命誌」の構築にとてもとても役立ちました（二三四頁〜の一覧表を見てください）。

話し合いといえば強く印象に残っているのが、鶴見和子・俊輔のご姉弟です。生命誌に関心をもち続けてくださり、それぞれ『四十億年の私の「生命《いのち》」――生命誌と内発的な発展論』（藤原書店、二〇一三年）と『わたしの中の38億年――生命誌の視野から』（シリーズ「鶴見俊輔と考える」③、編集グループ〈SURE〉、二〇〇八年）としてまとめられています。俊輔先生は、市井三郎著『歴史の進歩とはなにか』（岩波書店、一九七一年）を引いて、「科学に進歩があるからと言って、それを用いる社会や国に進歩があると考えるのは間違いだ」ということを強調されました。生命誌の大事なところです。

もう一つ、子どもが小さいときに五年間現場を離れていたことが、私の仕事に大きく影響しているのではないかと何度も問われたのです。男性でこの点を重視なさる方がいらっしゃるとは驚きであり、その他にも独特の切り口に教えられることがたくさんありました。子育てについては、特別の意識をもってはいませんでしたが、ご指摘は正しいと今では思っています。和子先生とは、生意気を言うならいつも共鳴し合い、お話し合いが楽しみでした。社会学の中での「内発的発展論」と生命科学の中での「自己創出する生命」はピタリと重なり、「人間は生きもの」という事実を総合知につなげていくときの大事な切り口になると思っています。

本をまとめるきっかけとなってありがたかったこととしてもう一つ、NHKのテレビやラジオでの講座があります。一九八九年のNHK放送大学『生命科学と人間』と、一九九九年のNHK人間講座『生命誌の世界』はテレビ、二〇一七年にはカルチャーラジオ「科学と人間」で『まどみちおの詩で生命誌をよむ』を放送し、いずれもその後書籍になりました（第Ⅵ巻『生きる 17歳の生命誌』にも収録）。考え方がかなりまとまってきたころに声をかけていただくという幸運に恵まれ、身近な話として語ることによって、新しい科学の発見を日常との関わり合いの中で見ることができました。

書くときの気持ちはまとめる方向にはたらきますが、話していると思いが広がる、この違いは大事です。生命誌を創るなかで、だれかと話しているうちにふと思いつくという体験を何度もしましたし、初めてお会いする方の前でお話をしているうちに、新しい世界が広がることもありました。話すという行為は、自分を主張したり相手をやり込めたりするためのものではなく、そこにいる人々のあいだから何かが生まれてくる装置だということを、生命誌の仕事のなかで強く感じました。それを書くことにつなげていく。生命誌はこんなふうにして生まれてきました。

## 絵本の試み

こうして生まれた生命誌の表現として、どうしても試みたいことの一つに絵本がありました。生命誌にとって大事な場面を思いうかべながら、小さな子どもの興味とどう結びつくかしらと考えるとわからなくなります。そこへ、福音館書店から、月刊『たくさんのふしぎ』の一冊を書きませんかというお誘いがありました。福音館を始められた松居直さん(一九二六―二〇二二)が絵本にこめていらっしゃる思いは、私の生命誌への思いと重なるものがあると感じていましたので、是非やってみたいと思いました。専門の編集者のお知恵を借りればできるかもしれないと心を決め、わが家の台所に毎年現れるアリを見ていただき、ここから話を始めたいと伝えました。

そこから先のむずかしかったこと。たくさんの伝えたい内容から、本質の本質を引き出し、読みやすくまとめるのは本当に大変でしたが、こうして生まれた『いのちのひろがり』（二〇一七年）は書籍にもなり、中国版『生命的延伸』（花山文芸出版社、二〇一九年）もできました。生命的延伸、おもしろいですね。ヴェテランの松岡達英さんがめんどうな生きものたちをていねいに描いてくださったことで、私の思いがより明確に伝わることを実感しました。

これでふと思い出したのが、『生きもののしくみ』（ほるぷ出版、一九八六年）です。「科学者からの手紙」というシリーズで絵本ではありませんが、宇野亜喜良《あきら》さんが絵を描いてくださったのです。表紙はかたつむりを見つめる女の子。原画をいただき大事に飾っています。このときも絵の魅力、絵の力を感じたことを思い出します。なんと素敵な体験だったことか。思えばそのような体験の積み重ねが生命誌なのです。

# V

# 対話から生まれた生命誌という総合知

## ――生命誌的世界観――

# 1　生命誌はすべての人の中にある

## すべての人が創りだす新しい知

人間はどこから来たどのような存在か。よく生きるとはどのような生き方か。この二つは古来問われ続け、多くの思想家がさまざまな答えを示してきました。そこには学ぶものが多々ありますが、二一世紀の今、初めて人間を生きものとして見る科学が示す事実が、この問いに答えを出すための仲間入りをする状況になりました。

この事実はすべての人が共有するものですので、これを共通項として皆が話し合い、考えをまとめていくことができます。そこで優れた個人の頭の中に答えを求めるのでなく、すべての人が協力して答えに近づいていく場として研究館を設立しました。〝はじめに〟に示したように実験、表現などを担当する若い仲間たちとともに活動するのですが、それらを総合して全体像をつくるのは私の役割であり、皆の活動の方向づけをしながら考え続ける日々でした（今も続いています）。

外部のさまざまな分野の方々との対話によって知をつなげ広げていくこと、外の方に生命誌のお話をして日常に取り入れていただく活動、若い人たちや子どもとのかかわりなども、生命誌の構築には不可欠でした。知の構築にあたって音楽、美術、演劇の力を生かしたのも、生命誌の特徴だと思います。とくに音楽は時間の芸術であり、関係と歴史を基本に置く生命誌との相性がよく、表現の一つとして音楽を用いながら思索を深めることになりました。

このような形で総合知を創るという過程自体、生きているというプロセスと重なり合う独特のものになりました。生きものの基本には多様性がありますので、生命誌確立の方法論も多様です。通常学問というものは独自の方法論をもつものですので、この多様さを見て科学、哲学など学問の世界にいる方たちの中には、いったい何をやろうとしているのかわからないと思われる方も少なくなかったかもしれません。とはいえ、すべて「生きている」という言葉でつながっていることばかりです。それを総合知にしていこうと思ったら、これしかないと思うようになりました。新しい知の組み立てと言えます。

科学技術優先で拡大・進歩を求める現在の社会へのアンチテーゼとして、人文知の必要性が言われています。科学技術優先への疑問は共有しますが、それへのアンチテーゼとしての答えを、優れた個人の生みだす知から探しだそうとするのがよいのだろうかと思います。これまでの哲学は、デカルトの○○、カントの○○という形で存在し、それに共感したり反論したりしながら次の世代の知を創ってきました。それは教養とよばれ、特別の学びを求められるものです。もちろん今もここに学ぶものはたくさんありますので、人文知の重要性を否定することはありません。

しかし、新しく生命誌という知を創ることが不可欠です。それは、人間であればだれもが自らの中からわいてくる思いであり、すべての人に共通のものとして存在する感覚で、少し意識すれば知として確立できるものです。日々どのように行動するか、問題が起きたときにどう対処するかという判断基準がそこにはあり、そこから、だれもが暮らしやすい社会を創る道が見えてくると思っています。優れた個人ではなく、すべての人が生みだす知という点で、これまでとは大きく異なるのです。

## 「気づきを引き出す」のが私の役割

今、生態系や日常生活に人々の目が向けられています。というより向けざるを得ない状況になっているという方が正しいでしょう。国連によって提唱されたSDGｓ（Sustainable Development Goals）があげている一七のゴールがそれを示しています。この活動は「だれ一人とり残さないこと」を目標にしていますが、生命誌に基づくなら、すべての人が自ら考え、行動することが、だれもが暮らしやすい社会につながるのであり、そもそも取り残される人などいないのです。宮沢賢治のもつ「皆の幸せがあるから私も幸せ」という感覚を一人ひとりがもつことと言ってもよいでしょう。生命誌は賢治に伝えたい知です（第Ⅶ巻『生る　宮沢賢治で生命誌を読む』参照）。

館長として最後の発刊となる『季刊　生命誌』一〇〇号は、「私の今いるところ、そしてこれから」というタイトルで発行しました。生命誌研究館というチームでの生命誌づくりという場から退き、これからは一個人として皆と協力していくことになったのを機会に、区切りをつけたのです。このタイトルに込めた気持ちは、一つの知の形はできたけれど、本物にするのはまだこれからというものです。

そこで、区切りをつけた今、形づくられた過程の一つである、研究館の外から応援してくださった方たちとともに歩んだ道をここでまとめようと思います。『季刊 生命誌』では毎号対談をしましたので、それが九十九の対話になっています。さまざまな分野のすばらしい方たちに応援をいただき、そこから知が生まれましたので、それを中心にまとめます。ただ、この形では年に四人しか登場していただけません。これ以外にもたくさんの方のお力を借りましたので、それも含めて生命誌を創りあげてきたプロセスを語ります。

先に、生命誌はすべての人の中にある思いから生まれる知であり、特別な人が生みだす思想ではないと書きました。けれどもほとんどの人が、自身の中に生命誌という思い、そこから生まれる知が入っていると気づいていないことも事実です。そこで、私の役割は気づきを引き出すことです。それにはさまざまな先人の知恵、同世代の優れた方たちの思想に学んで、それを私の言葉にして語る必要があります。

対話をしていただいた方々の言葉を引用しながら、それが生命誌という知を生みだす力になっていることを伝えたいと思います。

| 号 | 対談相手 | 対談相手肩書 | タイトル |
|---|---|---|---|
| 20号 | 田中優子 | 法政大学教授／日本近世文学、近世文化、比較文化 | アジアと生き物／多様性の生まれるところ |
| 21号 | 石見雅史 | 金沢大学理学部生物学科助教授 | 若い研究者が描く生物研究 |
| | 小田広樹 | 科学技術振興事業団月田細胞軸プロジェクトグループリーダー | |
| | 和田洋 | 京都大学瀬戸実験所助手 | |
| 22号 | 対談なし | — | — |
| 23号 | 湯本裕和 | 設楽農学校代表・設楽森の広場ユースホステルペアレント | 生命のリズムが作りだす未来 |
| 24号 | 辻篤子 | 朝日新聞アメリカ総局員 | 科学を伝える・受けとめる |
| 25号 | 小澤俊夫 | 白百合女子大学教授／昔ばなし研究所所長 | 物語るということ |
| 26号 | 西垣通 | 東京大学社会科学研究所教授／情報工学・情報社会論 | 生命の歴史から人間の歴史へとつなぐ |
| 27号 | 三浦雅士 | 『ダンスマガジン』編集長 | 身体をとりもどす |
| 28号 | 対談なし | — | — |
| 29号 | 毛利衛 | 宇宙飛行士／日本科学未来館館長 | 宇宙を伝える場・生命を伝える場 |
| 30号 | 川上紳一 | 岐阜大学教育学部理科教育（地学）助教授 | 地球と生命——同じ時を経たダイナミックな存在 |

『季刊 生命誌』での対談記録

| 号 | 対談相手 | 対談相手肩書 | タイトル |
|---|---|---|---|
| 創刊号 | 岡田節人 | JT生命誌研究館特別顧問・京都大学名誉教授 | マルティ$^2$の発信 |
| 2号 | 野家啓一 | 東北大学教授／科学哲学 | フィロソフィーとヒストリーの交差点——トポスから生まれる「物語」 |
| 3号 | 長谷川逸子 | 長谷川逸子建築計画工房主宰 | 隠されたもの（その表現としての生き物と建築） |
| 4号 | 藤澤令夫 | 京都国立博物館館長、京都大学名誉教授 | 生命誌再発見——ギリシアから言葉の源流を求めて |
| 5号 | 対談なし | — | — |
| 6号 | 渡辺浩 | 東京大学教授／政治思想史 | 関係と歴史——朱子学と生命誌をつなぐもの |
| 7号 | 大友直人 | 指揮者 | 一瞬に込められた長い時間 |
| 8号 | 細川周平 | 音楽評論家 | 東洋の太鼓・西洋の太鼓——生命誌ちんどん論議 |
| 9号 | 志村ふくみ | 染織家 | 生命の色いろいろ |
| 10号 | 小田稔 | 東京大学名誉教授／宇宙物理学 | 宇宙を見る目・生命を見る目 |
| 11号 | 新宮晋 | 彫刻家 | 風と水と生命誌——偶然と必然が生み出すもの |
| 12号 | 大岡信 | 詩人 | 詩と科学の生まれるところ |
| 13号 | 梶田真章 | 法然院貫主 | お釈迦様の教えと生命誌 |
| 14号 | 杉浦康平 | グラフィック・デザイナー | 生命の形とその表現 |
| 15号 | 対談なし | — | — |
| 16号 | 今森光彦 | 写真家 | 里山対談 |
| 17号 | 吉永良正 | サイエンスライター | 自然を捉える、自然を伝える |
| 18号 | 石井健一 | 林原自然科学博物館準備室長 | 恐竜とDNAと博物館 |
| 19号 | 鶴岡真弓 | 立命館大学文学部教授 | 生命の渦巻く形 |

| 号 | 対談相手 | 対談相手肩書 | タイトル |
|---|---|---|---|
| 42号 | 遠藤啄郎 | 劇団横浜ボートシアター代表／脚本・演出家 | 語る舞台――世界観を築く |
| 43号 | 川田順造 | 神奈川大学大学院教授／文化人類学 | 語る叙情詩――「生きもの」と「ヒト」と「人間」 |
| 44号 | 坂井建雄 | 順天堂大学医学部教授 | 解剖学の歴史――語りきれない人体とゲノム |
| 45号 | 港千尋 | 写真家／多摩美術大学教授 | 「複製と共有」――観察による手書きと再認を求める写真 |
| 46号 | 廣川信隆 | 東京大学教授／解剖学 | 「動きを観る」――ミクロの解剖学から体全体へ |
| 47号 | 藤森照信 | 建築史家／建築家 | 「実物から探る」――自然と歴史を観る喜び |
| 48号 | 塚谷裕一 | 東京大学教授／葉の発生・分子遺伝学 | 「葉っぱから考える」――違和感としてわかる豊かな形作り |
| 49号 | 大橋力 | 文明科学研究所所長／情報環境学（音楽家・山城祥二として芸能山城組主宰） | 「音で探る関わり」――音は身体全体で感じている |
| 50号 | 岡田節人 | （創刊号参照） | 「知と美の融合を求めて」――生命誌という作品づくり |
| | 勝木元也 | 基礎生物学研究所所長 | 座談会・これからを考える――生命誌　学問と日常を一緒に |
| | 西垣通 | （26号参照） | |
| 51号 | 大原謙一郎 | 大原美術館理事長 | 「地域が育む原点」――町衆がつくる21世紀の文化 |
| 52号 | 中村義一 | 東京大学医科学研究所教授 | 「RNAって何？」――情報と機能をもつ古くからの働き者 |
| 53号 | 佐藤勝彦 | 東京大学大学院理学系研究科教授／宇宙論、宇宙物理学 | 理論と観測が明かす宇宙生成 |
| 54号 | 伊東豊雄 | 建築家 | 生きものが暮らす空間が生まれる |

| 号 | 対談相手 | 対談相手肩書 | タイトル |
|---|---|---|---|
| 31号 | 金森修 | 東京大学大学院教育学研究科助教授／フランス認識論 | 「文化の切れはし」と「自然」――価値観をつくっていくために |
| 32号 | 黒田杏子 | 俳人、「藍生」俳句会主宰 | 言葉を通して出会う自然と人間 |
| 33号 | 辻井潤一 | 東京大学大学院情報理工学系研究科・コンピュータ科学専攻・教授 | 情報から人間を考える |
| 34号 | 茂木健一郎 | ソニーコンピュータ研究所 | 人間の脳って特別？ |
| 35号 | 佐々木正人 | 東京大学大学院情報学環学際情報学府・生態心理学専攻・教授 | 心理学の新しい流れ――生態心理学 |
| 36号 | 新宮一成 | 京都大学大学院人間・環境学研究科教授 | 精神医学から人間を探る |
| 37号 | 今道友信 | 東京大学名誉教授／哲学 | 愛について――賛美と涙が創造の源泉 |
| 38号 | 岡田節人 | JT生命誌研究館特別顧問・京都大学名誉教授 | 細胞を愛づる――生物学のロマンとこころ |
| 39号 | 佐々木丞平 | 京都大学大学院文学研究科美学美術史学研究室教授 | 愛づる眼差し――生を写す視点 |
| 40号 | 金子邦彦 | 東京大学大学院総合文化研究科教授／生命基礎論（複雑系）、カオス、非平衡現象論 | 本質を愛づる生命――多様化するという普遍性 |
| 41号 | 小平桂一 | 総合研究大学院大学長 | 理解と価値をつなぐ |

| 号 | 対談相手 | 対談相手肩書 | タイトル |
|---|---|---|---|
| 67号 | 長沼毅 | 広島大学准教授／生物海洋学、微生物生態学 | 生きもののルールの探し方 |
| 68号 | 諏訪元 | 東京大学総合研究博物館教授／初期人類研究 | 化石が語る人類の始まり |
| 69号 | 松岡正剛 | 編集工学研究所所長、イシス編集学校校長 | 多義性をかかえた場を遊ぶ |
| 70号 | 永田和宏 | 京都産業大学総合生命科学部教授・学部長／細胞生物学、歌人 | 短歌と科学、定型の中に生まれる遊び |
| 71号 | 阿形清和 | 京都大学大学院教授／プラナリアやイモリを用いた再生研究 | 心ゆさぶる生き方を追い求めて |
| 72号 | 杉原厚吉 | 明治大学大学院特任教授／数理工学、計算幾何学 | 数学の眼で人間のものの見方を解く |
| 73号 | 隈研吾 | 建築家／東京大学教授 | 偶然を必然に変える場所 |
| 74号 | 石原あえか | 東京大学大学院准教授／ドイツ文学 | 芸術と科学の蜜月を再び |
| 75号 | 長谷部光泰 | 基礎生物学研究所教授 | 植物の知恵に学ぶ |
| 76号 | 富田勝 | 慶應義塾大学先端生命科学研究所所長／情報科学、電気工学、分子生物学 | 細胞という知能を理解したいと |
| 77号 | 関野吉晴 | 武蔵野美術大学教授 | 多様な暮らしが織りなす世界 |
| 78号 | 中沢新一 | 明治大学 野生の科学研究所所長／人類学者・思想家 | 名付ける科学と語る科学 |

| 号 | 対談相手 | 対談相手肩書 | タイトル |
|---|---|---|---|
| 55号 | 中田力 | 新潟大学脳研究所統合脳機能研究センター長・教授／臨床医、脳科学研究者 | 脳の自己形成から人間を探る |
| 56号 | 藤枝守 | 作曲家 | 音の響きにいのちのつながりを聴く |
| 57号 | 倉谷滋 | 理化学研究所発生・再生科学総合研究センター | 形づくりが語る進化の物語 |
| 58号 | 河本英夫 | 東洋大学文学部教授／オートポイエーシス研究 | 動きと関わりが生命を続かせる |
| 59号 | 末盛千枝子 | すえもりブックス代表／「3.11絵本プロジェクトいわて」代表 | 美しさを根っこに横へのつながりを |
| 60号 | 鷲谷いづみ | 東京大学教授／生態学、保全生態学 | 一つ一つの生きものを見つめる眼差し |
| 61号 | 印東道子 | 国立民族学博物館教授／オセアニア考古学、文化史 | 島々をめぐる人々の暮らしの知恵 |
| 62号 | 田近英一 | 東京大学大学院准教授／地球惑星システム科学 | 劇的に変化してきた地球と生命 |
| 63号 | 石弘之 | 東京農業大学教授 | 地球をめぐる風と水と生きもの |
| 64号 | 酒井邦嘉 | 東京大学大学院准教授／脳科学 | 文法が生み出す人間らしさ |
| 65号 | 津田一郎 | 北海道大学教授／数学 | カオスで探る生きものらしさ |
| 66号 | 今橋理子 | 学習院女子大学教授／花鳥画、動物画などの実証研究 | 絵と言葉で自然を描き出す |

| 号 | 対談相手 | 対談相手肩書 | タイトル |
|---|---|---|---|
| 96 号 | 芳賀徹 | 東京大学名誉教授／比較文学比較文化 | 徳川日本の文明に学ぶ |
| 97 号 | 森悠子 | 長岡京室内アンサンブル音楽監督 | 世界を変える音楽と科学の物語 |
| 98 号 | 岩田誠 | 東京女子医科大学名誉教授 | 物語を伝承する生きもの |
| 99 号 | 小林快次 | 北海道大学総合博物館准教授 | 自然の書をめくり恐竜の「生きる」をたずねる |
| 100 号 | 新規対談なし | — | — |
| 101 号 | 新規対談なし | — | — |
| 102 号 | 永田和宏 | JT 生命誌研究館館長 | 生命誌の新しい展開を求めて |
| 103 号 | 対談なし | — | — |
| 104 号 | 山中伸弥 | 京都大学 iPS 細胞研究所所長 | 科学する心で明日を拓く（シンポジウム） |
| | 永田和宏 | （102 号参照） | |
| 105 号 | 大倉源次郎 | 能楽小鼓方大倉流十六世宗家 | 自然と人工の調和する場 |

＊ 22, 28, 100, 101, 103 号は対談なし。
＊肩書等は当時のものである。

| 号 | 対談相手 | 対談相手肩書 | タイトル |
|---|---|---|---|
| 79・80合併号 | 山口仲美 | 明治大学国際日本学部教授／日本語史（擬音語・擬態語） | 科学であり芸術である作品づくりを求める源流と展開／歴史と関係の中で変わる言葉と生きもの |
| 81号 | 西川伸一 | NPO法人AASJ代表理事／JT生命誌研究館顧問 | 新しい知のあり方を求めて |
| 82号 | 赤坂憲雄 | 学習院大学教授／民俗学、日本文化論 | 東北から明日の神話をつくる |
| 83号 | 伊東豊雄 | （54号参照） | 生命誌を編む三つの対話 |
| | 新宮晋 | （11号参照） | |
| | 末盛千枝子 | （59号参照） | |
| 84号 | 上橋菜穂子 | 作家、川村学園女子大学特任教授／アボリジニ研究 | 生きものの物語を紡ぐ |
| 85号 | 蔵本由紀 | 京都大学名誉教授／非線形科学 | 緯（よこいと）としての非線形科学 |
| 86号 | 崔在銀 | 造形作家 | 距離と尊重をもって自然に接する |
| 87号 | 髙村 薫 | 小説家 | 身体を通して言葉を超えた世界へ |
| 88号 | 湯本貴和 | 京都大学教授／生態学 | 生態学から地球に生きる知恵を |
| 89号 | 内藤 礼 | 美術家 | 地上の光と生きものと |
| 90号 | 小野和子 | みやぎ民話の会顧問 | 物語りを生きる民話と生命誌 |
| 91号 | 森 重文 | 京都大学高等研究院院長／代数幾何学 | 見えない世界に自由を描く |
| 92号 | 長谷川櫂 | 俳人 | やわらかに和して同ぜず |
| 93号 | 樂吉左衛門 | 樂家十五代当主 | 土と和する芸術と科学 |
| 94号 | 大栗博司 | カリフォルニア工科大学教授 | 自然の法則を解く問いを求めて |
| 95号 | 土井善晴 | おいしいもの研究所代表 | 自然からいただく清らかなもの |

## 2　日常の中で生き、世界や自然を知る——哲学の基本

### 哲学を日常生活の場に戻す

基本を考える学問といえば哲学ですが、むずかしいことが苦手な私は、ソクラテスもデカルトもカントも大切とはわかっても、それをすべて読みこなして考える能力はありません。先生方に教えていただこう。まず伺ったのが、ギリシャ哲学の**藤沢令夫**《のりお》**先生**です。うれしいことに先生は『ギリシャ哲学と現代　世界観のあり方』（岩波新書、一九八〇年）という著書で哲学は日常とつながり、「日常の中で生きること」をどう考えるかは「世界や自然を知ること」と一

体であると書かれていました。「科学も本来は自然哲学の一つであったのだし、科学者も人間でしょう」という先生の言葉は、生命誌で考えていたことと重なります。藤沢先生は、「誌」という文字が、歴史の本来の意味である、〈事柄をよく見てそれを誌《しる》し続ける〉という行為を表す点で、よい選択だとも言ってくださいました。

科学と自然という課題では、以前お教えをいただいた**大森荘蔵先生**が、同じことを教えてくださいました。「私が試みたのは、いくつかの哲学的問題、あるいは哲学的困惑とでもいうべきものを、それが生まれてきた元の場所である日常生活の場に戻してみることであった」(『流れとよどみ——哲学断章』産業図書、一九八一年)

生命誌を考えるときにつねに脇に置いたのは、『知の構築とその呪縛』(岩波書店版著作集、一九九八年。現在ちくま学芸文庫)でした。「私がこの本で目指したのは、ややもすれば日常生活から遠く高く離れて難解な学問と誤解されがちな自然科学を、実は日常的な常識に密着して展開された『より精《くわ》しいお話』としてみることである」。この二つの言葉は、私のため、生命誌のためにあると思いました。大森先生は一九九七年に亡くなられ、対話に登場していただけませんでしたが、生命科学を学んだ仲間のなかで私だけが「生命科学ではなくて生命誌」を求めて模索しながら悩んでいたときに指針をいただいた、忘れられない方です。

対話では、大森先生の弟子である**野家啓一さん**が「科学の本質は真理の発見ではなく、自然を解釈するコスモロジーの発明」と言い、「人間理解のための物語を紡ぎ出すことである」と明快に語ってくださいました。人間として生きるには世界観をもたなければならないのだが、その世界観とは決してむずかしいものではないとは、私を励ますためにある言葉ではないかと受けとめています。そして大森先生は、具体的にそれも示してくださいます。プロローグにも引用しましたが、大事な言葉なので、もう一度くり返します。

「元来世界観というものは単なる学問的認識ではない。学問的認識を含んでの全生活的なものである。自然をどう見るかにとどまらず、人間生活をどう見るか、そしてどう生活し行動するかを含んでワンセットになっているものである。そこには宗教、道徳、政治、商売、性、教育、司法、儀式、習俗、スポーツ、と人間生活のあらゆる面が含まれている」。

哲学と聞くとむずかしいことを考えてしまいますが、「日常の生き方を自然と結びつけて考える」という生命誌の基本が根にあればよいことがわかりました。大森先生はさらに、こうおっしゃっています。「この全生活的世界観に根本的な変革をもたらしたのが近代科学であったと思われるのである。近代科学によって、特に人間観と自然観がガラリと変わり、それが人間生活のすべてに及んだのである」。「現代文明の変革を云々するときにわれわれが感じているのは、その最も長期的な波ではないかと私には思われる。（中略）こういう最も目の粗い縮尺で見るならば、東洋と西洋という対立は消えてしまう。（中略）洋の東西を問わずに、近代科学以前の世界観と近代科学に基礎づけられている近代的世界観とのコントラストである」。

## 讃美と憧れから出発する科学

碩学という文字がぴったりの哲学者・美学者である**今道友信先生**も、哲学の基本を科学と結びつけて大切な言葉をプレゼントしてくださいました。科学は学問の原動力を好奇心に置くのがいけないのであり、「讃美」、「憧れ」から出発しなさいと。哲学ではよくアリストテレスの「驚きから学問が始まる」という言葉を聞きますが、この驚きを引き起こすのは「偉大なもの」であり、自然はまさにその偉大なものです。科学はそれに憧れ、畏れを抱きながら接することが求められているのです。

好奇心ですと、自然を外から見て操作する意識になりますが、讃美ならそれに包まれる感じになるでしょう。ここで今道先生が「好奇心は一人でもできるが、憧れとなると、君も見てごらんと誘うことになる」と語られました。哲学こそ一人のものだろうと思っていましたが、そうではないと教えてくださったのです。知は本来共有されるものであり、そこにモラルが生まれるのだという視点は重要です。生命誌の根っことなる哲学は、ここにあります。

哲学は、存在の本質や根本原理を純粋思惟や直観によって探求するものであり、形而上学とよばれます。一方科学は事実に基づき、経験的実証可能な知識とされますから、両者はまったく異なる学問とされてきました。けれども今、細胞やゲノムという、すべての生きものに共通でありながら人間である私についても語れる「モノ」を対象にする科学があるのですから、従来の科学とは異なる姿勢で自然に向き合う「誌」にすることによって、哲学として世界観形成に寄与できると考えてよいでしょう。これは、学問の歴史の中で初めてのことだと思います。生命誌は世界観を生みだし、人々の日常の暮らしを支える規範につながり、だれもが自ら生き方を選びながら多くの人々が共感し合える社会づくりを可能にするであろうことが見えてきました。

# 3　自然への向き合い方——科学は「誌」の方向に動きつつある

## すべてが関わり合う動的な自然界を描きだす科学

いのちを大切にする生き方をするには、自然との向き合い方について考える必要があります。前項で哲学から自然との向き合い方を学び、「科学」から「誌」への転換を考えました。そこでは科学を、自然を外から操作するものと考えましたが、実は近年、科学そのものが変化していますのでそれを見ていきます。生命誌は生命科学を基本に置きますので、現代科学のありようが重要です。一七世紀に始まった近代科学は、実体の観察、分析に基づいて自然観を組み立てます。生命誌も、ゲノム（ＤＮＡ）の解析から得られる知識あっての知であり、科学に拠っています。科学の恩恵を感じながら、一方で科学の問題点も考えなければなりません。一七世紀の科学革命以来、四〇〇年続いてきた科学に基づく世界観をそれまでの世界観と比べてその特徴をつかみ、見直す必要があるとの指摘に基づき、科学の世界を見ていきます。

一言でまとめるなら科学の世界は、決定論、還元論、機械論で動いてきました。粒子に還元し、それでできた上がった機械と言える自然を数式で表し、構造を理解するのが科学です。つまり人間は自然を外から見る観察者であり、そのように理解できた自然を操作し生活の利便性を高めることを進歩として、科学技術社会をつくってきました。

けれども物理学が進展して生まれた量子論が専門の**佐藤勝彦さん**は、宇宙論でインフレーションというみごとな理論を構築され、一三八億年前に無から誕生し、今も膨張し続けている宇宙の姿を描きだしました。今では観測によりそれが事実として示されています。古代ギリシア哲学が「死と再生」の象徴としたウロボロスと同じように、自然界は素粒子の世界を極限まできつめると、その先に宇宙が存在するのです。

生きものの世界でも、今話題になっているウイルスは生物間を動く遺伝子ですので、さまざまな生物にあるＤＮＡを運んですべてをつなげる存在と言えます。つまり生命体とは言えない単純な存在でありながら、生物界全体をつなぐ役割をもつのです。このように、自然界は極小から極大まですべてが関わり合う動的な存在として見えてきています。

アインシュタインは二〇世紀初めに相対性理論で新しい自然像を示した優れた科学者ですが、宇宙は固定したものと考えていました。今では宇宙は動いているものであり、現在は膨張し続けているけれど、今後どのような変化が起きるかはわからないということを実測が示しています。

社会では、科学と言えば絶対の真理を探しだすものであり、そこに正解があると思われています。科学教と言ってもよいかもしれません。けれども科学の特徴は反論が可能であるということ、事実と論理によって間違いを示し、新しい考え方を出せるところにあります。そして今、科学は新しい道に入っていると言ってよいでしょう。

## 発見はアナログ、数学は動きを記述する

科学という学問の中で成果を競い合うのでなく、素直に自然に向き合い、それを理解しようとする物理学者は魅力的です。その中で、前述の佐藤勝彦さん、**蔵本由紀《よしき》さん**、**大栗博司さん**

との対話からは、自然を納得する形で理解したいという意欲と、自然の大きさをつねに意識している謙虚さを感じます。好奇心ではなく憧れで学問を進めるという哲学の項で学んだことは、ここにも生きていると実感しました。

「重力、強い力、電磁気力、弱い力の四つが本当にうまく調節されているから原子や分子が生まれ、生命体も生まれてきた。これがちょっとでも違っていたら、これらは生まれなかった」。ここまでは今、わかっています。ここに四つの力があるので、さらにその奥に統一理論があるのではないか。まだそれが存在するかどうかもわかっていないのですが、あるといいなとは思います。大栗さんは超弦理論（ひも理論）とよばれる基本理論を研究し、それには新しい数学が必要だと語ります。

実は私も、自然を理解しようとすると「数学」というちょっと敬遠したい学問がとても重要だ、とは薄々感じていました。そこで、この方の数学がわかる人は〝世界中で四人しかいない〟という噂を聞いている**森重文先生**に対話をお願いするという、とんでもないことをしました。数学については、準備室でのサロンの頃から**津田一郎さん**の話は何度も何度も聞いています。もちろん、本格的に数学として理解できないことは承知しながらも、対話からは生命誌との重なり、新しいものの見方が見えてきて楽しいのです。

森先生のお話で印象的だったのは、「物事の発見はアナログです。そこに未だかってない新しいものを見つけたかどうかが勝負です。数学は人間、自然、あるいは宇宙の動きを記述する学問ですから」という言葉です。アナログで見つけたものを数学で高次元化すると言われるとむずかしくなりますが、森先生はモネの言葉を引くのです。

「対象の本質は、対象を描くだけでなく、それが置かれた環境、たとえば光によってどのような影響を受けているかを描くことで見えてくる」。

モネの絵は見れば何だかわかる気がするけれど、数学はわからない。そこはどうしようもありませんが、数学がモネの絵のように自然を見せる役割を果たしているのだと思いながら、むずかしい式を眺めていらっしゃるということはよくわかりました。数学の役割をこのようにとらえ、それを話してくださったときの森先生の笑顔を思い出します。学問をこのようにとらえていくことで、自然の理解に近づくのは悪くない。生命誌の方法論の一つになりました。

津田さんは、数学には曖昧をなくす役割があり、「生命のように複雑なものを考えるときにそこから明確な部分を抜きだし式にしていくことで整理をするのだ」という考えで、生命誌に関心をもち続けてくださっている心強い仲間です。とにかく概念化が大事で、生命誌の「誌」は、一個体の時間の中に生命の全歴史が織り込まれていることを一文字で的確に表現したのであり、とても重要な一歩だと評価してくれます。勇気が出ます。

蔵本さんとは、何度も語り合いました。『新しい自然学――非線形科学の可能性』（岩波書店、二〇〇三年、現在ちくま学芸文庫）は、印をつけながら何度も読みました。「現代における科学的な知のあり方は相当にいびつなので、何とかそれを直したい」。これは、生命科学から生命誌を探ったときの私の感覚と同じです。物理学と生物学の違いがありますが、感覚は共有していますし、考え方にも重なるところがたくさんあります。「自然学は同一不変なものを通じて、多様なもの変転するものを理解するものである」。そのとおりです。「同一不変構造には主語的なものと述語的なものがあり、上位レベルに行けば行くほど述語的な同一不変性の重要性が増す」。それなのに現在の科学は〝述語に目を向けていないのがいびつの一つの原因〟というのが、蔵本さんの考えです。

生命誌を創るなかで「動詞で考える」ことの重要性を発見し、研究館ではつねに動詞を使ってきたので、ここでそのとおりと思ったのは当然です。さらに「歴史性という第三の軸を加える」とあるのです。生命科学だけでなくすべての科学が本来「誌」なのではないか。もちろん蔵本さんは「新しい自然学」と言い、「誌」という言葉は使いませんが、私は秘かにそう思いながら語り合いをしていました。

生きものだけでなく自然界全体の科学によるとらえ方が、「生命誌」と同じ方向へ動いていると言ってよいと私は思っています。

## 宇宙誌から生命誌へつながる流れ

ここで、すばる望遠鏡の建設とハワイ島への設置に渾身の努力をした**小平桂一さん**、X線天文学の確立に努める姿を私たち後輩に見せてくださった**小田稔先生**という二人の天文学者との語り合いを思い出します。天体は最も日常から遠い存在でありながら、今もアマチュア研究者の多い、だれをも惹きつける魅力をもっています。古代の人もおそらく星を眺めながら、「なぜ？」というさまざまな問いを抱き、お互いに語り合っていたのではないでしょうか。それが観測技術が進み、他の分野と結びついて宇宙物理学という形で自然への問いの最先端になっています。

小平さんは私と同期であり、学生時代からの仲間ですので、予算獲得に苦労する姿を見て「なぜ苦労してすばる望遠鏡をつくるの」と聞いたとき、「宇宙の果てを見てみたいのよ」と答えた顔が忘れられません。何かを知りたいという気持ちは人間のもつ素直な本音だと感じたからです。学問の基本がここにあることは否定できません。さまざまな因子が絡んでいびつにならないようにすることが必要です。

ところで、すばる望遠鏡は一三八億光年先の宇宙の果てを見せてくれました。それはまた一三八億年前のできたての宇宙を知ることでもあるのです。「果てしない」と言ってきた宇宙を一三八億という明確な数学で語れるのですから、やはり事実を調べる科学はおもしろいと言わざるを得ませんし、そのために苦労するのも当然です。小田先生は、このような成果をあげつつある日本の天文学の基礎をつくられた方ですが、「このように自然を見てくると、その先は生命を知りたくなります」とおっしゃいました。そして次の世代となる小平さんも物理学から宇宙に関心を広げた佐藤さん、大栗さん、蔵本さんのいずれも、「生命」に強い関心を示します。

小平さんは、「宇宙誌」を考えたいと言い、佐藤さんは「アストロバイオロジー」という新分野を立ち上げ、自然科学研究機構の中に研究所を誕生させました。その間の勉強会には私も参加し、地球以外に生命体の存在する天体を探すという夢のある研究開始の楽しさを味わいました。新しい自然学とよべる動きがあり、それは宇宙誌から生命誌へとつながる流れを見せています。

すばる望遠鏡に代表してもらいましたが、宇宙の観測技術は急速に進み、宇宙についての知識は増えました。ところが、これがわからないことを増やしたのですから、自然は一筋縄ではいきません。つまり、これまで研究してきた物質とエネルギーの世界は、宇宙の五％にすぎないという事実がわかったのです。残りの三〇％弱は暗黒物質、七〇％弱は暗黒エネルギーとよばれます。暗黒エネルギーが宇宙の膨張を加速させていることはわかっていますが、その本質はわかりません。驚きます。まだ五％もわからないものがあるのですと言われればそうだろうなと思いますが、九五％がわからないというのは衝撃です。

この世界を拓いたのが**南部陽一郎先生**の「対称性の自発的破れの理論」であり、対話に参加して下さった大栗さんは南部先生のお弟子さんです。ニコニコしながら九次元の話をなさる大栗さんの研究の詳細の理解は、今のところちょっと脇に置いておきますが、自然と向き合うとはこのようなことだという事実は、大事にしていきます。生きものの世界でもこのような例はたくさんありますので、「わかればわかるほど謎が増える」は、生命誌の一つの視点です。

このような大きな謎だけでなく、私が日頃、空を眺めながらいつもふしぎに思っているのは月です。宇宙には数えきれないほどの星があり、銀河の中にある太陽系にもいくつもの惑星があります。その中で地球にだけ生きもの、とくに人間のようなへんてこりんなものが存在することを考えるとき、宇宙の中で起きたさまざまな偶然がそこに関わっていることがわかってきました。

そして最後のダメ押しが月。大きな衛星を一つだけもつ惑星は、どちらかと言えば珍しいのです。太陽系では地球だけ。月があるからこそ地球の今のような傾きでの自転を安定化し、潮の満ち引きを生みだしました。それゆえに現在のような生態系が存在しているのです。人間が誕生したのも月があったからとも考えられます。私たち人間が空を見上げるとき、太陽と月と地球の関係が金環食を見せてくれる状態に出合えるのも、何ともふしぎなことです。月がもう少し大きく見えるときだったら太陽は隠れてしまいますし、もっと小さかったらあの微妙な金環にはなりません。

科学を学び、事象の関係を理論で理解することを基本にしてはいますが、でも偶然も関わり合うふしぎが日常の中に数多くある自然に、今道先生の言葉を借りるなら「憧れと畏れ」を抱かざるを得ません。科学を好奇心だけで進めてはいけないと、改めて思います。

# 4　生命が誕生した地球という星

## 地球という「場」をていねいに考える

科学は等身大の世界が苦手です。素粒子をとことん追いつめたら見えてきた一三八億光年という大きさをもつ宇宙については、新事実が急速に明らかになりつつあります。もちろんすでに述べたように、わからないことがたくさん存在することがわかったのですが、これは科学の歴史の中で画期的な大発見と言えます。〈これがわからない〉とはっきり言えることの大切さを忘れてはなりません。

ところが、日々つき合っている地球と生きもの、その中の人間の日常で目に見える世界が、科学の扱いにくい大きさなのです。気象衛星を打ち上げ、地上での観測も詳細を極め、コンピュータでのデータ処理をするなど、先端技術を使いこなしても、日々の天気予報はピタリとは当たりません。

けれども、生命誌が自然という言葉で具体的にていねいに考えなければならない「場」は地球です。研究館での研究として一六九頁で紹介したオサムシの研究が、それを具体的に示しました。オサムシの分布を調べたら、日本列島形成の道程が見えてきたとき、驚いたことを今もはっきり覚えています。ムシは地面、つまり地球の上を歩いているという事実がデータとして明確に示されたからです。学問というものがどれだけ分断され、個別的な形で存在するものであるかをまざまざと見せつけられました。生物学はオサムシを研究対象にするものであって、地球は地質学の対象だと思い込み、ムシが地面を歩くというあたりまえのことにまったく目を向けずにいたのです。

今でも総合知という言葉を、学問と学問を融合させるイメージで使っている場合がよく見られます。それはなしです。すべてのものがつながっていることに気づき、自分が関心をもった対象を抽象的な存在としてとらえず、現実に存在している姿で見ていくことでしか、等身大の自然は見えてきません。生命誌はつねに人間をも含む生きものたちを自然の中で暮らすものとしてイメージします。

「生命誌」は「地球誌」の中にあるという実感から、研究館の十周年には「新・生命誌絵巻」を和田誠さんに描いていただきました（前述、一六二頁）。「生命誌絵巻」は生きものだけに注目して描きましたので、時とともに進化し、多様化していく姿になります。けれども実際には、三八億年の間には地球は大きく変化し、その中で生きものたちは時に絶滅の憂き目にも合っています。それをふまえての「生命誌」が必要です。

## 地球の歴史と時間の中で

地球についてはまず**川上伸一さん**、**田近英一さん**のお二人から、新しい地球の見方を教えていただきながら語り合いました。川上さんと語り合ったのは二〇〇一年、まさにオサムシから地球に目が向き、関心をもって研究の様子を探る中で、「縞々学《しましま》」というおもしろい学問に目が止まったからです。生命誌ではゲノムの中に組み込まれた時間の層を解いていくのですが、地球では地層としてそれが見えてきます。縞々です。しかも地層のある場所も情報を与えてくれますので、空間と時間の入った物語を読み解くという意図が「縞々学」の中には入っています。ここで明確に示されたのは、日常社会で考えられている時間スケールの短さです。

現在大きな問題になっている異常気象も、地球の気候の歴史と長い時間の中で考えるところから始めなければならないことが、地層に書き込まれた情報からわかってきます。ゲノムに書き込まれた時間も同じことです。ここで、生きものとのかかわりで川上さんがもっとも強い関心を示したのは、光合成です。確かに、光合成細菌の登場によって大気に酸素が存在するようになったのですから、これは大きな動きです。人間も含めて現存生物のほとんどは呼吸によって酸素を取り入れることが生存の基本になっていますが、光合成がなければこのような生存の形はなかったでしょう。しかも今問題になっている二酸化炭素の過剰を解決できるのも、光合成です。

生態系は炭素化合物の循環で成り立っているのですが、さまざまな化合物のほとんどが有機化合物として相互に転換しているなかで、安定で他の化合物に容易には転換できない無機化合物が二酸化炭素です。これをみごとに有機化合物の循環に戻すのが光合成。魔法のような反応です。現在人間が開発した技術では、これと同じことはできません。そこで大気中の二酸化炭素濃度が増加するという事態が起きているわけです。「脱炭素」という言葉には、地球も生きもの炭素化合物の循環で支えられていることを理解していない科学技術社会の無知さ加減が見えます。

二〇〇一年、川上さんが、長い時間で考えるなら地球が凍ったときさえあるという「スノーボール仮説」が、今地質学では大きな話題になっていますと語ってくださいました。えっ、氷の玉？ と驚き関心をもっていましたら、若手研究者である田近英一さんが「地球全面凍結」の研究に挑んでいることがわかりました。『凍った地球――スノーボールアースと生命進化の物語』（新潮選書、二〇〇九年）という本を出されたのです。

地球物理学から地質学に移った履歴が、この興味深い研究の原点にあると知りました。地球で実際に起きることは予測できない一回限りの場合が多く、まさに歴史であり、地質学はそれを対象にします。一方地球物理学は、地球で起きることにある程度の法則性を見出すことを目的とします。田近さんはここの二つの学問を組み合わせて地球を総合的に見ていこうとしていて、凍結に注目したのです。

生命誌はまさに生きものの世界での一回性のできごとに注目する一方、ゲノムや細胞から見えてくる法則性を見ていますので、視点は同じです。これまで学問として扱いにくかった地球や生命体は、このような形で解明していくものなのではないでしょうか。しかも、地球凍結に注目すれば、そこには生きものの動向が関わります。オサムシの場合と同じように、地球と生きものは関連しているのであり、学問としてもつなげて考えなければならないのです。こうしておのずと学問は総合化していくのであって、口先で学問の総合と唱えるものではありません。

地球誌と生命誌を関連づけた研究が、四六億年という時間をかけての歴史物語を解いていくことで、これまでもっとも見えにくかった等身大の日常の世界の理解が進むでしょう。それは私たちの暮しに直接関わるものであり、農林水産業など生活の基盤を支える産業の進め方への指針もそこから見えてくるはずです。また災害への対処も改善されるのではないでしょうか。

それにしても、地球という星を知れば知るほど、なぜこれほど興味深い特徴をもっているのだろうと思わざるを得ません。まずは水の惑星です。生きものは水がなければ存在しなかったでしょう。けれども海だけで大陸がなければ、陸上生物は生まれません。生きものたちが上陸する直前である五億年ほど前に、カンブリア紀と言って海中で多様化した時期があるのですが、実はその前、つまり六億年ほど前にスノーボールになったのです。

非常に厳しい条件のもとで生き延びた種から急速な多様化が起こり、その後、上陸という新しい展開をしたという歴史は、偶然が重なってのことではありますが、地球ならではの出来事です。私たちは生きものの一つとして地球に暮らしているのだという意識をもち、長い歴史の中での地球や生きものに真剣な目を向けて生きることをもっと強く意識してもよいのではないでしょうか。地球にしかない重要な現象がもう一つあります。プレートテクトニクス*です。地球をダイナミックな星にしている活動です。

＊球体である地球の表面は、何枚かの剛体（プレート、厚さ約一〇〇キロメートル）によって覆われており、その移動によって地震、火山、造山活動等が引き起こされる。

グローバル社会という言葉を、限られた国が世界を支配し一律にする動き、とくに経済の動きを表すために用いていた人々は、最近その言葉を口にしなくなりました。分断社会になりつつあるからでしょう。本当の意味のグローバル社会は、四六億年の地球の歴史を意識し、その歴史があるからこそ誕生し、今に続いている生きものとしての人間が意識しなければならないものです。地球誌、生命誌に基づくグローバルな生き方を探ることが、今必要とされています。目の前の経済や政治からの発想では、これからの人類の生き方は探し出せません。

これまでに明らかにされた地球という星の特異性を意識すると、まさに驚き、畏れがおのずと生まれます。形而上学が示す「よい生活」に対して、具体的に地球という星で生きる生きものとしての私がどのように生きるかということから、よい生き方を探るのが生命誌です。

## 5　四〇億年ほど前に誕生した生命体

### 生きることから生まれる生命への憧れ

宇宙と地球について考えてきたので、次は、当然地球上に四〇億年ほど前に生まれた生命体が対象になります。生命誌の中心になるところです。

「人間は生きものであり、自然の一部である」。これまでに何度も書いてきたこのフレーズが生命誌という知の基本ですが、ここでの「生きもの」に込められた意味が重要です。現存する生きものはすべて四〇億年ほどの歴史をもつ存在であり、相互に関連し合いながら生きてきた存在であるとしてとらえられるのです。DNAをゲノムとして見ることになった二一世紀ならではの生きもののとらえ方であり、世界中の研究室で進められている生きものの研究によって、日々新しい見方が出されています。

生命誌は、そこから見えてくる事実をもとに「生きているとはどういうことなのだろう」という問いを考え続けていきます。通常の研究室では新しく得たデータをより詳細なものにし、個別の生命現象をより深く理解することに努めます。それらが生きものをよりよく知ることにつながり、医療や農業の世界で役立つ技術を生みだすのですから、とても大事な仕事です。けれども今それ以上に大事なのは、現代科学技術社会がもつ一律の進歩を価値観とし、多様性、内発性という生きもののもつ本質をないがしろにすることに疑問を呈することです。

世界中で行なわれている研究が明らかにしつつある生きものの本質をよく見れば、現代社会のありようは生きものに合わないことがわかります。それを明確に知って見直しをするには、生命体の歴史と関係に注目しなければなりません。そこで、進化・発生・生態系に注目しながら生命科学の最先端研究をしている仲間たちと対話をし、科学技術一辺倒でない生き方を探ることが生命誌の大きな役割になります。

これは日々行なっていることですが、その中からその時、その時とくに注目したトピックスを選び、語り合いをお願いした記録が『季刊 生命誌』の対話です。これは研究館で実験研究を進めながら考えた生命誌の根っことつながっており、お一人ずつ名前をあげていくとキリがありませんので、全体としてこの三〇年間につくられてきた根幹として見ていきます。

あまりにも多くの情報なので整理がむずかしいのですが、「四〇億年ほどの歴史と関係の中にある生きものの一つとしての人間を見る」という言葉を支える具体がどのようなものか、それを知ることでどれだけ「生きる」ということを真剣に考える気持ちになるかという実体が、ここにあります。この感覚をすべての人がもつようになったら生きやすい社会になるはずです。「生命尊重」と唱えるのでなく、生きることの具体からおのずと立ち上がってくる生命への憧れと畏れから、「いのちは大事だね」という言葉が自然に出てくるようにしたいのです。

## ふつうに生きる大切さ

生きているとはどういうことなのだろう、という問いに関心のない人はいないのではないでしょうか。それを科学が解明する事実をもとに考えていくのが、生命誌の一番根っことなっていますから、生命科学研究者は一番近い仲間です。なぜか「生命科学から生命誌へ」という道を歩いたのは私だけですが、同じような考え方をもっている研究者はたくさんいますので、いつもそれらの仲間に支えられています。その中で「おもしろい生きものの見方をしている人」……これもたくさんいるのですが、その中から対話に登場してくださった方たちの言葉から見えてくる生きものらしさをまとめます。

**勝木元也さん**は、渡辺格さんの弟子として一番近い仲間です。もう一人の弟子仲間、というよりすばらしい先輩である**松原謙一さん**は、生命誌研究館創設の時の大事な相談相手の一人ですが、当時八年間語り合い尽くしたことを『生命のストラテジー』（ハヤカワ・ノンフィクション文庫）にまとめましたので、この対話には登場していません。二二〇頁に書きましたが、この本は自信をもって世に出したもので、今でも多くの方に読んでいただきたいものです。

生命科学でなく生命誌として生きものを見たときは、長い時間続いてきた存在としてとらえることになりますが、その継続を支えているのは、一言で表すなら「矛盾」というしかありません。生命のストラテジー、つまり生きものの生存戦略は、矛盾を上手に生かすことなのです。現代社会は矛盾を非とし、これをなくすことに夢中です。それが生きにくさをつくっているのです。

生きものが抱える矛盾は「多様だが共通、共通だが多様」、「安定だが変化し、変化するが安定」、「巧妙、精密だが遊びがある」、「偶然と必然」、「合理的だがムダがある」、「精巧な設計図だがポップアート方式」、「正常と異常に明確な境はない」とまとめられます。この一つひとつの事象を解説はしませんが、それこそが生きものの基本ととらえることは重要です。たとえば、最後にあげた正常と異常に境がないという項目は、人間には規格がないという事実を示しています。機械論の中では、人間をも機械のように見てむりやり規格をつくり、そこからはずれた人を異常とします。

私は、権力や経済力を求める気持ちが強すぎる生き方を選びたくない気持ちを「ふつう」という言葉で表したいのですが、この言葉が今とても使いにくいのです。「ふつう」をある種の規格のようにとらえ、「ふつうでなければいけないのですか」と詰問されます。そんな風に考えるから生きにくさを訴える人が増えるのです。「正常とか異常とか言わずにふつうに生きませんか」というのが、生きものらしい生き方です。自然に生きると言ってもよいでしょう。

ここでとても日常的なことを思い出しました。野菜や果物の規格品です。農業者の「基準をつくって規格を統一しようとするけれど、畑の野菜は刻一刻変化をするのであり、そのときどきの状態が一〇〇点なのだ」とは日々の実感でしょう（久松達央『農業はもっと減っていい　農業の「常識」はウソだらけ』光文社新書、二〇二二年、三二五頁）。「ナスは八〇〜九〇gという規格をつくり、そこからはずれるものはB級とされると畑ではまったく感じない優劣が持ち込まれる」とも言っています。これは人間を含むすべての生きものに通じることです。

## 研究者の思いと社会とはつながっている

「生きものとは何か」を知る科学は生命誌の基本を支える重要な知であり、日常多くの方と対話を重ねるとともに、さまざまな本からも学ぶ日々でした。生物学として生命誌の基本となるのは進化生物学、発生生物学、生態学であり、勝木さんの他に**阿形清和さん**、**倉谷滋さん**は発生と進化を考える仲間です。さらに植物を通して基本を考えるときは**塚谷裕一さん**、**長谷部光泰さん**、生態学では**鷲谷いづみさん**、**湯本貴和さん**を頼りにしています。分子生物学でDNA研究をする**中村義一さん**、医学が専門の**廣川信隆さん**、**西川伸一さん**との対話もそれぞれに生命誌を支えてくださっています。生命誌研究館のホームページにこの方たちとの対話がありますので、ぜひお読みください。

生命誌は「生きものとはどのような存在であり、どう生きていくようにできているのか」という事実をもとに人間の生き方を考えることにしていますので、生きものについてよく考えながら研究をしている方とつねに接し、若い人たちの動きも追っています。研究者の思いと社会とがつながる状態をつくることが、生命誌の世界観の構成には不可欠です。二一世紀は生きものが語ることを最初に聞くのが科学者であり、それを他の分野の研究者や芸術家と共有し、つねに「生きる」という言葉の基本にある「知」を創っていく時なのです。それは社会の根っことなり、すべての人が生きることを考え、しかも生きることを楽しむ社会となるでしょう。ここで研究者の聞く生きものたちの語りのいくつかを記します。

たとえば廣川さんは、「観る」ことの重要性を指摘します。細胞を急速冷凍して電子顕微鏡で観ることによって、細胞の中に高速道路のようにはりめぐらされた微小管（細胞骨格です）の上を、さまざまな物質を運ぶ分子が見えてきました。この写真を見せていただいた時は、思わず「なんてけなげなんでしょう」と思いました。二本足をせっせと動かして大事なものを必要なところへ運ぼうと懸命になっているとしか見えなかったからです。こうして時間を止めて一つの分子を観るところから、細胞全体とそこにある動きが見えてくるのです。急速冷凍して電子顕微鏡（その後さまざまな顕微鏡が使われました）で観るという科学の手段だからこそ、細胞がいきいきととらえられるのであり、ここから生きるとはこういうことなのだと実感できます。

## 「見る」ことが「愛づる」につながるために

この部分を書いているときに、「メディア論」の**吉見俊哉さん**（演出家遠藤琢郎さんのお弟子さんで、友人です）が空爆について書いている文が目に止まりました。そこでは、社会学での「視ることは殺すことである」という視点が示されていました（「空爆するメディア論」、岩波書店『図書』二〇二二年九月号）。

「南北大陸アメリカの先住民が一五世紀末に西洋の眼差しに発見されて以来、それによって大量虐殺されると同時に、その眼差しの中に位置づけられた」のであり、それが近代という時代の根本的な事件であったという指摘にハッとしました。そしてそれが今や「空爆する眼差し」になっているというさらなる展開に、今なお行なわれている戦争がその延長上にあるという恐ろしさを感じました。吉見さんは、一九四四年から四五年の米軍による日本各地の都市の空爆には、相手を徹底的に可視化し、データ化する科学的な眼差しがあったと言います。この眼差しが、今や「ドローン」が狙いを定めた目的物に爆弾を落とす現実をもたらしたわけです。それに対して日本はこの科学を欠き、「カミカゼ」という生身の兵士を機械とみなした眼差しを用いました。

これを読んで、友人から聞いた太平洋戦争中の空襲体験を思い出しました。畑の中を歩いていたらB29が来て機上の兵士が自分を見ている目に出会い、狙われたけれど木の陰に隠れて助かったと話してくれたのです。「視ることは殺すこと」であり、それを科学的に機械化していくことを進歩とよぶ現代を見直さないでよいわけがありません。それと同時に科学という知の無視もまた非人間的であることを、肝に銘じなければなりません。

生命誌では、人間は視ることが愛づることにつながる眼差しをもっていると信じています。この対談には登場していただきませんでしたが、詩人の**まど・みちおさん**とは手紙のやりとりで同じ視点の共有を確認し合いました（第Ⅵ巻『生きる 17歳の生命誌』「まど・みちおで生命誌を読む」参照）。まどさんに、『人間の目』という詩があります。

人間の目

よちよち歩きの小さい子たちを見ると　人間の子でも　イヌの子でも
ヤギの子でも　どうしてこんなに　かわいいのか

ひよこでも　カマキリの子でも　おたまじゃくしでも
ほほずりさせて　もらいたくなる
ほんとに　どうしてなのか
生まれたての　生命《いのち》が　こんなに　なんでも　かわいくてならなく思えるのは
いや　こんなに　かわいくてならなく思える目を　私たち人間がもたされているのは
ああ　むげんにはるかな宇宙が　こんなに近く　ここで　私たちに　ほほずりしていてくれる
お手本のように！

私たちの目は何のためにあるのか。生命誌は、詩人と同じに考えます。生命誌は、皆が愛づるにつながる眼差しをもつ社会が本来の姿であると思っています。

その眼差しのままに、生きものの研究に戻ります。生命誌を支える研究の一つである発生生物学は、受精卵から個体ができていく過程ですが、そこでゲノムが読み解かれていくときに、進化の経緯も見えてきます。個体の時間、進化の時間としての物語ができていきます。もちろん生きものにとっては形が大切で、同じゲノムをもちながら体の部分を変化させてそれぞれの生きものに特有の形をつくっていくところはおもしろく、学ぶところ大です。研究館での最初の展示の一つに、「顎」を選んだことを思い出します。

私たち動物の体として背骨が大事とはだれもが気づきます。背骨の有無で生きものは大きく分類されますが、次が顎の有無なのです。顎ってそんなに大事なのかと思われるでしょうが、顎のないヤツメウナギなどは水中で口の中に入ってくるものを取り入れていますが、顎ができれば自ら餌をパクリと食べられる。つまりここで初めて受身ではなく積極的な生き方ができるようになったのです。では顎はどのようにしてできたかと進化の歴史を見ると、魚類のエラが始まりです。エラからは鼓膜の振動を内耳に伝える耳小骨も生まれるのですが、哺乳類ではこれがアブミ骨、キヌタ骨、ツチ骨と三つあり、他の動物にはアブミ骨しかないという構造が見えてきます。

ここでは詳細は書きませんが、エラという魚類では呼吸器だった器官が、新しい形になり新しい機能を獲得していくことで、顎や耳を持って外界に対してより積極的に生きていくようになる過程はまさに生きものです。既存のものから新しい機能を生み出す変化が新しい生き方を支えていく様子は、なんともおもしろいとしか言いようがありません（第Ⅱ巻『つながる　生命誌の世界』第二章参照）。このようにまったく新規なものをつくりだすのではなく、既存のものをさまざまに変化させ工夫していく「進化」は、現代社会の「進歩」と比較してよく考えてみるべき過程です。勝木さん、倉谷さん、阿形さんとはこのあたりのおもしろさをよく話し合います。

ここで、植物に目を移すと、植物細胞には動物細胞にはないクロロフィルがあって光合成できること、細胞壁があって動物のように柔軟には動けず個体として一定の場所で生きていることなど、独特な生き方が見えてきます。植物研究が専門の塚谷さん、長谷部さんと話していると、生きものとしては同じと言いながら、そのありようからは特別のメッセージが送られてきます。スズランと聞くと北の地で芳香を放つ小さく可憐な白い花を思いますが、一つの株が地下茎を伸ばして数千株にまで広がり、百年以上生き続ける力があると聞くと驚きます。植物では個体の概念が不透明で、体細胞一つひとつが全能性をもち、クローンはいくらでもできます。倍数体があるところも違います。

そのような植物が光合成による炭素循環で地球上の生きものを支えているのですから、生きるという言葉からそのさまざまな生き方を考えることは不可欠です。実は塚谷さんは研究室内での実験によって植物の形づくりの研究をすると同時にフィールドも多く歩き、新種の発見をしています。まさに「観る」という能力を生かしているのですが、広いフィールドで新しいものを見出すのは「ちょっと変だぞ」という違和感だと話してくれました。つねによく観ること、その経験から出てくる違和感は、日常生活でも実は大切ではないでしょうか。

このような多様な生きものたちが形成する生態系も重要です。狩猟採集生活から農業への転換をしたところで、自然との関係は大きく変わりました。限られた栽培種を大量生産するのですから、二〇世紀までは農業も工業化し、一律化、大量生産、効率化、機械化の道を歩みました。ここに問題のあることは明らかです。生態系の一員である私たち人間の生き方を考えなければならないことになりました。いわゆる里山とよばれる、人間が生活資源を手に入れる行為そのものが生物多様性に貢献する形をとるという関係から、環境に負荷をかける暮らし方になってきています。新しい形での里山的暮しを構築していくことが今求められています（第Ⅲ巻『かわる　生命誌からみた人間社会』第三章参照）。

湯本さんは、歴史学・考古学・民俗など、人間の暮しを見る学問の研究者と協同で、里山のもつ「持続的利用」の構築に努めています。鷲谷さんの里山研究もすばらしい。生命誌は、発生・進化の研究を生態系に生かすことが重要と考えて研究をしていますので、ミクロとマクロをつなげる役割ができます。

生きものを観る眼差しは、むやみに殺すことはもちろん、排除や否定は生みだしません。近年、他人を排除したり、全面否定する言葉を吐く人が増えている――私自身直接そのような場面に出合うことはないのですが――ように見えます。人間が生きものとして生きる道を探っていくことによって、人間の目を美しいものを見出し、愛でていくことに使う社会をつくることが生命誌の役割です。

ここにあげた例は、生きものが見せてくれる魅力のほんの一部ですが、生命誌が求める方向はここで明確に見えてきましたし、それが現代社会に対して「べつの道」を示すものであると確実に思えてきました。「べつの道」という言葉に接して、私もこれを求めているのだと思ったのは、レイチェル・カーソンの著書『沈黙の春』(新潮文庫、一九七四年)を読んだ時です。カーソンは農薬や除虫・除草剤を多用する現在の農業に対して疑問を抱き、別の道を求めたのです。カーソンも生物学の活用を提案しましたが、当時(一九六〇年代)の科学ではまだ本格的に「べつの道」を歩むことは難しい状況でした。でも、今ならできます。生命誌はその道を歩みます。

## 6 生きものの巣——自然と歴史を生かして棲む

### 人間が自然と人工をつなぐ

対話を振り返ると、建築家と多く語り合っていることに気づきます。**長谷川逸子**、**伊東豊雄**、**藤森照信**、**隈研吾**とお名前を並べると、それぞれの方の作品が鮮明に思い起こされます。生きものには巣が必要であり、その延長上にあるのが家であり、仕事場や生活を楽しむ場です。ところで現代社会ではどうでしょう。多くの人が暮らす都市は、ビルが建ち並んでいます。日常生活を送る住居も、その多くはマンションとよばれる近代建築であり、どんどん高層化してそびえ立っています。そこでは建物が建物としてだけ存在を主張しているように見えます。生きる場という感覚は消え、一言で表すなら、生きもの離れ、自然離れです。

人が暮らす場とはどのようなものであるとよいのだろうという問いは、建築とは何だろうという問いに直結します。そこで、人間との関わり、自然との関わりを意識した建築に目を向けたとき、具体的な作品の姿はさまざまですが、どこか生命誌とのつながりを感じる建築家がいらっしゃることに気づきました。高層ビルが建ち並ぶのが先進社会という発想ではなく、〝人間と自然との関わりを支える棲家の並ぶ街をつくる〟という意識で建築に関わっている方たちです。

研究館を創ったばかりのときに対話した長谷川さんは、「家は生きものの巣」と受け止め、「第二の自然としての建築」を意識していると語ってくれました。従来日本では、家をつくる職人が住む人と話し合って家を建てるものでした。それはその地域の自然・文化・歴史をふまえたものであり、その土地に隠されたものをどう生かすかということだというのです。まさに生命誌が基本に置いている内発性です。時間と関係を含む場としての建物は、生命誌が求める街づくりの第一歩です。

隈さんも、「いろいろな場所を見て豊かな場所に居候する気持ちで、いかに居候するかを工夫するのが建築家だと思っている」という基本を語ってくださいました。「居候」という言葉が気に入りました。自然に対し、土地に対してよろしくお願いしますという気持ちが大事です。居候が上手な人って、豊かな人ではありませんか。本当は負担になっているはずなのに、何だか支えてあげるのが楽しくなるような人です。私たち人間が、自然からよい居候と思われるようにしようというのは、とてもよい生き方だと思います。

日本には「不足の中で美意識を磨き、小ささを選択することで豊かさが生まれるという空間の作り方がある」というもう一つの指摘も、まさに生命誌の求めるところです。小さな虫たちが、多様にさまざまな場所で暮らしているように、小さく美しくという選択を考えると楽しくなります。

そして藤森さんです。近代建築を観て歩き、様式や素材だけで語られてきたそれぞれの建築に込められているそれぞれの土地の自然や文化を感じとる建築史の研究からフィールドを広げ、信州という自然と歴史の豊かな故郷で建築を始めます。そこで、縄文時代から続く伝統を自分の体に一度入れてそこから建物をつくるという、信州・藤森さんがあってこその作品を生みだしています。日本には今に生かせる自然と歴史があるという幸せを見せてくれた作品と私には思えます。世界の他の場所でこれが可能ではないとは言いませんが、日本はさまざまな土地にさまざまな形で自然と歴史を伝えてきていることが明らかですので、二一世紀はこれを生かしていくことで世界に先駆けることができるはずです。

伊東さんはすばらしい生命誌の理解者であり、生きものの生きる姿を建築に生かすことに心を砕いていいてくださる方です。興味深いことに藤森さんと同じ信州のご出身で、やはり故郷を深く愛していらっしゃいます。お二人の作品はまったく違う、かけ離れたもののように見えますが、基本には自然・生きものへの強い親近感という共通性があると感じます。それがまったく異なる形で表れてくるところに、建築のおもしろさがあるのではないでしょうか。自然・人間・人工という位置づけで、人間が自然と人工をつなぐ役割を果たすことによって、人工が完全に自然離れしてしまわないようにする役割ができるのが建築ではないかと思います。

人間が自然を征服しようとせず、自然の中にあるものを生かして人間と自然とをつなぐ役割を果たす人工の世界をつくるのです。実はそこでは、生命誌が大事にしている「動詞で考える」という方法が生きてきます。家では、寝る、食べる、語り合うなどの行為が行なわれるのですから。こうなれば、家はまさに「生きものの巣」であり、生きる場です。伊東さんは、そのような場として、直角・直線ではない構造をつくりだすことに挑んでいらっしゃいます。生きものの巣に近い構造です。「コンピュータの力を借りれば短時間で複雑な、ときには成長する構造がつくれるようになったから挑戦しているけれど、自然に比べたらまだお粗末です」と語ってくださいました。なんだか興味深い展開がありそうです。

一律な高層ビルの世界から、その土地に合った巣のように居心地のよい美しい暮しの場へと移っていくこれからを想像しています。

建築については、**多木浩二さん**が、建築家のR・コールハースの「建築は全体であり現実でありそこにあるものであるのに、現代の哲学は全体、現実、そこにあるを否定している。もはや人は全体ではないという時代になっている」という言葉を紹介されていました（NHK ETV 一九九二年）。そのうえで「ドゥルーズが哲学は概念をつくりだす言語の世界であると言っているけれど、建築は空間をつくりだす言語の世界と言ってよいのであり、現代の哲学が建築の本来の姿を否定している状況は問題だ」と語られたのが印象的でした。

東京で生まれ、そこで育ってきた者として、街がいつしか私がそこにあることを喜びとする場からどんどん離れ、効率や喧噪しか感じられない状態になっていくことへの違和感も、生命誌を考えることになった原点となっています。

高校への通学に毎日利用していた都電は道の中央を走り、周囲を自動車が走っていました。いつの間にか自動車が軌道に入り込んでわが者顔で走り始め、ゆっくり走る都電を邪魔者扱いしていったのです。電車の中で、これは違うぞ、違うぞと思い続けていたことを今も覚えています。そして都電は消えました。このときの感覚が、半世紀以上経っての建築家との話し合いのなかで蘇ってきました。

今、多くの都市で路面電車の復活が考えられ始めています。街の風景としても美しいですし、乗客は窓から建物や、街を歩く人々の様子を楽しめます。季節によって街路樹が変化するのを眺めながら、その日の計画を立てた時もあったと、今なつかしく思い出します。

## 7　つねに美しさを――自然とのかかわりの中で

### 「いのち」が奏でる美しさ

対話の中で、分野に限らず重要な言葉として登場したのが、「美しく」です。建築家の方たちも、皆さん美しさの大切さを語られました。

生きものには基本構造があって、何でもありとはならないのですが、それでも驚くほどさまざまな試みをします。そしてそこにはそれぞれの美しさがある。ここで、生命誌の基本である「愛づる」が登場します。平安時代に京都に暮らしていた十三歳の少女が毛虫を掌にのせ、〃一目見るだけで汚いと判断してはダメだ〟とおとなたちを窘《たしな》めます。毛虫が懸命に生きる姿をていねいに見つめれば、その本質が見えて美しさがわかるというわけです。

その時に生まれる「愛づる」という感情は、フィロソフィー（哲学）という言葉の中にある知的な愛（フィリア）です。見かけに惑わされず本質を見ることから生まれる愛はすばらしい。今道友信先生が科学者に強く求めたのはこの愛であり、日本にはこのような形で自然の中に美しさを見出し、それを大切にする文化が古くからあるのです。ここでまた、M・マクルーハンが言ったという「視ることは殺すことである」という現代社会の目の使い方への疑問が思い出されます。

じっくり観ることによって愛する気持ちが生まれ、そこから自然への驚き、畏れが立ち上がる。これを生きる基本に置くのが生命誌であると再確認します。児童文学・絵本の編集をなさる**末盛千枝子さん**は美しい本しか作らない方であり、大好きなお仲間です。とくにまど・みちおさんの詩を上皇后美智子様が英訳なさった『THE ANIMALS（どうぶつたち）』（文藝春秋、二〇一二年）は、まず詩の言葉が清らかで、品のある美しさが胸をうつ本です。美智子様からお送りいただき大切にしています。

末盛さんは「人が何かをつくるのは〝私はこういうものを美しいと思います〟ということを

人に知ってもらいたくてつくるのではないかしら」とズバリ語られました。現代社会はこの気持ちを捨ててはいないでしょうか。安く大量につくることが大量廃棄につながっている、なんともおかしな社会です。思いを込めてつくり、それを大切に使う社会は美しいものになります。

これを考えるとき、いつも心の中にいてくださるのが、染色家で人間国宝の**志村ふくみさん**です。志村さんと初めてお目にかかって生命誌についてお話をしたとき、「科学と私の手仕事の世界はまったく違うと思っていましたけれど、同じものに向かってお互いに近づきつつあるという感じがしています」と言ってくださいました。そしてそれをつなげるものは「いのち」だと。

「生命誌はすべての人の中にある」と考えていますが、必ずしもすべての人がそれに気づいてくださるわけではありません。気づきの道をつくるのが私の役割なのですが、志村さんのように優れた方は何も申し上げなくてもわかってくださいますし、生命誌をさらに良質なものにしてくださるのです。このような方が一人でも多くいてくださるように。対話を続けるのはその確認であり、対話によってそこから新しいものが生みだされてくる過程を楽しむことでもあります。

志村さんのテーマは色であり、植物などのものと一体になっている色を糸や布に浸透させる瞬間に、「空や海のように透明で漂っている色がどこからか射してきます」という言葉から、その瞬間の美しさと志村さんの喜びとが感じられます。そして「色が出てくるときにパッと手を添えてお手伝いするのです」という言葉が本質を突いています。ここには畏れがあります。科学もこの意識が大事なのです。機械論での科学は、自然に対して強引です。

ゲーテ研究者の**石原あえかさん**が教えてくださいました。「ゲーテは『色彩論』でニュートンのプリズム実験を敵対視したと言われますが、彼は『暗室での実験』が気に入らなかったのです。ゲーテにとって色彩の研究は、自然光が降り注ぐ環境で行なわれる必要がありました」。人工的な暗室での光学実験は〝自然を拷問にかけている〟とゲーテは批判しました。ニュートンのプリズム実験は光学にとって重要であり、近代科学の始まりとなったものとして評価しなければなりませんが、自然への向き合い方としてゲーテの気持ちはよくわかります。今科学が気をつけなければならないのは、ここです。

さらに石原さんは、ノーベル物理学賞と化学賞のメダルに、自然の女神（Natura）の顔を隠すヴェールを科学の女神（Scientia）が持ち上げて、のぞいている図案が彫刻されていることに触れ、「ヴェールを脱いでほしいのなら、ていねいにお願いしなければいけないということでしょう」と説明されました。確かに、志村さんご自身が染めた糸でつくられたゲーテの「色彩環」には引き込まれるような美しさがあり、ニュートンが正しくゲーテが間違っている、と決めつける一面的な受け止め方をしていては、本質を見誤ると思います。

グラフィックデザイナーの**杉浦康平さん**も、生命誌をわかってくださる方です。「デザインや芸術では、形にいのちが付加されたとき、感動的なものが生まれ、安定を超えようとするとき、形が生命力をもつのです」と、ご自身の制作の基本を語られました。「日本の庭の跳び石が美しいのは、石を跳んで歩く人間のリズムが感じられるからです。書は、線を引き、点を打つ間に筆が空間をよぎっているのが見える」というお話は、生命誌と重なります。

杉浦さんが、生命誌は時間と空間の流れなのだから、そのプロセスとダイナミズム、つまり関係を全体として描き上げる図が必要だと指摘されました。本質を理解してくださっている言葉です。杉浦さんの頭の中には、色彩豊かな地図が描かれているのかもしれないと思いながら、これを考えるのが私の仕事だと自分に言い聞かせました。

## 自然の中で動いている存在としての私

自然とのかかわりの中で、生きることと美しさとを重ね合わせて考える伝統が日本文化の中に綿々と存在することは、対話の中でしばしば感じました。
思想史家の**渡辺浩さん**は、朱子学ではすべてのものにあるべきありようがあるとし、それを「理」と言うこと。個物に内在する「理」は多様で、万物すべての「理」は共通であるととらえてそのありようを「理一分殊《りいつぶんしゅ》」と言うことを教えてくださいました。生命誌での生きもののとらえ方と同じです。東洋での自然の見かたとして理解できます。さらに朱子学では、人の理も自然の理と同じであり、人の完璧なありようは「心の欲するところに従えども矩《のり》を越えず」であって、このような生き方をすれば合理的で美しいのだと言われました。
確かに、お茶のお点前は、最初はめんどうな決まりを守らされているように思いますが、しばらくすると一つひとつが合理的な動きであることがわかり、自然な美しさを感じるようになります。生きもの全体の中で生きることを考えることで、人間としてよく生きることができるということを示しているのでしょう。朱子学に続いて生まれた山水画には、必ず小さな人物が描かれ、それは作者でもあり画を見る人でもあるというのです。「自然の一部としてこの世界に入り、しばし憩いなさい」という誘いだという指摘にも教えられました。
その後対話をした美学の**佐々木丞平《じょうへい》さん**は、円山応挙の作品には四段階あると語ります。まず「美」、次は「虚」です。龍などいかにも実であるかのように「虚」を描く。三つ目は「気」

で雨や風。これらは実際には描かれません。四つ目が興味深く、絵画に描かれた空間と現実空間をつなぐ、つまり見ている人が絵の中に入っていけるようにするというのです。渡辺さんのお話の中の山水画と同じように、自然を客観的に見るのではなく、自分がその中にあるようにするというのは、西洋の風景画とは違います。つねに自然の中にある人間を意識する姿勢は生命誌につながります。

**今橋理子さん**、**田中優子さん**、**芳賀徹さん**などとの江戸時代についての対話でも、絵を動いているものとして見て時間の変化を感じるとか、実際にある物が古来歌にどのように詠まれてきたかを考えながら絵に描き、絵と言葉はつねに関わり合ってきたことなど、暮しのすべてが〝かかわり〟の中でとらえられる文化を感じました。生命科学からどうしても生命誌へと移行せずにはいられなかった背景には、日本列島の自然の中で生まれたさまざまな文化のありようが教えてくれる、「自然の中で動いている存在としての私」という感覚があることを確認しました。

とはいえ、それは決して日本だけのものではなく、どこにある自然にもその底には同じ力があるととらえることができるはずです。科学の世界観がそれを変えてしまったのだとすれば、今変化しつつある新しい科学によって、もう一度自然の中の人間を蘇らせることが重要です。生命誌は洋の東西を問うことのない普遍性をもつものなのです。

# 8　芸術家との語らいが生む豊かな心

## 芸術と生きものの重なりを見つめて

生命誌は、生きものたちがもっている歴史物語を聞きとり、それを語る役割をするのですが、それは言葉だけでなく音楽や絵画、演劇、ダンスなどさまざまな形で表現できます。それぞれの表現の特徴を生かして美しい表現を探していくことで、でき上がっていくのが生命誌という知なのです。

地球上にヒトという二足歩行をする生きものが誕生し、それが大きな脳、自由な手という独自の進化につながりました。さらに言語をもちいるようになり、ヒトだけに与えられたとされる想像力を駆使して創りあげてきた文化・文明をもつ存在つまり人間になったのですから、それにふさわしい知が不可欠です。これまで人間はさまざまな文化・文明をつくり、それを支える物語をもってきました。その中で、近代は科学技術と資本主義による進歩・拡大の物語を描きました。けれども、これははたして今後も続く物語なのだろうかと問わずにはいられません。人間という存在にふさわしい物語なのだろうか、と問いたいのです。

一番の問題は自然破壊です。この破壊は生態系だけでなく、人間自身が内にもっている自然に及びます。時間と関係の中での生きものとしての生き方がむずかしくなれば、人間が壊れます。もう物語の時代ではないという主張も聞かれます。けれども、「生きものとしての四〇億年の歴史」をふまえての物語である生命誌は、多くの方との話し合いで明らかになったように、科学が解明した事実に基づくとともに、従来人間を支えてきた物語とつながるのです。ここに新しい物語があるのですから、その表現を試み、世界観を呈示しなければなりません。

表現を意識しての対話のお相手の肩書きには、詩人、歌人、俳人、作家、造形作家、彫刻家、写真家、染織家、作曲家、指揮者、ヴァイオリニスト、美術家、陶芸家、グラフィックデザイナーなどさまざまなお仕事が並びます。生命科学ではこのようなことは起きません。話し合いがなされたとしても、「科学と音楽」というように二つの分野が並列されるだけです。近年、科学も日常を離れた学問であってはいけないという動きが出て、科学の成果を市民にわかりやすく伝える会を開き、そこに音楽演奏を入れるという試みはよくなされるようになりました。

しかし、そうではないのです。生命誌の研究を進めていき、生命誌というコンセプトの表現を求めて「生命誌絵巻」や「生命誌マンダラ」を描きました（「生命誌絵巻」は本書の巻末の見開き、「生命誌マンダラ」は本書の後ろの見開きにカラーで掲載しています）。科学の場合、説明としての図を求められますが、これらの絵は説明しようとして描いたのではなく、表現としか言いようがありません。『ピーターと狼 生命誌版』は、生命誌には時間が不可欠であることを絵巻よりさらに明確に示すために、時間の芸術である音楽で表現したのです。

先にあげた分野の方たちとの対話は、いずれも『生命誌と○○』という形にならなかったのはもちろんです。どの方との話し合いも生命誌を豊かな知にしてくれる刺激的なものであり、融合して新しいものを生みだしてくれました。

実は、生命科学から生命誌への移行を考えたきっかけの一つに、この「と」があります。自然と人間、科学と社会、人文科学と自然科学などなど。総合的に考えようとする試みにはつねにこの「と」があります。それがどうしても肌に合いませんでした。自然の中の人間であり、社会の中の科学です。学問はどれも自然とは何か、人間とは何かを問うているのであり、根っこは一つです。

**内藤礼さん**とは、二〇〇一年に直島にある彼女の作品『このことを』の前で会ったのが初めてです。和風の家を思わせる空間に一人入り、砂が敷かれた床に近い明かりとりから入る自然光の移り変わりの中で「ここにいること」を実感したあの時間は、今も私の体の中に残っています。内藤さんは「地上に存在していることは、それ自体祝福であるのか」という問いから出発します。そして世界の中で「人間として生きる係」を引き受けながら「私は生きていることを喜んでいます」「たくさん受け取っています」という思いを形にしていくのが芸術家の役割だと言います。ここで感じるのは「神様のような存在」であるというのが内藤さんですが、生命誌ではこれを「自然」と受け止めます。

このような生き方をすれば、生きる意味はおのずと見えてきます。近代社会では、大きな自然、多様な生きものの中で人間として生きる係ということを忘れて、人工社会での競争を重視し、その中で自分探しなどをするので、本当の自分が見えなくなりつらさを訴える人が増えるのです。一人ひとりが「私たち生きものの一つである私」として生きる係であることを意識していれば、自分探しなどせずに、豊かな芸術を生みだす人が次々と生まれる社会になるのではないでしょうか。そして、皆が美しさに満ちた日常を過ごせるのではないでしょうか。

**楽《らく》吉《きち》左《ざ》衛《え》門《もん》さん**との出会いも忘れられません。それは初代から十五代までの茶碗の並ぶ贅沢な展覧会場でした。四〇〇年続く楽茶碗を観ていると、一つひとつの茶碗にその時あることと同時に次への可能性が入っていることが見えてきます。「ここにあること」がつながりを生みだす、まさに生きものの世界がそこにあるのを感じ、人間にとっての文化の意味を目の当たりにしました。そこで、第一代長次郎の代表作『大黒』が、地球上に初めて生まれた生きものであるバクテリアに見えてきたのです。それをそのまま口にした失礼とも言えるわたしの言葉を、十五代楽吉右衛門さんは笑いながら「限りなく無に近く、それゆえに可能性の塊であるということですよね」とみごとに受け止めてくださいました。

そこから始まって十五代続くなかで表現されてきたさまざまな可能性を受け継いだ楽さんは、これまでにない挑戦をなさっています。東京藝術大学で学び、イタリアに渡って西洋の歴史に触れるなかで生じた悩みを越えて生まれた独自の作品は、まさにカンブリア爆発であり、芸術と生きものとの重なりが浮かびあがってきます。これらの作品を観ていると、生きものの物語のさまざまな表現が文化として続く姿が見え、生命誌はこれらを抱え込む豊かな知として存在し得ることを確信させてくれました。興味深いのは、どの作品の中にも時間と空間が包み込まれていることです。

時間と空間を絡めて意識することの重要性は、さまざまな形で出てきます。楽茶碗のように実際に時間を経過してきた多くの作品を通してそれが見えてくることもありますし、一つの作品でそれを感じることもあります。**舟越桂さん**と言えば、どこか遠くを見る眼をもち、優しさと同時にふしぎさをもつ独特の半身像が浮かびます。

その魅力は、首や胴の位置を微妙にずらしているところから生まれるのだと教えてくださいました。まっすぐ立つように見えながらずれがある状態は、そこに長い時間を入れられるのだと。そのような彫刻をつくる気持ちをパスカルの「空間によって宇宙は私を包み、思考によって私は宇宙を包む」という言葉が言い尽くしてくれていると語られました。人間とは何かと問うたときのパスカルの答えです。生命誌が思い描く時間と空間を、人間の半身像の中に込める芸術の力に圧倒される思いでした。

音楽について語り合った指揮者（**大友直人**）、作曲家（**藤枝守**）、ヴァイオリニスト（**森悠子**）、音楽評論家（**細川周平**）というさまざまな立場の方が、どなたも「自然の中で自然体であるところに音楽があり、それを楽しむことが喜びである」と語られたのが印象的でした。森悠子さんは、指揮者なしで一人ひとりが周囲の音を感じながら演奏する見事なアンサンブルを若者たちと楽しんでいる羨ましい友人です。この方法論には、生きものとして考えることがたくさん入っていると思い、よく話し合います。

近年、言葉の始まりは音楽にあるという説がかなり有力になってきています。赤ちゃんが言葉を覚えるときも、一つひとつの単語より先に、語り全体がもつリズムから入るということ、母親の歌う子守歌の人間関係にとっての重要性の発見などがその説を支えます。音楽はただ楽しむというところを越えて、人間が人間らしく生きることを支えるのです。それ故に、音楽家は自然という言葉をご自分のものとして語られるのでしょう。

経済性を第一とする社会が、芸術は不要不急の添えものであるように扱っているのがいかに愚かであるかということが、はっきり見えてきます。自然の中で生きる人間の生き方として多くの芸術家から学んだことは、そのまま生命誌の知の一部になりました。このように生きることのすばらしさをすべて取り入れた知を組み立てていく過程は刺激的で、研究館での活動は日々喜びそのものでしたし、これからもそれは続くことでしょう。

## 「言葉」をめぐる豊かな語らい

音楽を語っているなかで登場した「言葉」は、人間を特徴づける最も重要な要素であり、生命誌の大事なテーマです。DNAを構成する四つの塩基をATGCという文字で表し、ヒトゲノムをこの文字の配列で記していくと文章を書いているような気持ちになり、ここに〝生きものの本質を示す言葉〟が書き込まれているのではないかと思うことがしばしばです。ゲノムに書き込まれたことを基本に四〇億年生き続けるうちに、人間の脳のはたらきとして「言葉」が生まれてきたのです。

言葉と聞くとまずコミュニケーションを思い起こす方が多いと思いますが、鳥の鳴き声に代表されるコミュニケーションの道具は、他の生きものたちももっています。単細胞のときから、自分たちの仲間がどのくらいの密度で周囲にいるかを知る能力があることがわかっています。細胞同士で感知し合っているのであり、コミュニケーションがあると言ってよいでしょう。生きていることの基本にコミュニケーションがあることは忘れてはなりません。

ただ、私たちのもつ「言葉」は、人間独自の能力である想像力と相俟《あいま》って、コミュニケーションを越えて思考や創造を生みだす特別の役割をもっています。言葉が、どれだけ私たちの日常を豊かなものにしてくれるか計りしれません。直接言葉を用いて表現する文学では、詩人（**大岡信**）、歌人（**永田和宏**）、俳人（**長谷川櫂、黒田杏子**）、作家（**髙村薫、上橋菜穂子**）、劇作家（**遠藤琢郎**）などと語り合いました。その体験からは、ちょっとやそっとでは語りつくせない贈り物をいただきました。生命誌研究館のホームページにある記録を、ぜひお読みください。

一つだけ。髙村さんがちょうど『空海』（新潮社、二〇一五年）をお書きになっていたとき、「中村さんと空海が似ているのよ」と、とんでもないことをおっしゃったのを思い出します。まさにとんでもないことですが、空海の構想と生命誌が重なるとは私も感じています。八世紀に四国の山で感じとったものと、二一世紀に細胞やゲノムを解明しながら組み立てていく知とが重なるところがおもしろく、大事なテーマです。

言葉との関連では、語誌（**山口仲美**）、口承文芸・民話（**小澤俊夫、小野和子**）についての語り合いのときには、人間として生きることを支えている言葉の力を感じ、日本文化の中にある物語の伝統と生命誌が描こうとしている物語の重なりが見えて、興味深い展開ができそうだと感じました。

このようにさまざまな分野の方たちとの語り合いで、言葉という興味深いテーマを考え続けてきましたが、ここにはこれからも考え続けたいテーマがたくさんあります。ここで重要なことは、異分野の方のお話を伺っておもしろかったというのではなく、どれも生命誌を豊かにしてくれるものばかりだということです。芸術は世界観の表現そのものです。そこには生命誌の世界観と重なるところがたくさんあるのです。そのうえに、科学の世界で今明らかになりつつある事実のすべてを重ね合わせること、これが研究館の仕事です。

言葉の問題は今、脳科学で解明されつつあります。**茂木健一郎**、**中田力**、**酒井邦嘉**さんはいずれも独自の切り口で脳研究を進めており、季刊誌用の対話以外でも機会を見つけて語りを楽しみました。中田さんは、日本の古代史にも独自の視点をもつ楽しい仲間であり、言葉についてもよく語り合いましたが、若くして亡くなってしまったのが残念です。

酒井さんはとくにチョムスキー*の生成文法理論を、fMRI（磁気共鳴機能画像法）を用いた神経活動を見ることで証明することに挑戦しました。ブローカ野、ウェルニッケ野、角回、縁上回という三つの言語野の機能を解明し、文法処理が脳の機能として局在していることを示しました。初めての指摘で大きな成果です。人間の言語について脳のはたらきとして明確に示せることは、多様な生きものの歴史の中での人間を考えていく生命誌には重要です。酒井さんは乳児の言語獲得のプロセスの解明もされ、着実な成果をあげられていますので、話を伺うのを心待ちにしています。生成文法理論には多くの疑問が出されており、検討の余地がありますが、脳内で起きている現象の事実としての解明は重要であり、それを基本に置き、さまざまな説をも考え合わせながら、言葉とは何かを考えていきたいと思います。

＊Avram Noam Chomsky（一九二八―）アメリカの言語学者、政治哲学者。マサチューセッツ工科大学名誉教授。

茂木さんは、「クオリア」という意識における主観的な質感の解明に取り組まれている若い研究者と話し合いたい、と思って声をかけたときのことを思い出します。この感覚を意識の面からだけでなく、進化からも見ていこうとしているところに興味を抱いたのです。これはむずかしいテーマであり、答えはなかなか出ませんが、これからを楽しみにしています。

# 9　色とりどりの知恵の森へ

## 総合的な「知」を求めての語らい

対話によって得られたものはつねに私の中にあって、新しいものを生み、また次の対話を求めるという形で日々が過ぎていきます。知を創りあげるには、学問の成果や芸術として表現された具体が必要なことはもちろんですが、それが人を通し、対話を通してつながり合うことで一つの形になっていくことを実感する日々です。本当にすばらしい方たちがいてくださることのありがたさを感じ、楽しい日々を送るのが、研究館での生活でした。

狭い分野にとどまらず大きな袋を抱え、その中にさまざまな色の小さな袋を入れていて、時に応じて色の違う袋から知恵を出してくれる仲間（とよばせてもらいます）がいてくださいます。**松岡正剛さん、中沢新一さん、大橋力さん**は、そのような総合的な知を求めての活動をしている方たちであり、何かにつけて教えを乞うてきました。生命誌は生命科学を出発点にしているという特徴がありますので、アプローチの仕方はこれらの方たちと決して同じにはなりませんが、総合知を求めているところは同じなので関心が重なり、教えられるところが多いのです。

たとえば中沢さんは、話し合いをするときに、「今回は仏教という切り口で語り合ってみよう」というような提案をしてくれます。生命誌マンダラはもちろん絵巻にも仏教の表現と重なるところがあります。とはいえ、私は仏教をきちんと勉強しているわけではありませんので、このような形での話し合いから学ぶことはとても多いのです。実は、法然院の**梶田真章《しんしょう》管主**とは長いお付き合いがあります。法然院に飾っていただいている絵巻も、だいぶ古びてきました。対話のたびに出るのが「縁」という言葉です。偶然も含んでの「縁」が生きものの世界をつくっているということは、科学も明らかにしています。

中沢さんが提案していらっしゃる「対称性科学」は、人間だけを特別視せず生きものの一つとして見るというところで、仏教とも生命誌とも重なるものであり、これからの科学として重要です。生命誌は宗教と直接結びつくものではありませんが、宗教、とくに仏教の自然や人間の見方には、共感するところがたくさんあります。

もう一人、考え方を教えられてきたのが、大橋さんです。大橋さんは、南米やアフリカで熱帯雨林に適合した生活をしている人達の調査をし、そこに本来の生き方を見ます。そして、それと同じように、文字もお金も、階級も国家も、戦争も余暇の剥奪も、生態系の破壊もなかったのが、日本列島での縄文時代の暮しであると言います。確かにそうであり、ここに本来の生き方があり、これからの生き方があるのではないかという大橋さんの考えは、生命誌と重なります。最近は「利他」に注目して新しい世界観を創っていますが、この見方は生命誌での「私たちの中の私」と同じです。「私たち生きものの中の私」というところに私を位置づければ、おのずと利他は生まれますので。

松岡さんにはいつも見守っていただいているというのが当たっているでしょう。たとえば効率社会の問題点を語ると、すぐに、和泉式部らが「はかなし」、つまり「はかが行かなくてもよい、それが美しいのだ」という概念をつくったのだと教えてくれます。日本文化の中には学ぶことがたくさんあるので、教えられることばかりです。はかどることばかり考えずに行こうよ、「はかなし」という言葉を取り戻そうよという提案に納得です。

その他にも、**西垣通**さんの「基礎情報学」、**石弘之**さんの「世界中百カ国以上を歩いて得た環境への視点」、**佐々木正人**さんの認知心理学の「アフォーダンス」、**関野吉晴**さんの「ホモ・サピエンスが歩いた道を実際に歩くことにより実感する人類史」、**岩田誠**さんの「医師の眼で人間を見ることによって見えてくる人類史や人間の一生への視点」、**土井善晴**さんの「食材に手を触れるのは自然と触れ合うことであり、そこから料理法が浮かぶ」という話など、どれも必ず発見につながります。皆様を楽しい生命誌仲間と勝手に位置づけています。

## 生きものの知恵と人間の知識や知恵をフルに生かした文明へ

実験研究から見えてくる生きものたちの姿をよく観て、新しく見えてきた生きものの姿の本質をどう表現するかを考えるという研究館のメンバーの活動をコアに、ここであげた例を中心にしたさまざまな方との対話によって「生命誌という総合知」は着実に形成されてきました。それは「生命誌的世界観」を生みだしました（次頁の図を参照）。

この図のポイントは、中央にいるお母さんと坊やです。現代社会に暮らす二人を映す鏡は、二人がヒトという生きものであることを見せます。隣には近いお仲間であるお猿さんがいます。

生命誌の世界観

この図、ホームページでカラー版をぜひごらんください。

チンパンジーとヒトではゲノムが数％しか違いません。そこに至るほぼ四〇億年という長い過程をもつ生きものたちのつくる生態系がそこにはあります。私たちは、左側の世界の一員であるヒトであり、右側の社会をつくった人間でもあるのです。私たちのこれからは、この二重性をいかに生かすかというところにかかっています。具体的には、左側に詰まっている生きもの世界の知恵と人間の歴史の中にある知識や知恵の両方をフルに生かした文明をつくっていくことです。『季刊 生命誌』での対談記録は、生命誌研究館のホームページで是非ご覧ください。まさにこれからを考えるための知識と知恵が詰まっています。

# エピローグ――私が今いるところ、そしてこれから

## 今いるところ――生命誌的世界観の中で

ＤＮＡに出合い、渡辺格先生、江上不二夫先生という新しい知をみごとにご自身のものになさり、それを伝えてくださる大きな存在に出会うところから始まった旅が、今ここまで来ました。その間にどれだけ多くの方々とお会いし、どれだけ多くの知恵をいただいたことか。ここにはすべては書ききれませんでしたが、それでも書き記した一端から〝今、知が動いている〟ことは感じとっていただけたと思います。

機械論的世界観と生命誌的世界観

| 機械論的世界観 | 生命誌的世界観 |
| --- | --- |
| 17 世紀 | 21 世紀 |
| 自然のモデル化<br>外から征服・管理 | 自然そのもの<br>内部で活用 |
| 科学の誕生（理性） | 科学から誌へ（理性＋体得） |
| 構造・機能 | 時間・関係 |
| 進歩（一律） | 進化（多様） |
| 究める | 物語る・描く |

「生命誌研究館」という言葉が頭に浮かんだ三〇年ほど前にはぼんやりとしか見えていなかったものが、今一つの形になりました。今度は、形になったものをふまえてその知をさらに深め、総合化することが必要です。二〇二〇年三月に組織の役目を離れましたので、これからはより歩きやすい靴にはきかえて新しい旅に出かけようと、ときめいています。どんな旅になるか。最後にそれを考えます。

すでに何度も書いたことですが、簡単に現状をまとめます。人々が生きていくにはそれを支える物語、別の言葉で言うなら「世界観」が不可欠です。それは一人ひとりの中で描きだすものですが、大きく時代のもつ物語があり、私たちはその中で生きることになります。それを大雑把にまとめるなら上の表のようになります。神話や説話を語っていた生命論の時代、人間は自然と一体化し、アニミズムの世界にいました。「生命論的世界観」です。

その後、理性により哲学・宗教・科学が生まれ、現代は科学を基本に置く「機械論的世界観」の時代です。そして今、生命誌によって「生命誌絵巻」「新生命誌絵巻」「生命誌マンダラ」に描かれた新しい生命の物語が生まれました。これは理性の産物である科学をふまえながら機械論ではない新しい生命論に基づいた物語、つまり「生命誌的世界観」です（三〇六頁を参照）。

生命科学研究の成果や、さまざまな分野との共通点を探りだす対話などから生まれたこの世界観は、生命のストラテジーの基本である「矛盾に満ちたダイナミズム」に支えられています。まず一人ひとりが「生命誌絵巻」の中にいるという事実から出発することで、矛盾に満ちた生きもの特有の感覚を素直に受け入れ、そのうえで事を進める社会ができるでしょう。

## そしてこれから——人間についての総合知を求めて

生命誌は多様な生きものの四〇億年ほどの歴史と関係を知り、それに基づく世界観のもとで生きものとしての生き方を探ってきました。主観的信念ではなく、科学が実証した客観的事実が基本になっていますから、共有できる世界観になっていると言えます。科学（自然科学だけでなく人文・社会科学も含めて）の研究が進めば新しいデータが出され、そこから新しい考え方が生まれますので、それを取り入れて考えを深めていくことになるでしょうが、「私たち生きものの中の私」としての世界観の枠はできました。

ところで生命誌は、長い歴史をもつ生きものたちについて考えてきましたが、生きものは地球の上に暮らし、地球は宇宙の中にあります。つまり宇宙誌、地球誌があっての生きものなのです。つまり、生命誌は、宇宙誌・地球誌の中で考えなければなりません。一方、私は生きものの中での人間なのですから、人間について考えなければなりません。考えなければならないというより、人間はとくに興味深くどうしても考えたくなる存在です。近年、人類史の研究が急速に進んでいますので、研究の現状をふまえて「生命誌」の中の「人間（サピエンス）誌」を描くことで、私たちの生き方を一人ひとりが考える基盤にできるでしょう。

『季刊生命誌一〇〇号』には、「わたしの今いるところ、そしてこれから」というポップアップ年表を付けました（次頁の図参照）。

**宇宙**「わたしは今、ここにいる。一三八億年前から続く時間と空間の中に」。

**地球**「わたしは今、息をしている。四六億年前の大気と元素を交換しながら」。

**生命**「わたしは両親から生まれてきた。三八億年前の細胞のＤＮＡを受け継いで」。

ポップアップ年表「わたしの今いるところ、そしてこれから」

「ポップアップ」していただかないと、この図だけでは伝わらないと思います。館内のグッズ売り場で販売しているほか、年刊号『わたしの今いるところ、そしてこれから』にも附録として付けています。ぜひ手にとってください。

**人間**「わたしは今、想像している。二〇万年語っても、語りつくせない言葉で」。

今は、このような「わたし（私）」を考えることに集中しています。とくに人間（サピエンス）誌を考えることで現代社会の問題点を浮かびあがらせ、生命誌の視点から考え直すべきところが明確に見えるようにしたいと思っています。その基本として図をつくりました（次頁参照）。これまでは生きもの全般を対象にしてきましたので、人間に集中できませんでしたが、大事なのはやはり「人間とは何か」を明確にして、生き方を考えることです。

生命誌としては現代が科学技術時代で

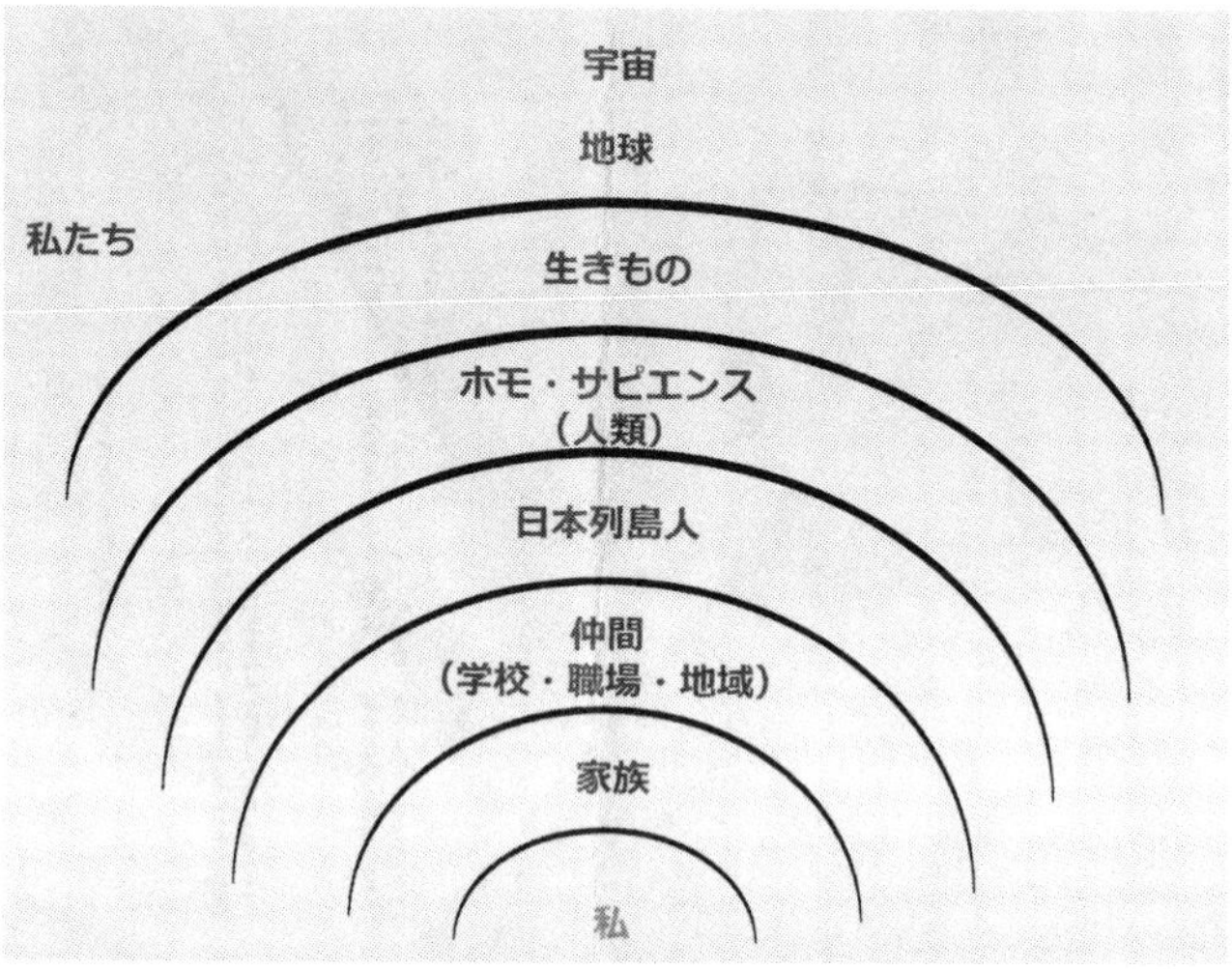


「私たちの中の私」

あり、世界観もそれに基づいたものになっているという点に注目していますので、ヒト（ホモサピエンス）としての歴史が科学技術時代へ向けてどのように進んできたかというところに注目して見ていきます。

このテーマはまさに今、そしてこれから考えることですので、詳細はこれからですが、大きな流れとしては、次の五つの時代に分けて考えていきます。

### 1　アフリカで誕生（二〇万年前〜一〇万年前）

現存の七八億人を超える人々はすべてアフリカで誕生した祖先とつながっており、人類は一種、つまり生きものとしては同じであるという事実をすべての人が頭の中に入れて、日常の行為の判断基準にしてほしいのです。この事実をふまえるなら、戦争などあり得ないという答えが出るでしょう。科学技術で武器を開発するという発想も出てこないはずです。

ここで、恐竜が専門の古生物学者の**小林快次さん**、人類学者**諏訪元さん**との語り合いを思い出します。恐竜が滅びなければ人間は登場しなかっただろうということで、恐竜は絶滅した過去の生きものとして扱われてきました。ところが近年、鳥が恐竜の子孫という事実が明らかになり、進化史の中での恐竜に関する研究が進んでいます。恐竜の巣とそこでの抱卵、足跡から見えてくる親子関係など、生きものとしての恐竜が見えてきています。

このような目で第五回目の絶滅期に消えた恐竜を研究している小林さんは、今は第六絶滅期の真っ最中と断言します。自然界の中での絶滅はあり得ることですが、小林さんの言葉には「その絶滅には私たちの生き方が関わってますよ」という意味が込められており、ここはまさに世界観を考えなければなりません。

諏訪さんは人類の祖先として大事な鍵の位置にいるラミダス猿人（エチオピアで発見された最古の化石人類）の発見に直接関わった方で、その歯を発見したときの話が印象的でした。広い砂漠で小さな歯を見つけるには……もちろん集中力の持続が不可欠ですが、「歯を見つけようと思って歩いているときは、もし象の化石があっても見落とすかもしれない、いやきっと見落とすでしょう。そのときは小さな物を見る目なのです。」見るとはこういうことなのだと納得しました。

見出した歯をもとにヒトという存在を考えていくわけですから、そこでは広い視野が必要です。一点への集中と広い視野の組み合わせで新しい発見をしていく様子が、浮かびあがってきました。ラミダスは、その後全身骨も見つかっています。発見場所が森とサバンナのモザイク状になったところだというのが興味深いところです。

実はラミダスの詳細な分析の結果、「樹上生活をしながら二足歩行をしていた」という結論が出されました。二足歩行は人間の特徴を生みだした原点とされますので、それがいつ、どのように始まったのか、どのような行為と結びついているのかは一番知りたいことと言ってもよいでしょう。明確な答えが出ているわけではありませんが、この分野は今、急速に展開しています。答えが出るのを期待しています。

なぜ立ち上がったのかについては、多くの研究が、ヒトがぜい弱であったがゆえに助け合い、共感力の強い存在として生きることになったことと二足歩行を結びつける考えを出しているのが興味深いことです。遠いところまで食べ物を取りに行かなければならなくなったとき、それを家族のところまで運ぼうとして立ち上がったのだという話を聞くとほのぼのします。

## 2　世界に拡散（言語・芸術の始まり）（一〇万年前〜一万年前）

ヒトという種の特徴は、世界中に拡散したことです。その土地に合わせた狩猟採集生活の中で、言語が生まれ、芸術が生まれる様子が各地で発見されています。

文化人類学の**川田順造さん**、**印東《いんとう》道子さん**のアフリカやオセアニアの話は、はるかに新しい時代のことですが、言語や土器などを介してサピエンスの本質が見えてきます。これらは、人類の歴史を通して本質を語るということなのでしょう。川田さんは、先生であるレヴィ・ストロースの「人間の活動は自然を巧みに利用するブリコラージュ（寄せ集めて作る、つぎはぎ細工）である」という言葉を大切にしていらっしゃいます。生命誌を見ていると、生きものそのものがまさにブリコラージュで成り立っていることが見えてきますので、そのようなとらえ方は本質をついていると思います。

精神内科医の**岩田誠さん**には、『ホモピクトルムジカーリス——アートの進化史』（中山書店、二〇一七年）という著書があります。絵を描き、音楽を楽しむのはサピエンスの本性であることを、子どもたちの表現の展開を追いながら考えていく過程はとても興味深く、進化と個体の一生を重ね合わせて考えることは生命誌の基本だと改めて感じました。ホモサピエンスが人間として確立していくこの時代には、まさに「人間とは何だろう」という本質を考えさせる事柄がつまっています。

### 3　農耕・牧畜（農耕文明の始まり）（一万年前〜）

いよいよ人間らしさそのものが見える自然との向き合い方が始まり、これが現代につながります。生命誌として農耕のもつ意味を的確にとらえ、評価する作業が必要です。従来の歴史では、農耕文明への移行は、人間が自然を支配する生き方の始まりとして高く評価されてきました。ところが近年よく読まれているJ・ダイヤモンドの『銃・病原菌・鉄』（上・下、草思社文庫、二〇一二年）やY・N・ハラリ著『サピエンス全史』（上・下、河出書房新社、二〇一六年）などの人類史が、農耕の始まりを「人類の歴史上最大の詐欺」と位置づけているのです。

自然とのかかわりを操作や支配と考える世界観の下で進められた農業は、レイチェル・カーソンが『沈黙の春』で示した姿になってきたわけです。生命誌としても、この見直しはしなければなりません。カーソンは「べつの道」を探さなければならないという大事な方向を示しましたが、一九六〇年代当時はまだ生命科学研究が始まったばかりでした。ですから、生きものに関する知識をもとに新しい道を探すことはむずかしいという現実と生命科学への大きな期待とが重なり合い、明確な方向は出せていません。そこですばらしい視点が出されはしましたが、社会が変わることはありませんでした。今なら方向が出せるはずだと思っています。実現がむずかしいのは今も同じですが、可能性はあるはずですし、事態はより深刻になっているのですから、別の道を探さなければならないでしょう。

生命誌のこれからの一つとして、生きることの基本にある食べることに注目して、農業、健康、料理、食の楽しみなどから生き方を考えるというテーマがあります。農業は自然とのかかわり、経済などへも展開しますし、このテーマはまさに総合知を必要とします。これが別の道につながる可能性を考えたいと思います。

## 4　学問の始まり（二五〇〇年前～）

### その中での科学の始まり（三〇〇年前～）

この部分は、これまでの三〇年間の生命誌研究館の活動で考えてきたところであり、それをふまえて「生命誌的世界観」を創ってきました。

二〇万年という人類の歴史の中にそれを位置づける作業が、これからの仕事です。農耕に始まる現代社会の見直しをしていくには、人文知のあり方を追い、最終的には科学という知の見直しをする必要があります。一万年前に農耕を始めたときは、生命誌が読み解いてきた生きものの物語についての知識はありません。もちろん古代の人、日本であれば縄文時代の人々は、生きものを身近に感じながら暮らしており、日常生活に必要な生きものについての知識は現代人よりはるかに豊富であり、生きものとの接し方にも長けていたでしょう。

しかし、すべての生きものがＤＮＡ（ゲノム）を共有し、四〇億年の歴史でつながっているという知識は二〇世紀後半になって手にし始め、二一世紀の今、まとまった形で生かせるようになったものです。歴史上の農耕は貯蔵が可能な穀物主体で、数少ない栽培種に頼る姿になりました。しかも近代になると、各土地の特殊性を生かすというより技術を活用した一律化が進みます。詳述はしませんが、その結果、権力と富は集中の方向に進む社会となり、現在にいたっています。

権力と富の集中を避ける分散型社会、各地の特性を生かした多様な社会への転換を求める声が出始めています。それを支えるのは生命誌という知であり、人々が「生命誌的世界観」をもつことであるという意識で、農耕の見直しに始まり、生きものとしての人間が暮らしやすい社会の構築を考えること。これが生命誌のこれからであり、私のこれからです。

## 5　現在——日々の暮らしの中で

四〇億年の生きものの歴史があってこそ誕生したヒトという生きものは、言葉をもつことによって自らをホモ・サピエンスと名づけ、その二〇万年の歴史を語ることのできる存在となりました。そして今「生命誌」という知は、四〇億年の中に、二〇万年を位置づけ、その二〇万年の中で今を生きる自分を考えることを求めています。それはサピエンスとは何か、本当の賢さとは何かを考えることです。

さまざまな分野で豊かな知を生みだしている人々とともに、生きものについて、人間について考え続けること。これしかありません。「私たち生きものの中のわたし」という視点をすべての人がもてば、それだけで社会は変わると私は信じています。すべての人が生命誌的世界観をもち、自らの生きる道、社会のありようを考える社会になっていくでしょう。地球には国境などどこにもないと宇宙飛行士は言います。ましてや宇宙にもそこにある天体にも境界などあるはずがありません。けれども、残念なことに現代社会はあらゆるところで競争をし境界を作って、それを挟んで憎しみの言葉を放ち合っています。

日常の中でじっくり考える。わからないことや納得できないことがあっても、それに向き合い続ける。詩人のJ・キーツが「ネガティブ・ケイパビリティ」という言葉で「わからないことに耐える力」の大切さを語っていることを知りました。科学は、新しいことを知るとその先にまたわからないことが見えてくること、それを楽しむのが知の喜びであることを私たちに教えてくれました。この気持ちを大切に、これまでの生命誌研究館の成果をもとに「私たち生きものの中のわたし」という意識で、「生命誌的世界観」に基づく社会をつくることに少しでも関わり合っていきたいと思っています。

# あとがき

人間として納得のいく生き方をしたい。毎日を充実した気持ちで楽しく生きたい。個人としてそのように思うと同時に、社会が納得のいく形になっていて欲しい、周囲の人々が皆思いきり生きていると実感できる状態であって欲しいと思いながら、暮らしてきました。最近では日々世界中の情報を耳にするようになりましたから、世界中の人が幸せに生きられる社会であって欲しいと思わずにはいられず、悩むことの多い日々です。

生命誌研究館を始めた二十世紀の終わりには、生きものの研究が役立って暮らしやすい社会につながるのではないかという期待がありました。生命誌はそのような中で誕生したのでした。

地球環境問題、南北格差による貧困など、問題はたくさんありましたが、求めているのは、お互いを尊重し、助け合い、皆が幸せに生きる社会であると感じることはできていたように思います。

ところが二十一世紀になった今、明らかに社会のリーダーの質が落ち、よりよい生き方を求めているとは思えない状況になっています。原因は明らかに、金融資本主義による金権体質と、新自由主義による過剰で無意味な競争によって生みだされた覇権体質です。

生命誌が基本に置く「生きることの大切さ」など無視されています。どこか間違った道を歩いているとしか思えません。そのような社会だからこそ、ふつうに暮らしている人々の中では、生命誌への関心が以前より高まっていると感じます。日常を大切にしようという気持ちを感じます。

新型コロナウイルスによるパンデミック、異常気象など課題の多い中で、現在の社会の歪みを象徴するように、ロシアのウクライナ侵攻に始まる戦争が起きました。ロシアとウクライナという場所での戦闘に限らず、世界中が戦いの姿勢になっています。人類としてはみんなで、次の世代に暮らしやすい地球を渡す役割があるはずですのに、こんなことをしていてよいのでしょうか。

本文で書きましたように、地球上に暮らす八〇億人の人間（ホモ・サピエンス）はすべて、二〇万年ほど前にアフリカで誕生した祖先から続いてきた、ほとんどの遺伝子を共有している存在です。しかも今やお互いに日々情報を交換し合うことも、対面で話し合うこともできる状況にあるのです。それなのに、ともに生きようとはしない人々が社会を動かしているのはなぜでしょう。多くの人は、戦いなど望んでいないことは明らかですのに。

だからこそ、生きものであることを基本に置く生命誌は、納得のいく生き方を求めているふつうの人々とともに、日々を充実させる道を探らなければなりません。

生命誌研究館というどこにもない場で、多くの方のお力をいただきながら新しい知を創出していく楽しさを心ゆくまで味わいました。これほど幸せな生活を送れたことへの感謝をどのように表現してよいかわからないほどです。これからの生命誌研究館がさらに豊かな知の場になることを願っております。私もこの体験を活かしていきたいという強い思いが湧いてきます。コレクション最後の巻を終えるにあたっての気持ちです。

最後に、このような形で生命誌をまとめて語るコレクションを企画してくださった藤原良雄社長と編集作業をしてくださった山﨑優子さんに心からのお礼を申し上げます。また山﨑さんと協力して具体的な作業をしてくださった柏原怜子さん、柏原瑞可さん、甲野郁代さんにもお礼を申し上げます。皆さま、単なる編集を越えてともに生命誌を考えてくださったことが、大きな力になりました。本当にありがとうございました。

二〇二三年一月

中村桂子

# 解説対談――生命誌研究館と私たち

JT生命誌研究館館長　**永田和宏**

JT生命誌研究館名誉館長　**中村桂子**

司会　藤原良雄（編集長）

## 音楽のように科学を表現する

――中村桂子先生が創られ、三〇年近く活動し、運営してこられた「生命誌研究館」は、二〇二〇年、館長を永田和宏先生にバトンタッチされました。永田先生は著名な歌人で、そして細胞生物学者です。つまり、科学者で表現者でもあります。サイエンス、自然科学を、その研究を深めるだけではなく、どう表現するのかが大切だということを、〝生命誌研究館〟として中村先生が展開してこられ、今も考え続けておられます。研究とアート、表現の一体化ですね。永田先生も、短歌という表現を、ずっと追求してこられた方です。そういう方に、〝科学のコンサートホール〟でもある生命誌研究館が引き継がれたのは、すばらしいと思います。

中村先生によると、この生命誌研究館は未完なのだそうです。〝生きる〟ことについて、わからないことがまだいっぱいある。永田先生は、引き継がれて、今はどのように感じておられますか？

**永田**　生命誌研究館は、非常に特徴のある研究館です。もちろん、できた時から、よく知っていましたし、岡田節人《ときんど》さんが初代館長を務めていられたので注目していました。実は岡田節人さんは、僕の京都大学の博士論文の学位審査の主査なんです。

僕は、湯川秀樹先生への憧れもあり、物理から出発したんですが、落ちこぼれで、もうサイエンスはやめようと、企業の研究所に就職しました。ところが、そこで初めて実験のおもしろさに目覚めて、京大に戻ってドクターを取ったという論文博士です。その時の学位審査の主査が岡田節人さんでした。

恩師の市川康夫先生（当時の京大胸部研）が岡田さんと懇意でしたので、飲み会にも誘われては、岡田研究室の江口吾朗さん（発生生物学）や竹市雅俊さん（発生生物学、細胞生物学）、今研究館顧問の近藤寿人さん（分子生物学、発生生物学）などと交流しました。中村先生と岡田先生が、すばらしいコンビでやってこられたと思います。僕が「中村桂子」という名前を知った最初は、B・アルバーツ他の『Molecular Biology of THE CELL（細胞の分子生物学）』の翻訳者としてではないかと思いますけれども（初版は一九八五年）。

**中村**　研究館を構想していた頃、その基盤になる分子生物学がＤＮＡから細胞へと移っていました。まさに生きものに近づいていたわけで、大事なことです。その新しい学問をみごとにまとめた教科書が出た。これは日本の若い研究者に知らせるべきことと思って翻訳し、出版社にも無理を頼んで出しました。当時の日本ではできない、圧倒される内容でしたから。生命誌の学問的基盤となりました。

**永田** 岡田先生は、特に発生生物学で目覚ましい仕事をされ、すばらしいお弟子さんを育てられました。岡田先生が、今のサイエンスに飽き足らないというか、これだけではだめだ、と生命誌研究館を始められた、その意図は十分、感じていました。サイエンスを、閉じた枠内だけの財産にしないで、それをいかに社会と共有して文化にしていけるか、ということが大事なコンセプトだったと思っています。「生命誌」と生命誌研究館は、その先鞭をつけたと捉えています。以前、中村先生もおられた三菱化成生命科学研究所もその性格がありましたけれど、少し違いましたね。

――中村先生は、「最初に〈生命誌〉ではなく、〈生命誌研究館〉という六文字が浮かんだ」とおっしゃいます。つまり、研究所ではなく、「研究館」ということです。科学の研究にとどまらず、それを表現する場でもあるという、これが、中村先生のおもしろさとユニークさですね。

**中村** 「研究館」は、世の中にどこにもありませんから。生きているということを考える開かれた場として「研究館」が思い浮かび、創る努力をしましたけれど、自分が館長になるとは考えませんでした。DNAから細胞へ、そして個体の発生へとつながる生物研究を踏まえ、文化としての知を創り発信していくことを考えたら、岡田先生しかいらっしゃいません。でも、岡田先生は当時、岡崎国立共同研究機構の機構長でいらしたので——。

**永田**　そうでしたね。

**中村**　海のものとも山のものともわからない所に来て下さるとは、普通は考えられないでしょう。とんでもない申し出ですが、私の中にはもう岡田先生しかない。そうなると周りが見えなくなるところがあって、失礼にもお電話でお願いしました。そうしたら、即、オーケーしてくださったんです。

国の組織のトップにおられた方が、研究館に来て下さった。岡田先生は、今の国の研究のあり方には、心の奥底で疑問をお持ちだったのだと思います。国としての研究をよくしようと責任をもって考えておられたと思います。学問としての能力、人間としての能力、両方でリーダーになれる方だから、それはやらなければいけないし、やれるというお気持ちがある。と同時に、心の中に本当になさりたいことがおありになったのだと思うのです。

**永田**　この本の中でもいい場面ですよ、岡田先生がお電話で即決したというのは。

**中村**　それで実際に動いてみたらだめだったというのでは困りますが、お弟子さんたちが「研究館での岡田先生は生き生きしているし、楽しそう」と言ってくださいました。ほっとしました。

そして今、「この先、どうするのかと思っていたら、よい方がいらしたわね」と、友だちに言われるのです。岡田先生のすばらしいリーダーシップで基盤ができたところで、私が館長となり、好き勝手にやっているのを、外からは「こんなことをやる人が他にいるだろうか」と見ていたんでしょうね。科学の外の人たちも「なるほど」と思ってくださったようです。

**永田** それは岡田先生のことですか？

**中村** いえいえ、永田先生ですよ。最初は岡田先生、そして今度は永田先生。両方とも、みなさんからよい方と言われ、ありがたいことです。

**永田** そうですか、それはうれしい、ありがとうございます。光栄です。

**中村** ご本人の前で言うのは失礼ですが、「いい方をよく見つけたわね」って。結局、人間だと思うんですね。構想と人とが重なり合わないと事は動きません。そういう意味で、生命誌研究館は幸せです。外から見て何がやりたいかということが見える形で、人がつながるのは幸運です。こうして〝生命誌研究館とは何か〟が見えてくるわけです。ちょっと偉そうに言えば、生命誌研究館という構想が人を呼び込み、その人で生命誌研究館ができ上がっていく――それが、何か具体的に見えているのかなという気がします。

**永田** そこで意味があるのが、「ホール」、「館」ということです。これがやはり特徴的なことだと思います。僕は以前から、生命誌研究館のコンセプトは、科学をコンサートを楽しむように楽しむ、そういう場だという考え方だと知って、これはすばらしいと思ったんですよ。岡田先生が音楽をお好きだということは知っていましたし、中村先生もそうだし、そこから来ているコン

セプトだと思いました。サイエンスを勉強する場ではなくて、音楽を聞くように楽しむ場という
この考え方は、初めてのことで、世界的にも珍しいと思います。

――経済学者の内田義彦（一九一三―八九）は「学問と芸術」、そして鶴見和子さん（一九一八―二〇〇六）は「学問と道楽」とおっしゃいます。そして私の尊敬する後藤新平（一八五七―一九二九）は「学俗接近」ということを言っています。

**中村**　サイエンスでは、わざわざ「学と俗」と言わなければならない。でも音楽では、ことさらに言いませんね。音楽の専門家である――作曲家と、コンサートホールに聴きに行く人たちとはつながっているのが当たり前なんですから。ベートーベンがすばらしい曲を作っても、楽譜が置いてあるだけでは何の意味もありません。演奏してはじめてみんなのものになる。

聞き手は、子どもでも、大人でも、女の人でも男の人でも、知識など関係ありません。音楽を聞きたいと思う人、楽しそうだな、覗いてみるかと思う人があったら、どなたでもいらっしゃい、というのが音楽ですよね。

なぜかサイエンスになると、「学と俗」となる。そこが気に入らないのです。音楽はいいな、と。科学もホールで表現しよう、演奏しようと思ったんです。研究所と言うと、門を閉じて、専門家でない人は入ってはいけません、ということになるけれど、ホールなら、来たい人はどなたでもどうぞ、となる。だからホール、「館」という言葉には、思いを込めました。

**永田**　大隅良典さん（分子生物学、細胞生物学）がノーベル賞を取られた時に、「サイエンスを文化に」と言われました。サイエンスを文化として楽しんでほしい、と。すばらしいことを言われたとあちこちで言われましたが、「サイエンスは文化である」と言われたのは、実は中村先生の方が早かったんですね。

**中村**　確かに、生命誌研究館を創るときに（一九九三年）そう思っていましたし、発言もしています。

**永田**　そうですよね。大隅さんは古い友人で、彼がこんないいことを言っているとあちこちで言っていたんですけれど、中村先生の方が先だった。ちょっとびっくりしました。

**中村**　科学は文化だというのは事実なのですから、みんなが言えばいいのですよ。だれが先でもいいんです（笑）。

——科学と表現ということでは、お二人にもご縁のあった、免疫学者の多田富雄先生を思い出します。『免疫の意味論』を書かれ、そして新作能の作者でもありました。「一石仙人」という、アインシュタインのことをお能にされましたね。多田先生は晩年、「サイエンス」と——

**中村**　「人文知」を一緒にするとおっしゃって、新しい会（ＩＮＳＬＡ）をお創りになりました。私の気持ちとしては、既存の学問の総合でなく、多田先生の生命への理解を基に文化・芸術としての表現・発信をしてくださることに大きな意味があると思っていました。

## 今こそ生命誌を「役に立てたい」

**永田**　日本の近代は、サイエンスをいかに役に立てようか、ということを追求してきました。国の役に立ち、みんなの役に立つ、そういうものをサイエンスだと思ってきたんです。

**中村**　富国強兵と産業振興と、科学がつながっていましたからね。

**永田**　みんなが自分の興味で音楽を楽しむように、サイエンスを楽しむということがありませんでした。そうではなくて、スポーツを楽しみ、喜ぶのと同じように、新しい発見があったことを喜んでほしいのです。たとえば桐生祥秀が一〇〇メートルを九秒九八で走ったことが、新聞の一面に載る。何の役に立つのかといったら、だれの役にも立たない。一〇秒を〇・〇二秒切っても、何の役にも立たないけれど、新聞の一面になって、みんなが喜ぶ。それがスポーツ、文化というものです。僕は生命誌研究館を受け継いで、ぜひこのことを伝えて、大きなものにしていきたいと思っています。

僕は湯川秀樹さんの最後の講義にぎりぎり間に合って、一年間、湯川さんの「物理学通論」という講義を受けていました。湯川さん以降、「通論」を講じられる先生が居なくなったとも言われます。学問は必然的に細分化していくものですが、一人の人間の世界観で一つの世界が語れなくなっているのは、さびしいことではありますね。

その湯川さんが言ったことで、一つだけ覚えているのは、

「今役に立つことは、三〇年たったら何の役にも立たへんで」。

三〇年後に役に立つことを今やろうと思っても、だれにもわからない。でも、今役に立つことをやっていても、三〇年後には何の役にも立たない。

本来、サイエンスや学問とはそんなもので、みんなが自分の興味で、本当におもしろいと思ってやっていることを、百やって、その中で一つでも何十年後かに役に立てばそれでいい、と思わないとだめなんです。日本の近代を見てくると、いかに効率的に、役に立つものにしたらいいかということが、国策としてずっと採られてきました。それがより激しくなっているというのが現代です。

**中村** おっしゃること一〇〇%同意します。今の「役に立つ」は産業振興一辺倒、そういう「役に立つ」は科学に求められるほんの一部です。ウクライナでの戦争が始まり、富国だけでなく強兵の方向もありそうで、気をつけなければなりません。

その上で私は、今こそ生命誌が役に立たなければいけない、と思っているのです。今の社会は、その基本に、〝人間は生きもの〟という感覚がありません。そこが一番問題です。〝人間は生きものだ〟ということを知らない人はいません。けれども、ゲノムを調べることに始まり、生命現象を理解し、事実として確認し、その意味を明確にできたのは、最近の生物学です。これはとても

重要なことです。

カントは「殺したり殺されたりするための用に人をあてるのは、人間を単なる機械あるいは道具として他人（国家）の手にゆだねることであって、人格にもとづく人間性の権利と一致しない」（『永遠平和のために』）と言っています。〝人間は生きものだ〟という事実を基本に動く社会にしないと、暮らしやすい社会にならないと思います。そうした社会になってほしいと、今、強く思っているんです。その意味で、生命誌が役に立たないと意味がない、と思っています。

永田先生がおっしゃった、「役に立つと言ってきたことが、どれだけ世の中をゆがめているか」ということは事実ですけれど、見方を変えれば、こんなに一心にやってきたのに、どうして社会を変えられないのかということです。最近、悩みは深くなっています。

今の社会は、効率よく進歩して、だれかより、よその国より先にお金儲けすることを「役に立つ」という言葉の意味にしてしまいました。この「役に立つ」という言葉を、私は別の意味で使いたいと思っているのです。本当の意味での「役に立つ」は、生命誌が人間は生きものという当たり前のことを基本にして、それを感覚的でなく、事実として伝えていくことで社会を変えることなのだと。機械論から生命誌論へと、社会のもつ価値観、世界観を変えたいのです。

今、人類は曲がり角にいると思うのです。永田先生は以前、「皆が右を向いている時に、自分だけは左を向くんだ」とおっしゃいました。私もそうです。今、永田先生が動かしてくださっている生命誌研究館が、その本当の意味で役立ってほしいですね。子どもたち、学生、若者たちに、その感覚を伝えてほしいと願っています。

**永田**　なるほど。その考え方は、生命誌研究館のプリンシプルの一つとして肝に銘じます。

## 「わからない」という驚きと感動を

**永田**　もう一つ、僕が館長をお引き受けしてからつけ加えたのは、生命誌研究館は〝情報を得る場〟というより〝自分で問いを見つける場〟になってほしい、ということです。〝科学のコンサートホール〟に加えて、問いを発掘する場、この二つのコンセプトで運営しようとしています。それが究極的には、いま中村先生がおっしゃった、本当の意味で「役に立つ」というところにいくと思うんです。つまり、人間は生き物だというのは、若い人たち一人ひとりが、生命ってこんなに不思議で、こんなによくできている、と思うところから始まる。我々はこれだけのものを背負っているんだということに、気がついてほしい。決して情報を得る場じゃないんです。

**中村**　「問いを見つける」ということは、自分で考えるということですよね。今、世の中が、「考える」ということをさせていません。「答えを出す」ということだけをさせています。考えるには、たくさんの時間が必要ですね。〝生命誌〟のもう一つの特徴は、「時間」というものを浮き彫りにしようとしたことなんです。これまでの科学では、時間が省かれます。生命誌は「誌」(ヒストリー)

ですから、「時間」そのものです。

生命誌研究館で岡田節人先生と音楽を使っての表現を大いに楽しみました。そこでは、音楽の方たちが演奏するうちに科学を楽しむようになるんです。井上道義さん指揮の京都市交響楽団と一緒にプロコフィエフの『ピーターと狼　生命誌版』を演奏したとき、道義さんはそもそもそういう方で、最初から一緒にやろうとはりきっている。でも京響の人たちは最初は、こんな所へ連れてこられて……という気持ちになっているわけです。

一緒にやっているうちに、だんだん変わっていきます。『ピーターと狼』で、小鳥を表現するフルート奏者が「夏休みになると、学校に行ってよく吹かされて飽きてるんですよ」と言っていました。でも生命誌版ではバクテリアとして吹きます。やってるうちにだんだんおもしろくなってきて、「バクテリアおもしろいですね」とおっしゃるんです。

一緒に時間を過ごすことによって、お互いが「おもしろいね」となってくるという体験を、これまで何度もしています。「音楽と科学」と並列していては、だめなんですね。時間を共有し、しかもそこで生命誌という時間を表現しているうちに全員が生きていることの楽しさを感じることが大切です。「時間」は、生命誌研究館での大事な言葉の一つです。

**永田**　いま中村先生がおっしゃった「時間」は、生命誌研究館にとって大事な概念であるだけでなく、生命そのものにとっても必須の要素なのですね。それがあまり語られることがないということで、今年三〇周年を迎える生命誌研究館の年間テーマを「生きものの時間」として、現在も展示を続けています。そんな企画のなかで僕が最近体験したのは、〝超ひも理論と交響楽〟。橋本幸士という京大の素粒子の教授で、「超ひも理論」の大家が、「超弦理論交響曲」というのをやっているんです。僕の息子の世代なんですが、このごろ親しくなりまして、いろんな所で呼んでくれるんです。こんなの、結びつくわけないと思うけど、それがおもしろい。

それから、フランスの作曲家が「超ひも理論」を基に、「場の理論」や「共振」、「相対性」などの交響曲を創り、京都の花山《かさん》天文台や建仁寺で演奏しています。それを見て思ったんです。物理、しかも素粒子の「超ひも理論」なんて、最も日常とは関係ない世界です。アカデミアの、閉じこもった世界なんです。

**中村**　私も大栗博司先生（東京大学、素粒子論）とお話をして、九次元と言われて、どう受けとめたらよいか。異次元です（笑）。

**永田**　そう、一一次元とか。それがね、物理と音楽を融合して、本当に自分たちが楽しんでいる、すごいと思いますね。中村先生もおっしゃっていましたが、若い人たちに学問、サイエンスに興味をもってもらうには、驚きと感動が必要だと思っているんですよ。これまでのサイエンスは、数で、事実で教えてきました。人間の細胞は六〇兆個ある、と教えてきたわけです。今は三七兆になっていますが。

**中村**　生物学はまだわからないことだらけですし、法則で一律に理解する世界でもないので、三七兆という数が出てくる、おもしろいですね。

**永田**　おもしろい。すばらしいと思うのは、二〇一三年の論文です。だれもが改めて考えようともしなかったヒトの全細胞数を、もう一度数え直そうとした。それこそ何の役にも立たないですよ。たとえば、人間の細胞が六〇兆から三七兆になって、うちの会社は一億円儲かった、なんていう会社は絶対ないんですから。だけど我々には、もしそこに〈本当の数〉があるなら、たとえ何の役にも立たなくても、それを知りたい、という欲求があるんです。

**中村**　そうですね。サイエンスはわからないことを見出し、新しいことを見出す喜びの積み重ねですから。

**永田**　これが、我々がサイエンスというものを勉強したいと思う根拠だと思うのです。人間には何の役にも立たないけれども、本当のものがあるなら知りたい、という欲求。僕は、この欲求が、人間への信頼になっていると思っています。

六〇兆、三七兆というのは単なる数値ですけれど、僕は小学生たちに話すんです。「じゃあ、君の細胞をばらばらにして、一列に並べてごらん」と。「そんなこと、考えたことないね」。六〇兆なんて、考えたことがない。でもね、細胞一個が一〇ミクロンとすると、六〇兆あると、地球が一五周できるんです。今は三七兆だから、半分の七周半になっていますが。

それで、「君の体はそんなに小さいけれど、その細胞を一列に並べたら、地球を七周半できるんやで」と言うと、だれでも驚きます。我々はこんな小さな存在だけれど、地球を七周半できるだけの細胞を、自分で作って持っている。今、世界の全知能を集めても、たった一個のバクテリアを作ることもできません。人間の細胞一個、作ることができないんです。

「君、だれに助けられてこれだけの細胞を作ったんや？　自分で作ったんやで」。

そう言うと、みんなハッとするんです。こんな、サイエンスの驚きや感動を、味わわせたい。そうでないと深い興味は沸いてこない。そういう場を提供するのは、本当は大学であり高校、中学なんですが、今は情報しか教えようとしないので、そうならない。それが生命誌研究館でできるんじゃないかと、僕は思っています。

今、学問、サイエンスが一般社会から遊離しているというのは、それを子どもの頃から「学ぶべきもの」だという形で教え過ぎているところに問題があると思います。おもしろいと思う前に、あまりにも覚えることがあり過ぎて、やる気が起こらない。わかっていることだけを大学で教えたらだめだ、と言っているんです。大学の教師のやることは、〝ここがまだわからない〟ということを、学生に知ってもらう、それが一番大事なことです。ここがわからないということを知るためには、〝ここまでわかっている〟ということを自覚してもらわんと、何がわからないのかがわからない。だから「僕は教科書は使わないけれど、授業には出ておいで」と言って、授業していました。こんなこともわからないんだと思ってもらうことが、サイエンスに興味を持ってもらうには一番大事です。生命誌研究館でも、こんなこともわからないんだということが、うまく伝えられるような企画展示をしていけるといいなと思っています。

**中村**　わからないことを知ってもらうためには、わかっていないと自覚しないとわからない

──そこが難しい。わかっていることを知らないと、わからないことのおもしろさがわからない。それをわからせるのが専門家の役割ですね。わからないことを、どこまで自覚しているかということ。禅問答のようですけれど。

**永田**　そうです。大学の教師は、そこが肝心だと思っています。教科書に書いてあることは、読めばわかる。どんな教師の講義よりも、情報量だけで言ったら教科書はよくできている。『Molecular Biology of THE CELL』以上に教えられる教師はいない。だけど、教科書に書いていないことが唯一つある。それはまだわかっていないこと。教科書を読んでいるだけでは、わかっていないことに気がつかない。それを気づかせるのが大学の教師の役割だと、僕は思うんです。

## アナログとしての「物語る」

──永田先生は、言葉というものは実はデジタルだとおっしゃっています。言葉と言葉の間隙が大事だと。

**永田**　言葉というのは、皆さんアナログだと思っているけれど、実は言葉は最大のデジタルです。あるものを見た時にある言葉が思い浮かんだとたんに、その言葉以外の見たものや、思い浮かんだ感情は全部消えて失われます。言葉を一つ選ぶということは、それ以外の感情を全部捨てることに他ならないんです。歌を作っている人間は、言葉と言葉の間にあるものを感じ取ってほしいと思っています。

――では、映像はどうでしょうか。テレビなどの動画の媒体ですが。

**永田**　僕がよく言うのは、テレビを見て歌を作るのは構わんと。でも、テレビの真ん中を見るな、テレビを見て歌を作るなら端っこを見ろ、と。番組を作った人が伝えたいことは、画面の真ん中に置く。でも歌人にとっては、その伝えたいことの横にある、何でもないことの方に本当に大事なことが多い。そこを見ないと歌はうまくならんと、いつも言っているんです。

昔、「おばけ煙突」ってあったでしょう。煙突が一本ある。でも、角度を変えると二本に見える。また別の角度から見ると三本に見えて、実は四本あるんですよね。常磐線からも見える千住の火力発電所の煙突で、今はもうなくなりましたけれど。どの角度から見るかによって、四本あるはずの煙突が、一本にも二本にも三本にも見える。言葉も同じで、同じものを見ながら、どの言葉を選ぶかによって、伝わることが全然違ってくる。

一つのコップも、上から見たら丸いし、真横から見たら四角にしか見えない。伝えることの恐ろしさは、そこにある。表現者はみんなそうだと思うんですが、どの言葉を選ぶかによって、伝える内容が規定されてしまう。サイエンスも同じで、データを見せることで伝えたような気になっているけれど、実は、本当に伝えたいことは全然伝わっていない。これは僕がいつも思っていることです。

中村先生がこの本の中で一貫しておっしゃっているのは「ナラティブ」、「物語る」ということだと思うんですね。データを示すのではなくて、そこに〝物語る人間〟が感じられないと、サイエンスはおもしろくない。僕は先生の書かれたものを読みながら、そう共感して思っているんです。今、サイエンスから「ナラティブ」が本当になくなっています。だれが言おうが、データは一つだというのがサイエンスの現在なんですが、本当は違います。

昔のサイエンスは、だれが、どういうプロセスを経て、こういうことを考えたかが、全部わかるようになっていました。しかし、現代のサイエンスには人の存在が感じられない。人が見えなくなっているのが、大きな問題だと思っています。サイエンスの世界に人を回復していくということが、これから大事になってくると思います。

**中村**　まったく同じ思いです。ただ生命誌で「物語る」ときに大事にしているのは、「中から目線」です。「生命誌絵巻」を語るとき、絵巻に描かれた人間は、生きものに対していつも「中から目線」です。今の社会では、人間は生きものたちに対していつも「上から目線」なんですね。

大学の講義でも、たいてい「上から目線」で言う。

先ほどお話しされた学校での問題は、すべて知っていて、すべてを伝えるとなっていることです。もちろん先生の方がよく知っているけれど、でも一緒に考えて、「伝える」ではなくて「物語る」と言いたい。同じ立場で一緒に考えて、創っていく。「伝える」は上からですが、「語る」は、上からではないと思うんです。「語る」だと、子どもとも、専門でない人とも共に考えていけるのです。

「生命誌絵巻」をご覧になるほとんどの方が「これを見ると、ほっこりした感じになります」とおっしゃいます。ときどき、「日本的ですね」、「外国の人はちゃんと受け止めますか？」と聞かれますが、今まで見てくださった外国の方たちは、全員わかってくださって、おもしろいとおっしゃる。いろいろな国の方が「子どもたちに話すときに、これを使っていいですか？」と言ってくださいます。それは、自分の言葉で語れると思ったから言ってくださるんだと思うのです。「絵巻」は、中に入って語れます。それが「間」――関係を創るのだと思っています。

自分の選んだ言葉を「上から目線」で伝えると、「間」が消えてしまいます。「中から目線」で物語ると、「間」が生まれると思うのです。生命誌で、私が「物語る」と言う意味は、そういうことです。

永田先生がおっしゃるように、言葉は選んでしまったらそれ一つになるけれど、それを一緒に語り合うことによって、もう一度、その「間」を拾い上げることができるのではないでしょうか。科学では、「間」をつくるということをいたしません。普通の科学は、論理だけで進みます。でも「生命誌」は、あれこれ語り合っていると、お互いの間に「間係」ができてきます。私が「生命誌絵巻」について語るとほっこりされた、というのは、そこに「間」が生まれるのではないかと思います。それが科学と生命誌の違いだと思うんです。生命誌では、時間を入れ、「間」を入れたいんです。

**永田**　あえて申し上げるのですが、サイエンティストも「中から目線」のはずなんですよ。僕は、大学の教師というのは、教師であるよりも研究者であれ、と言っています。日々、自分で研究する中で、現在進行形でどういうふうにサイエンスの世界を捉えられるか、これが大事だからです。科学というのはこういうものだという総体が全然見えないところで、我々はサイエンスをやっている。日々、暗中模索で、どこが終わりで、どこに端があるのかわからない中で、常にもがいている。サイエンスは常に現在進行形としてしか感知できない。現実に研究者をやっている者の実感として、完成した、「これが科学だ」というものは、実はない、と思います。

大学だけでなく、高校なども含めて、教師の話すことがつまらないのは、教え方の問題もあるけれど、教師自身がもがいてるところが見えない。自分が現在、研究者として、ここが知りたいのだ、ということが見えてこない。だから、おもしろくないのですよ。

僕の大学時代の数学の先生は、数学者の岡潔（一九〇一―七八）の授業を受けたそうです。岡潔が教室に入って来て、黒板に書き始め、「うん」と言って詰まって、授業の間一回も後ろを振り向かずにずっと考えていた。授業の時間が終わると帰ってしまった。結局学生は何も教わってないんだけれど、先生があんなに苦しんで解こうとしていたという姿を、後ろから一時間、ずっと見ていたんです。朝永振一郎や湯川秀樹、みんな岡さんに習っています。数学は嫌いだったけれど、岡潔を見て、好きになったようです。

わかったことだけを見ている人間が研究者ではなくて、我々は日々、わからないことの中に蠢《うごめ》いて、右往左往している存在だと思っています。こういうものが科学だ、と言ってしまうと、不満なところがあるし、中村先生のおっしゃることには同感なんですけれど、この本には「科学に拠って科学を超える」という表現が出てきますね。それが少しわからないところがあって。僕は、科学って超えられるものだろうか、と思うんです。

**中村**　言いわけではないのですが、「科学に拠って科学を超える」という言葉は、私ではなくて、哲学書房の中野幹隆さんの言葉なんです。中野さんの言葉ですが、私が自分の本『生命誌の扉をひらく』（哲学書房）のサブタイトルにしたので、私にももちろん責任があります。そのときに思ったのは、科学というのは論理であり、再現性などの約束事があります。そのような形の約束事だけで、自然界の中で起きていることすべてを語れるのでしょうか。科学ですべてを語れるのでしょうか。
科学を捨てることは、あり得ません。科学が語る事実というもののおもしろさは、私も身にしみています。けれどもそれを、科学の約束事の中だけに閉じ込めないで、もう少し広げてもいいのではないでしょうか。そういう意味なのです。少し生意気を言うなら、科学者がすべて解明できると思い込んでいるところに問題があると思うものですから。

**永田**　なるほど、そうでしたか。それが、先ほどからおっしゃっている「語る」、「ナラティブ」ということですね。本当にそのとおりですね。だれの文章だったか忘れましたが、何かを発見する人というのは、ロジックで発見しているんじゃないんですよね。発見というのは常に、デジタルでなくて、アナログなんですよ。

**中村**　そう、ロジックじゃないんです。直感つまりアナログですね。

**永田**　湯川さんもそう言っていました。計算して出てきたものなんて、ひらめきでも何でもない。新しいものがひらめく時というのは、アナログなんです。そして、科学をどんなふうに自分の中で語っているかを外しては、新しいものは出てこないですね。

**中村**　数学者の森重文先生が「数学はアナログです」とおっしゃったとき、はっとしました。数学では、最初に物を考えるときは、すべてアナログだとおっしゃるんです。そのとき、森先生はクレーやモネの絵を、頭の中に浮かべているそうです。私は数学がわかるわけではありませんが、それがとても印象的で、ああ、そうなのかと思いました。

物事はすべてアナログなのではないでしょうか。デジタルというのは作られた世界であって、人間そのものではありません。基本的には、すべてアナログなんだと思います。

**永田**　あり方としてはすべてアナログですが、それを認識した段階でデジタル化しているんです。

——言葉はデジタルだと先ほどもおっしゃいましたが、その言葉の裏に潜む、その言葉を発する心情はアナログでしょう。

**永田**　短歌で言えば、「悲しい」とか「寂しい」という言葉、つまり形容詞はデジタルの最たるものです。「寂しい」と言っても、どんなふうに寂しいか、わからない。〝どんなふうに〟というのがアナログであって、感情であり、心情であって、一人ひとり異なります。言語表現というのは、実はアナログのデジタル化なんですね。そして文学作品や詩を読むという行為は、デジタルのアナログ化でもあります。機械はデジタル間の変換しかできないのですが、デジタルとアナログのあいだの往復、つまりアナログのデジタル化も、デジタル情報からアナログ的な意味や感情を喚起できるのは、ヒトにしかできない能力なのです。

サイエンスも、まだわかっていない部分を含めた総体なんですね。中村先生の言葉で言うと、ロジックの世界だけにいては、それが感知できない。そこが大事なところですね。

**中村**　そうですね。つまり、普通に言いましょうよ、ということです。普通の人間は、デジタルだけでいるわけがないので、科学も普通に表現しましょう、と。サイエンスを専門用語だけの世界に閉じこめて、特別なものにして、それですべてがわかり、役に立つ、などと言うからおかしくなるんです。それをやめれば、サイエンスはおもしろいのです。

——特に科学の専門分野について、専門家が学術用語を使っても、一般の人にはわかりませんね。

**中村**　そう思いますが、翻訳の問題もあるのですね。翻訳によって日本語では、あまりにも日常語から遠い専門用語ができてしまいました。明治時代、専門用語が外国語として入ってきたとき、例えば西周が「Philosophy」を「哲学」とするなど、日常語ではない特別の言葉にしてしまったので、特に日本語では専門用語の問題が今に続いているのです。

例えば『細胞の分子生物学』翻訳のとき、recognize を「認識する」としました。「分子が認識する」としたら、人文系の人に「分子がどうやって認識するんですか？」と叱られました。recognize は日常語です。「哲学」で recognition を使い、分子の挙動でも recognition を使うのです。でも、日本語で「分子が認識した」には抵抗があります。

実は、分子が recognize している、私が認識するということには関わりがあるわけで、それがわかって、広がって、おもしろいですよね。それとこれとは別だ、分子ごときが認識するかと言っていると、学問が広がらない。日本は学問を輸入して翻訳したがために、専門用語が大きな問題になっています。もっと日常語に近づけるといいなと思います。

**永田**　僕が『タンパク質の一生――生命活動の舞台裏』（岩波新書）を書いた時、サイエンスの基礎を知らない一般の人にどういうふうにわかってもらうかが、一番大きな課題でした。書く方としては、どうしても比喩を使いたくなる。分子の営みを人間の営みのアナロジーを使って説明したくなるけれど、できるだけ自分で制御しないと、慎まないと、と思いました。

**中村**　それは大事なことですね。

**永田**　我々の体はとてもうまくできていて、一個一個の細胞の中でタンパク質が壊れる、変性する時、どういう処理をするかというと、まるで工場での品質管理なのです。「タンパク質の品質管理」と言いますが、言葉も同じ「品質管理」です。工場なら、まず生産ラインをストップする、修理できるものは修理する、だめなものは廃棄処分にする、それでもだめなら工場を閉鎖する。この四つのステップが全部、細胞の中で、この順序で起こるんです。ですからどうしても人間の社会とのアナロジーを使って説明したくなります。けれども、そうすると自然の一番おもしろいところが飛んでしまうかな、という思いがあります。難しいところですね。

**中村**　そうですね、比喩はぴたっとはまると活きますが、それだけに怖いところがあります。

## 知るを楽しみ、知らないを知る

――先ほど中村先生から、生命誌は「時間」を入れている、というお話がありました。産業革命以降二五〇〜三〇〇年、あまりにも社会の時間、速度が速くなり過ぎていると思います。そういう流れの中で、歴史というものを教えられてきたことの弊害が、社会に現れていると思います。

**中村** 「時間」ですね。「機械論的世界観」の問題です。生命誌は、哲学者の大森荘蔵先生(一九二一―九七)の「密画と略画」の「重ね描き」をします。日常は略画で、学問は密画を描きます。その二つを自分の中で「重ね描き」することで、密画だけで描いていた世界観を、略画と重ね描きした世界観にしよう、と大森先生が教えてくださったのです。

それが生命誌の仕事だと思いました。私たちは今、時間を切り捨てる世界観の中で動いていきます。私が「生命誌を役に立ててほしい」と言ったのは、その世界観が変わってほしい、ということです。つまり、「機械論的世界観」から、「生命論的世界観」への転換です。「生命誌的世界観」をつくり出し、社会の基本にしたいのです。

私が接している、日常、普通に暮らしている人たちは、そこをわかってくださっている気がします。けれども、なぜでしょうね、政治や経済などで、組織を動かしている人は、全然わからないようなのは。社会はそういう人たちが変わらないと、変わらないのですが。

――科学技術や、科学至上主義が進んで、それだけが進歩だと考えられるようになっています。そういう中で、生命誌は本当の意味で役に立ってもらいたい、と伺いました。しかし、本当の学問というのは、簡単に役に立つはずはないとも思うんです。

**中村**　学問は世界観を生み出すものであり、それを社会に生かさなければ意味がないと思っています。現代社会の問題は、進歩史観です。科学や、科学技術を否定するつもりはありませんが、進歩史観は違うと思うのです。「進化」は、進歩史観ではありません。「進化」という日本語が進歩を思わせますが、本当は「変化」なのです。

今、見直し論がいろいろ出てきています。例えば『サピエンス全史』のユヴァル・ノア・ハラリが、昨年、子ども向けに『人類の物語――ヒトはこうして地球の支配者になった』という本を書きました。今の我々のやり方より、もっといい生き方があるかもしれないと書いていますが、結局、「支配」、「征服」、「進歩」という言葉は捨てていません。それを捨てずに見直そうと言っている。それは無理です。「変わる」と言いながら、「どうしたらもう一度よい支配ができるだろう」となり、「もう支配をやめましょう」とはならないのです。自然の「支配」も含めて。

生命誌は、そういう言葉を捨てて見直そうと考えます。そのような科学、学問を創る。「征服、支配、進歩」が目的だという世界観は否定します。科学を追求したらそういう世界観しか生まれない、ということはありません。「科学を超える」も、科学が今そういうところに留められているから、そこから抜け出したい、ということなのです。

〝生きものの感覚を取り戻す〟ということを、生物学が明らかにした事実として、素直に伝えていきたいと思っています。それが私の「役に立つ」という意味です。もちろん、なかなか難しいですけれども。

――人間中心主義、人間の支配には限界が見えています。現在のコロナウイルスの問題でも、ウイルスというものが発見されてから、まだ百年もたっていませんし、目に見えず、変異したりする、国境なんて関係なく広がります。もう支配とか何とか言ってもだめなことは、わかりきっています。

**永田** 僕は、いかにすばらしい考え方でも、それを押しつけるのは間違っていると思っています。一番大事なことは、知ることの喜びを知るということをわかっていないことが、大きな問題だと思っています。

〝知る〟ということは、一体何でしょうか。「情報を得る」ことが「知る」ことだとすると、「いいこと」を教えなければならない、と思ってしまう。けれども、「知る」ということの最も大事なことは、「そんなことも知らなかった自分を知る」ということが、一番大事なことではないでしょうか。「そんなことも知らなかった」と気づくことが、我々サイエンスをやっている人間の、一番のモーティブ・フォースです。「こんなことも知らなかった自分がいた」と自己相対化すること。

この自己相対化――知ることによって、知らなかった自分を知るということが、学問を専門にしている、いないにかかわらず、人間への信頼として、僕にはあるんです。人間とはそういうものだと思っています。知らなかった自分を、どこで知って更新していけるか、ということが大事です。生命誌研究館でやることは、〝生命誌研究館に来たら、こんなに賢くなりますよ〟ということではなくて、〝知らなかった自分を、もう一度見つけられる〟。そうすると、その自分が、これはなんでだろう？と、もう一度、問いを発することができる。

この循環の中に、学問というものの喜びが一番あるのではないでしょうか。「何かを得てください」というのではなくて、「学問の喜びを知る」。〝物を知りたいという喜び〟を知ってもらえれば、生命誌研究館の大事なところはそこに尽きるのです。中村先生と少し違うかもしれないけれど、僕はそれでいいんじゃないかなと思うのです。

**中村**　違いません。「生命誌研究館は知識を得るところではなく感じるところ」というのは、創立時から変わりません。そこでは「正しい」とか「すばらしい」とか「優れている」という言葉よりも、「なんだかわくわくする」を大事にしました。永田先生がおっしゃったことは、〝謙虚〟ですね。

**永田**　そうです、本当にそう。僕は、知というものに対するリスペクトが現代の社会から消えつつあるということに危機感を持っています。知りたいと思えば、インターネットなんかで、すぐに手軽に一応の知識が得られる。そんな中からは、知を開拓した人への尊敬も、知そのものへのリスペクトも生まれる余地がない。知を得るということに対する謙虚さが大切だと思っています。

**中村** アメリカ独立に貢献したフランクリンがリーダーになるために必要な徳として、勤勉、誠実、中庸などいろいろ並べたとき、「ここに欠けている、リーダーに不可欠なものがある」と言われた。それは、「謙虚」だと。心理学者アドラー（一八七〇―一九三七）のリーダー論にあります。そのとおりだと思います。

**永田** そのとおりですね。リーダーだけではなくて、人間はみんな、それが一番大事だと思う。ところが、今は「知」に対するリスペクトがなくなっています。

**中村** 永田先生がおっしゃった、知るを楽しみ、知らないを知ると、おのずと謙虚になりますね。支配だ、征服だという言葉に「謙虚」という感じはなく、そこが問題だと思います。生命誌を知り、人々が謙虚になるようにすること、それが「役に立つ」なのです。

**永田** 日本では今、なんでもかんでも教え過ぎている。生命誌研究館は、啓蒙活動をしてはいかんと思ってるんです。僕は『知の体力』（新潮新書）にも書きましたが、孔子の「憤せざれば啓せず、悱《ひ》せざれば発せず」という言葉があって、相手が「わかりたい、わかりそうなのだけれど、わからない」と悶えているようでないと、「啓せず」、教えてやらない。「わかっているけど、どう表現したらいいか言葉が出てこない」、そこまで苦しんでいない奴には、言葉は「発せず」。「啓発」はそこから来ているんです。啓せず、発せず。ところが今は、相手が望もうと望むまいと、一方的に教えてやるのが啓発だ、ということになっている。

**中村** 啓蒙活動は嫌ですね。どうしても「上から目線」になりますから。

**永田** 孔子はまったく逆を言っていて、相手が本当に知りたくなければ教えてやらないことこそが啓発だと。今は逆転している。言葉がまったく逆の意味に使われているというのは、不思議なことです。今の日本社会を見ると、相手が求めないのに教えようとする姿勢が強過ぎる。これはまずい。これでは、教えてもらうことに対する尊敬も、信頼もなくなります。

**中村** しかも、すべてがわかっているかのような教え方をしている。そして、物事がすべてマルか、バツかで決まっているみたいに。そうではなく、考え続けることです。考える能力を与えられているのが、人間です。考え続けましょう。生命誌研究館はそういう場です。一緒に考えましょうというメッセージが出せるといいですね。

## 「あなたの町の食草園」プロジェクト

――「生命誌研究館」が大阪の高槻だけでなく、これから日本各地にできていけばいいですね。

**中村** それは、現実にはいろんな面でなかなか大変でしょう。

**永田** 今、新しく取り組んでいることがあります。中村先生が生命誌研究館の館長室の前の中庭に「食草園《しょくそうえん》」を造られました。これがすばらしいんですよ。最近、やたらＳＤＧｓと言っていて、どこの企業も自治体も「ＳＤＧｓに取り組む」と目標を掲げていますが、具体的には何も見えてきません。我々は、「あなたの町の食草園」プロジェクトを始めたんです。例えば市役所や県庁の前、小さなスペースでいいんです。

**中村**　二〇〇二年に研究館の活動が評価されて「Ω《オメガ》アワード」を頂き、その賞金の使い道を考えました。生命誌研究館でチョウやハチの研究をしていますから、虫たちが来てくれる場所を造りたいと思いました。調べたら、昆虫館と植物園はたくさんありますが、食草園はゼロだったんです。ゼロと聞くとやりたくなり、どこにもないなら造ろうと。

**永田**　「食草」というと、人が食べるみたいに思うかもしれないけれど、チョウが食べる草なんです。このコレクションにも書いてありますが、チョウは「ドラミング」といって、前足で葉っぱをたたいて味見して、この葉っぱなら自分の子どもが食べられる、という葉に卵を産むんですよ。

**中村**　チョウもそうですし、いろいろな昆虫で、種類によって食べる葉っぱが決まっているのがおもしろいですね。ギフチョウはカンアオイしか食べないとか。そういう草や葉を植えておくと、チョウが寄ってくるだろう、そんな食草園を考えました。研究館には余分な土地がなく、館長室のある四階の、壁に囲まれた中庭だけ。こんな所にチョウが来るかしら？と言われましたが、やってみなければわからないと造りました。それが来たんです、たくさん。今も来ています。驚くやら嬉しいやら。「チョウのレストラン」としました。

高槻のチョウは、「あそこに行くと食べる葉があるぞ」とみんなで知らせ合っている、と私は思ってます（笑）。四階の屋上、しかも高い壁に囲まれているんですから、そうでなかったら、来るわけがありません。生きものはおもしろいですね。失敗してもいいから、とにかくやってみようと思って造ったら、本当に来たのですから。その後、トヨタが岐阜の白川郷のそばに立派な食草園を造りました。生命誌研究館の食草園を参考に。

**永田**　そういうプロジェクトが今、動き始めています。白浜（和歌山県）のアドベンチャーワールドとか、大阪駅の「うめきた」に公園を造るというので、そこにも食草園を造るとか。兵庫県小野市の市長が乗ってくれて、市役所の前に造るとか。これを全国展開しようと思っています。

**中村**　嬉しいですね、楽しみです。まずはミカン、柑橘類が一本あればいいし、カタバミなどどこにでも生える草でできます。

**永田**　生命誌研究館を、全国に展開する食草園のハブにしようと思っているんです。ここでこんなチョウがこの葉っぱに来ました、という情報が、全国から生命誌研究館に来るようにして、それをまた全国にフィードバックする。そういうハブを造ろうと。ＳＤＧｓの運動はほとんど具体的に見えてこないけれど、これは一番いい見え方なんですよ。生きものの多様性、動物と植物の共生が実地で見られる。小学生が来てくれて、こんな関係になっているのか、というのを見てもらう。虫が嫌いな子もいるけれど、そんな子が好きになっていく。

安くできて、市民が行政に寄って来てくれて、住民と行政が一体になれて、実地に生態、エコロジーを勉強できる。こんないいツールは活用しなければと思って、動いているところです。虫だけではなくて、人も集める。生命誌研究館の中庭を全国に、全世界に開くという感じですね。それが紹介されて、どんどん広がる。

## 「達成すること」ではなく「思いもかけないこと」

――中村先生がしてこられた研究や表現活動を、永田先生が引き継がれながら、さらに大きな展開をされていますね。「役に立つこと」が、理想、希望ではなく、時間がかかるかもしれませんが、いつか現実になるのではないでしょうか。

**中村**　「生命誌研究館」という名前が、忘れられてもいいんです。みんながいのちを大切にする「私たち生きものの中の私」である、と理解するようになれば。世の中がそうなれば、役目が終わって、おしまいでもかまわないんです。

**永田**　このコレクションの最後の巻は、中村先生が生命誌研究館を創る時の最初の思いから熱く語られていて、今、そこにいる人間として、とても興奮しながら読みました。歴史として、事実としては知っているけれど、どういう形で、いかに動いてきたかを本人が語るということに、深い意味がある、そういう本ですね。

**中村**　ありがとうございます。生命誌研究館や生命誌が社会の役に立ってほしい、と言いましたが、本来は、私が大事だと思い、どうしてもこれを考えたいと思っただけであって、役に立つなどということは考えていませんでした。生きものの本当のおもしろさを知る知の場をもちたかっただけです。でも、社会があまりにもおかしくなり、学者が苦しい立場に追い込まれているので、これは変わってほしいと。学術会議の問題（政府による学者の承認問題）もありました。そういう状況では、理想の研究も表現活動も思うようにできませんし、生まれません。だから、こんな社会にしてしまってはいけない。科学者にも気づいてほしいし、そこに科学者としての責任があると思っています。私は、変わると思っています。

――社会が変わるには、変える主体が必要で、それはだれなのか、ということですね。

**中村**　私の力が弱いから、ちっとも変わらないけれど、いろいろな役割の人がその場その場で変わって欲しい。

**永田**　逆に言うと、サイエンティスト自身が本当にサイエンスを楽しんでいないのかもしれないですね。サイエンティストが自分の研究や仕事を本当に楽しむといいのですが。

**中村**　そのとおりだと思います。今は、科学を楽しむことが許されていない状況です。科学は楽しめないものとして教えられてしまっているのです。私が学生の頃、渡辺格先生や江上不二夫先生から教えられた科学は、今とは違うものでした。生化学・分子生物学が日本で新展開する時でしたから。

私が大学院に入ったとき、分子生物学はとても小さな分野でした。だから、みんなで作っていく感じがありました。文部省の人たちが先生のお話を聞いて「おもしろいですね。お手伝いしましょう」と言っているのを聞いていたのです。今の文科省と学者の関係はお金でつながっている感じです。当時、文部省の人たちが「そうすれば学問はおもしろくなりますね」と共感して応援していたのが印象的でした。その様子を見ていた世代です。政治への忖度が優先する学問の世界はうんざりします。

格さんが分子生物学を日本に根づかせようとしていらした姿を見ています。一人だけではできません。国の応援が必要ですが、すべての人が応援してくれるはずはありません。理解者をみつけて話し合っていく。江上先生が生命科学をつくられたときも、傍で過程を見ることができました。お二人とも信念をもって進めていらしたのが魅力的でした。そこで学問はそういうふうにやるものだと思っているのです。ところが、今は違います。学者にも、官僚にも問題があり、いずれにせよ「人」です。科学だけでなく、他の分野でもそうでしょう。

**永田**　僕は今、ＡＭＥＤ（日本医療研究開発機構）で研究統括をやらされています。ＡＭＥＤは、目的に向かって役に立つ研究をしなさい、という研究費です。でも一人ぐらい、僕みたいなのがいてもいいだろうと思って、その研究費を配分してる人たちに「初めに立てた目標どおりにやらなくてもいい」と言ってるのですよ。

今は、研究費の目的が何で、どこまでやりますと全部計画を立てて、計画を達成したことが目的を達成したことになっています。けれども、サイエンスの一番おもしろいところは、こういう計画を立てたけれど、それとは関係ないおもしろいデータが出た、本当はそこが一番おもしろいはずです。それを言っても「そんなことは計画に書いてない」と言う官僚や統括がいたりすると、サイエンスは発展しないですよね。僕は、「最初にやったことが達成できなくても構わん。それより、自分が一番おもしろいというものを領域班会議なんかで発表しろ」と言っている。計画どおりのことだけをやって「達成しました」と発表されても、おもしろくもなんともない。官僚にはだいぶ受けが悪いんですが(笑)。こんな統括がいないと、日本のサイエンスはうまく発展しないと思っているのです。

**中村**　そうでないとだめでしょうね。でもなかなか認可されないでしょう。

**永田**　百あって、一つ成功すればいいんですよ。百ぜんぶを成功させようと思ったら、みんなやれることしか言わなくなります。人間がやれると思って計画したことなんて、たかが知れている。思いもかけないことが大きい。僕は、このあいだも高校生への講演で、こう言いました。「君らは思いもかけないことをするといい。ただし、最初に思わんとあかん。こんなことをやりたいと思ってやったけれど、思いもかけないことが出てきた、そこが一番おもしろいんだ」と。その〝思いもかけないこと〟に価値を見出せるかどうかは、これからの社会にとって、大きなことになると思います。

――お二人のお話を伺って、すごいことをされてきたんだなと、改めて思いました。生命誌研究館が引き継がれ、さらに展開して広がっていくのが楽しみですね。

**中村** 本当にそう思います。知を楽しむ、魅力ある場として展開していくこと、永田先生、よろしくお願い致します。

（二〇二三年一月十七日　於・藤原書店催合庵）

**ながた・かずひろ**　一九四七年滋賀県生まれ。京都大学理学部物理学科卒業。細胞生物学者。京都大学名誉教授。京都産業大学タンパク質動態研究所所長を経て、二〇二〇年四月よりJT生命誌研究館館長。元日本細胞生物学会会長。歌人として宮中歌会始詠進歌選者、朝日歌壇選者も務める。紫綬褒章、瑞宝中綬章受章。ハンス・ノイラート科学賞受賞。歌人として『近代秀歌』『歌に私は泣くだらう　妻・河野裕子闘病の十年』『あの胸が岬のように遠かった』『象徴のうた』、科学者として『タンパク質の一生』『生命の内と外』など著書多数。

# 特別附録

1 〈対談〉文化としての科学

一九九〇年
下河辺 淳
中村桂子

2 〈対談〉「生命誌」という知的冒険

一九九三年
岡田節人
中村桂子

3 〈対談〉生物学のロマンとこころ

二〇〇三年
岡田節人
中村桂子

4 〈対談〉生命誌の新しい展開を求めて

二〇二〇年
永田和宏
中村桂子

＊生命誌研究館の実現、創立から展開に至る過程で重要な役割を果たした三氏との対談を収録する。肩書は掲載当時のままとした。（編集部）

# *1* 〈対談〉文化としての科学

一九九〇年

総合研究開発機構理事長　下河辺 淳
三菱化成生命科学研究所名誉研究員　中村桂子

## 人間・自然・科学・科学技術

**下河辺**　中村さんとはいろいろなチャンスにお話しをしているので、今日改めて伺うのも心苦しいのですけれども、中村さんには子どもが夢見ているようなおもしろさがあるので、最初に何を夢見ているのかといったところから話していただけませんか。

**中村**　今回NIRAで『NIRA政策研究』に取りあげていただく二つの研究「生命科学における科学と社会の接点を考える――生命誌研究館の提案」、「文化としての科学を根付かせる――サイエンス・コミュニケーション・センターの提案」の出発点は十年ほど前なのです。

一九八五年の科学技術博覧会を理事長が中心になってお進めになり、それまでの博覧会では科学技術の先端をキラキラ見せるのが常識になっているけれども、もっと本質を考えたいとおっしゃいました。ですから、テーマも「人間・居住・環境と科学技術」として、人間の側から科学技術を考える姿勢を世界に発信していきたいとおっしゃったのです。実際の準備は五年前の八〇年から始まったわけですが、通常、博覧会は表に出てくるのは成果を展示する半年間だけで、パッとやって終わりです。けれども本当はその準備過程、〝何を考えて何をやろうとしたのか〟ということが重要なので、それをシンポジウムという形で表に出していこうとおっしゃいました。あれは後から考えると、とてもおもしろいお考えだったと思います。シンポジウムでプロセスを追っていくにあたっては、理事長の世代からご覧になって、「次の世代の人たちで考えてみなさい」とおっしゃって、そのための場にしてくださったのです。その場の仲間に入れていただいたということは、私にとってそのときは大変重荷で、どうしようかと思いましたけれども、今考えると大変ありがたいことでした。

「居住」を公文俊平さん、「環境」を村上陽一郎さん、「人間」を私が担当しました。その三人に、とにかく新しいことを何でもいいから自由に考えなさいとおっしゃいました。「人間と科学技術」というテーマを与えられて、自由に考えなさい、何をやってもよろしい、とおっしゃったわけです。実はこれがいいようで悪いのですね。どうしたらいいかわからないのです。

そのときに一つ思いましたのは、「人間と科学技術」というと、ふつうは科学技術が人間の社会にどういうインパクトを与えるかとか、人間は何を科学技術に求めているか、というように考えますが、そうではない見方をしてみようということです。実は生物学の中にいて思うのは、人間は生きもので科学が人間を生きものとして解き明かしているということです。それを基本にして人間と科学技術を考えたかったのです。生きものとしての人間を科学的に理解するということがかなり進んでおり、それはこの地球上で人間が上手に生きていくための重要な考え方を表しています。しかし一般には、科学技術になったものと人間との関係だけが議論されがちです。そうではなく、「人間の科学的理解を生かす」というところから考えたいという基本姿勢だけはありました。

しかし、五年間ではそれをうまくまとめることができませんでした。公文さんと村上さんは大秀才だからみごとにまとめていくのに、私は毎年模索しただけで、ついにわからなくて、おもしろかったけれども悲しい五年間でした。

**下河辺** 中村さんだけ落第して留年していたわけ。

**中村** 本当に私は落第生だとあのとき思いました。でも、このねらいはそれほど間違ってはいないと思っていました。そこで、落第生としてもう一回考えさせていただきたいと思いました。それは、科学技術、科学、人間、自然というものをどうきちんと整理していくかということです。ここにきてやっと答えが見えてきた感じがしています。

**下河辺** 中村さんが博覧会のシンポジウムで最初に私にそういうお話をされたときに、これは大変なことを言いだしておられ、これがもっと具体的な話になるには時間をかけることだなと思いました。しかし、今や中村さんの話が、世界中の科学に関する話題の中心になってきているのではないでしょうか。

**中村** 私の話というより、地球環境問題をどう解決するかということもあって、自然と人間と科学技術と科学を、今までの考え方にとらわれず全部一緒に総合的に考えてみようということが話題になっていますね。そんなとき、生物学の知識は重要な情報を提供します。たとえば、生物の中に微生物のような単細胞生物と人間のような多細胞生物がいて、その遺伝子の様子やはたらき方を見ると大変違います。単細胞生物である大腸菌は生きていくために自分のもっているＤＮＡをすべてはたらかせているわけです。一方、多細胞生物である人間はＤＮＡを大腸菌の一〇〇〇倍ほどもっていますが、そのうちの三～四％ぐらいしかはたらかせないで、残りは抱えこんでいるわけです。

生き残るために大腸菌はむだなものをなるべく捨てて上手に生きていこうとし、人間は何かのときに役立つかもしれないと貯めこんで生きてきたように見えます。生きる戦略としては多分両方の生き方があり得るのでしょう。

ここで私がおもしろいと思うのは、このようにまったく違う戦略をとった大腸菌（単細胞）と人間（多細胞）が別々に生きてはいないということです。生態系を見ますと、植物と動物と微生物が相互に関連しあっています。動物が生きていくためには微生物は不可欠の存在です。また、微生物にとっても動物という分解する材料が必要です。全然違う生き方を選んだのに、結局一緒でなければ生きていけない状態にあるということはなんとも言えずおもしろいことです。こういう事実は、人間が他の生きもの、生態系、自然について考えるときの基本になり得ると思うのです。

そういう意味で、生物に対する科学的理解はこれからの科学技術、ひいては人間の生き方を考えるときのかなめになっていく気がします。

## 科学とは何か

**下河辺** 今のお話を聞いていると、まさに秩序に対する哲学ですね。すべてのものが共通の哲学をもてるかもしれないという論理になっていくとおもしろい。二〇世紀末は物的に豊かになったせいもあって、何でも二分する哲学、つまりモノよりは心、ハードよりはソフト、悪よりは善というように、皆対比させた形で議論するでしょう。だから矛盾点だけがはっきりしてきて、どう秩序立てるかという哲学がかえって出てこないのですね。ですから、とてもおもしろい考え方が出てきたと思っています。ただ、そういう哲学には、もしかすると今まで言ってきた「科学」という言葉ではなく別の言葉が必要なのかもしれませんね。今までの「科学」がどんどん細分化して、専門の一部分を言うようになってしまっているでしょう。

**中村**　とくに日本の「科学」というのはいけませんね。英語の「サイエンス」には別に「科」という意味はないのだけれども、日本は「科」という字を当ててしまいました。「科」を付けたのは歴史的にちょうどわかれていた時代に取り入れたからで、当時はその状態をみごとに表した名訳だったのかもしれませんけれども。

**下河辺**　中国には「技術」という言葉はありましたが、「科学」という言葉はなかったですね。「科学」という漢字は日本から輸入したのです。

**中村**　羅針盤は「技術」と言えばよかったのですね。今では中国でも「科学技術」と言うのですか。

**下河辺**　言っています。ここ百年は日本から学んで「科学」という字を使っていますけれども、中国で科学技術が発達した十〜十三世紀には、「科学」などという言葉は全然ありませんでした。

**中村**　漢字の専門家としては、「科」などという字は当てたくなかったのでしょうね。明治のころには「科学」は名訳だったのかもしれないけれども、今は〝総合的な知〟というイメージの言葉をもう一回つくったほうがよいと思います。

**下河辺**　科学が「技術」とドッキングしているところが、日本の特色でしょうね。

**中村**　今度の研究でも「科学と社会の接点」という言葉を使いましたけれども、私はこの「科学と社会」という言葉に抵抗を感じながら使っています。一つは、「科学と社会について」とおっしゃるとき、ほとんどが「科学技術と社会」なのです。今、科学は科学者の世界だけにあって、社会の中にはあまり存在しないのですね。科学技術は山ほど存在していますから、「科学と社会」と言われながら、語られていることはほとんど「科学技術と社会」です。

**下河辺**　極端に言うと、技術のための科学とか、科学のための技術というように、何かの「ための」という感じで、英語にするとき、骨が折れますね。

**中村**　「基礎科学を振興しましょう」の後には「新しい技術を開発するために」という言葉が付いて、「おもしろいからやりましょう」という話は消えてしまったようなところがあります。

**下河辺**　そのために、このごろ科学史などをやっている先生たちとディスカッションするときに、真理ということが非常に問題になっていて、真理に、二重、三重の意味があるという議論を始めています。一重としては神学的に得られた知識であり、二重としては経験的な科学から得られた知識、三重としては美というか、文化や芸術という側面から見た真理というものが人間にとってはあるのではないでしょうか。そういう三重の真理を求めていくことが人間にとって非常に重要であるという真理論が出てきたのです。そういうディスカッションをしていると、中村さんがいつも言っている科学論は、今で言うところの科学ではなく、そういう人間の真理のようなところへ触れていらっしゃるのだなという感じがするのです。

**中村**　今おっしゃった三番目がおもしろいですね。たとえばアインシュタインは相対性理論に関する式の一番終わりの項を取ったときに、〝本当にそうだ〟と思ったからというよりは、式を見て〝きれいではない〟と思ったからだそうですね。きれいでないのは真理であるはずがないと思った。科学の世界では、「本当のものは美しい」という考え方が確かにありますね。

**下河辺**　どこかのはずみで、人間というのは信じがたいほど信じられるものを見つけるときがあります。それは理屈を言ってもよくわからないけれども、ともかくこうだと言います。そういう人間のもつ真理というものがいわゆる科学論ではないか、とこのごろ思い始めています。

中村さんからＤＮＡの話を聞いていると、そういう印象を受けるのです。専門的なレベルの話はわれわれにはわからないのですが、語っている中村さんを見ていると、うれしそうだし、楽しそうなので、「ああ、そういうものだな」と納得してしまう。そういったトータルなものが本来の科学なのでしょうね。

**中村**　そうです。人間込みでのものなのです。私が科学を文化にしたいなどと言いたくなったのも、その点を言いたかったからなのです。音楽や絵などの芸術では美しさや人間が語られるのに、科学の分野では成果と応用だけというのではつまらないですよね。

**下河辺**　ＤＮＡなどを見ていると、おそらくうっとりする瞬間というのは人間の中でそういう真理に対する構えがきちんとできているのでしょうね。そういう素質をもっていないと、本当はちゃんとした科学者にはならないのではないでしょうか。

**中村**　そうだと思います。絵や音楽にも練習したり描いたりするプロセスがあり、そこにも関心がもたれるでしょう。科学の場合もそれがあるのです。

このあいだ、立花隆さんと利根川進さんの対談を読んで印象的だったところがあります。利根川さんがご自分のお仕事の説明をなさいました。たとえば、こういうＤＮＡが欲しい、こういう酵素が欲しいと言って研究をするための素材を手に入れていくわけです。そこで「この遺伝子を取るために半年かかりました」とおっしゃると、立花さんが「ええっ、そんなにかかるのですか」とびっくりするのです。私にとっては、立花さんが「えっ」と言ったほうがむしろびっくりするわけです。半年というのは運がよくて、非常に早いわけです。三年かかる人もいるし、三年かかってもだめなときもあるわけです。アニメーションで説明すると、遺伝子をピンセットでポンとつまんで取りだせば一分ぐらいで手に入るというようなイメージを普通の方はもっていらっしゃると思うのです。私は半年は短いと思うのに、立花さんが「えぇっ、そんなにかかるのですか」とおっしゃったので、科学の過程がほとんど知られていないのだと非常に印象的でした。

科学者はピンセットで簡単に取りだしているわけではなく、そのあいだコツコツ苦労しているのです。絵の場合はだれもフッと出てくるとは思わないでしょう。絵描きさんが「一年かけてじっくり描きました」と言っても、皆さん納得なさるわけです。科学の場合は研究のプロセスが科学なのだけれども、一般の人々は結果が科学だと思っていらっしゃるのです。しかも、このプロセスが一つひとつ違うわけで、私はそれはやはり文化だと思うのです。技術なら鋳型があってポンポンとできることもありますけれども、科学はそういうことはないですからね。

**下河辺**　文化と言ってもいいし、サイエンスという言葉は本来そういう意味だったのでしょうね。

## 社会と接する研究所の構築を

**下河辺**　そういう科学論が少しずつまとまってくると、そういうことを研究する集団や空間への興味がだんだん出てくるでしょうね。そのとき、空想的な研究所に私はとても興味があります。

**中村**　空想的研究所とは。

**下河辺**　思いだけがたくさんあって、現実化するかどうかについては否定的なほど空想が花開いて、現実化すればするほど現実的になって、最初の思いがなかなか込もらないというような意味で、とことん空想的な研究所論をやりたいという気がします。それは博覧会のパビリオンという次元から、科学者や哲学者の集まるサロンというイメージまで、違ったレベルからいろいろ出てきて、中村さんたちによって今の科学的な話を研究所の構想ということへつなげていけたらと思ったのです。

**中村**　研究館は、まさにそういうことをやりたいと思っているのです。もちろん実際に手を動かす実験もしますけれども、ぜひ今おっしゃった思いの込もった空間にしたい。

先ほども申し上げましたけれども、思ったことが本当に現実化するのは運もあって、科学の世界では稀なことと言ってもよいと思います。その何倍もの思いは人々の頭の中や研究所の隅っこなどに、怨念ではないけれども込もっているわけです。そういうものが共有できない限り、「遺伝子を組み換えます」という言葉を聞いた途端に、ピンセットでヒョイと動かして、生きもののことなどなんとも思わない、というようなイメージになってしまうのはしかたのないことです。それを避けるためには、研究所の部屋の隅っこに込もっている思いのようなものを社会と共有する以外にないと思います。それは、研究者側にそういうものをもってほしいという願いだけではなく、おそらく普段は研究に接していない一般の方も、そういうものに接すると、何かおもしろいものが見つかり、何か感じるものがあるのではないかという気がします。

**下河辺**　皮肉な言い方をすれば、専門的に陥ってしまった科学者たちが、逆に本来の人間に合う場所を必要としていることがとてもおもしろいと思うのです。だから、単なるサービス仕事で研究の妨害にしかならないということを、つくばで学者たちが言いましたけれども、本当はそうではないですね。

**中村**　物事は片方からのサービスでは成り立ちませんし、長続きしませんね。だから、科学者自身もそこに参加したらおもしろいとか楽しいということがなければ続かないと思います。

## 構造としくみから、流れと関係へ

**下河辺**　そのときに、一般の人間は決して努力家ではないし、目的をもって生きていませんから、よほど怨念の込もった空間があって、ちょっとおもしろいかもしれないと思う動機をつくらないとだめですね。

**中村**　そうです。私は化学から入った人間ですから、森を歩いていても虫については全然わからないのですが、分子生物学の研究者の中には昆虫少年だった人が多いのです。そういう方と一緒に森を歩きますと、何の変哲もない葉っぱを、「あれを引っくり返してごらん」とおっしゃる。そこに虫がいるんですね。どうして隣の葉っぱと違うのか私にはわからないのですけれども。このように自然を観察する、自然を見るといっても、何の準備もない、何も知らない人が森の中を歩いても、多分一匹の昆虫も見えないと思うのです。知っている人が森に入れば、何百種類と見えます。そうすると、だれにでも見えるようにする仕掛けをしないと、森に行っても、「あそこはすばらしかった、虫がたくさんいた」とはならないで、ただなんとなく帰ってくることになりますね。研究、科学も同様で、何か「確かに科学だ」と思わせるようにして、しかもその仕掛けが見えてはいけないわけです。見た人が「本当に自然を見た、科学に触れた」と感じるようにしたいですね。

**下河辺**　今までわれわれが学校で教わる動物や植物は、分類学が先行していて、分類されたそのものを見て勉強するという方向でしょう。たとえば、理科の授業では、森へ行って、「今日はカブトムシ」「今日は蝶々」というように教わるから、それだけ探して見つかると喜ぶというように、その分類学的な生態を勉強するだけになるでしょう。ですから今言われたように、森の中の植物や虫の関係を見ていくという知識をわれわれは与えられていなかったのです。だから、森に行っても目的的に見ているのです。それはとても残念なことです。日本人は本来、個であるよりは関係のほうが哲学的にはなじみやすかったのでしょうが、近代的な科学を輸入したときに、動物・植物は分類学に陥り過ぎて、日本人になじみの薄い学問として教わってしまったのではないでしょうか。むしろ、江戸時代のほうが動植物についてのおもしろい記録や考え方があったような気がするのです。

**中村**　なるほど。でも今また研究は関係に戻ったと思います。遺伝子の研究はついこのあいだまでは構造としくみの研究だったけれども、今は流れと関係の研究になりました。日本人には非常にわかりやすくなってきたのでしょうか。

**下河辺**　科学者のほうがむしろその点をわからなくて、一般の日本人はそれが抵抗なくわかる素地をもっているのではないかと、少し楽観的に思っているのです。

**中村**　そうすると、私の言う「科学を文化に」も、そう捨てたものではないですね。

**下河辺**　はい。そうつながるわけです。だから、科学者たちが自分の館を社会に接点を求めていくという意味は、むしろ科学者にとっておもしろさがあるかもしれないと期待しています。もちろん、一般の人にとっても科学というものが知らされていくというメリットはあります。ですから、相互に作用しあうとおもしろいですね。

**中村**　そうすると、ちょうどいい時期なのでしょうか。

**下河辺**　今タイミングとしてとてもいいのです。一九八五年当時はまだそういう雰囲気ではなかったですね。

**中村**　口ではいろいろ言っていたけれども、まだ実体が伴っていなかったのですね。

**下河辺**　環境論でも、関係として議論するよりも、公害とか住みづらいということで議論したし、居住などもかなり具体的なテーマになっていったでしょう。それで、本来もっている人間のところだけ後に残ってしまった感じだけれども、今まさにそういう時が来ているのでしょうね。

**中村**　それまでは近代科学と言うと西洋からのもので、どこでも一律だったけれども、実はあらゆるものは多様が基本なのではないかという考え方は、あのころさまざまな分野から出てきていましたね。私は、多様は多様なのだけれども、バラバラの多様はおもしろくないと思うのです。根は同じなのに、表現型は多様であるというのが一番おもしろいと思うのです。また遺伝子に戻りますけれども、生物は遺伝子にしてしまえば皆同じと言いながら、ヘビやカエルやトリがいるわけですから、根が同じで多様であるという点がやはりおもしろい。

**下河辺**　知識のなかった人間が再認識した形を多様化というのであって、新しく生みだしたものではないのですね。基本的には、関係という議論の中で理解できるテーマでしかないと思うのです。その関係があるパターンをつくり上げたときに、それを秩序と言う。

**中村**　それができつつあるところかもしれませんね。

**下河辺**　一つひとつの意見が異なるのに、全体としては秩序を保つというあたりが、何か楽しくてしょうがないですね。

**中村**　何か見えてきたという感じがしますね。

**下河辺**　それは村上さんも公文さんも、共通に触れてくれてはいるのですね。ただ、それがどういうものかという点が読めていなかった。

**中村**　時代というのもありますね。

**下河辺**　大きいですね。奇妙な言い方だけれども、中村さんが女性であることも私にはおもしろいことなのです。

**中村**　なぜですか。私は女性であることをあまり意識してはいないのですけれども。

**下河辺**　でもやはり女性なのです。ある時代感覚と並行してきているのです。やはり単純なる男性サラリーマンなどからはなかなか出づらい発想です。皆が気がついてしまえば、コロンブスの卵みたいなものですから、男、女に関係ないですけれども、そういうものが生まれでてくるプロセスが私にとっては猛烈におもしろいです。

**中村**　確かにカチッとした組織の枠の中にいたらできなかったことだとは思います。その点は幸せだと思います。

**下河辺**　やはり偶然の社会的地位がモノを言っていますからね。時代がそうなったにしても、それを言い始めるチャンスは無限にあるわけです。われわれが中村さんにある期待をもったのは偶然の関係でしかないのですけれども、しかしそれが出てくる必然性、客観性はありますね。

**中村**　そのときはわからないけれども、後から見ると、時代というのはありますね。

**下河辺**　私は戦後、社会に飛びだしてからいつも空想的な未来ばかり考えて生きてきましたから、空想的な未来というのは意外と現実化するものだというのが実感です。十年、二十年という長さは人間にとって相当貴重な長さですね。

**中村**　私も実感しています。生命科学を始めて二十年ですから。

**下河辺**　ずうっと違ってきたでしょう。そして、残念ながら結果はいつでも「想像を絶するもの」なのですね。

**中村**　後から見るとよく見えるというあたりまえのことですけれども。でも、これまでの二十年間とこれからの二十年間という見方をすると方向が探れそうですね。

**下河辺**　これからの二十年間というのは、断然おもしろいのではないでしょうか。

**中村**　今の動きを見ていると、おもしろいともどうしていいかわからないとも言えます。でも、混沌としている時代だからこそ、まわりを見てあれこれ考えずに「私はこう思う」という本音が出せるのではないかとも思います。

**下河辺**　実は百年とか二百年という長さの議論がもう一つ必要になっているのですね。十世紀や十三世紀の科学の議論というのが出てきたけれども、十五～十六世紀のルネサンス、十七～十八世紀の産業革命、そして現在の二十世紀ができたというような長さの中で、二十一世紀、二十二世紀を論ずる科学論が必要だと思うのです。そういう議論をするときは、歴史に学びながら、実は自分のことを言うしかやりようがないのですね。

**中村**　そう思います。私たちの世代は小さいときに戦争が終わるなど、価値観が目まぐるしく変わった時代です。ですから、それに対応して、まわりをよく見ながら動くことは上手にやってきた世代です。それだけに、「私はこれが大事だと思う」と言うチャンスがありませんでした。そろそろ「私はこれが大事だと思う」ということを言ってもいいのではないか、これだけ混沌とした時代にはそれしかないのではないかという気もしています。

**下河辺**　現在が混沌としているということも当然なのだけれども、中村さんのジェネレーションは生まれたときから混沌とし続け、安定した価値観で暮らした経験がないのですね。

**中村**　ないです。だから、自分が大事だと思うことが心の中にあっても、すぐに変わったりするものですから、言っていいのかどうかずっと迷ってきた世代なのです。

**下河辺**　反社会的にさえ受けとれてしまうわけですね。しかし、それが財産で、それがエネルギーになって、次の時代に対する価値観が何か発言されていくという期待があるのです。私のジェネレーションは、日本が国家としてある安定した価値観をもったジェネレーションなのです。

**中村**　一番うらやましい。

**下河辺**　一番困ったジェネレーションです。

**中村**　なさりたい放題なさることができた一番幸せなジェネレーションです。

**下河辺**　やりたい放題やったというのは、いろいろなジェネレーションに協力を求めることができるおもしろさはあります。自分のジェネレーションの中だけで仕事をするよりもはるかにおもしろい。そして、もっとも自分に理解できないということからくるおもしろさなのです。だから、こうやって話していても、本当は中村さんのジェネレーションがあまり理解できないのです。しかし、おもしろさだけは感ずるのです。そういう価値観の激動期のジェネレーションがこれから何を言い残していくかがおもしろいですね。

**中村**　次の世代へのメッセージですね。

**下河辺**　言わないといけませんね。

**中村**　たとえば科学や科学技術と社会と言うときも、まず、皆さんでコンセンサスを得ましょうと言い、議論の内容も人間の尊厳というような言葉を並べてその場をやり過ごすという方法が随分続いてきました。そういう方法をとらないと、あの人はきちんと考えていないと言われてしまいます。でもそうした時代は終わり、実体感のある考え方や行動が必要なのではないでしょうか。

**下河辺**　二十世紀末というのは、人類がつくり上げた二十世紀に対する反動として出てきた意見が多いのです。たとえば、自然を大切にしようとか、地球環境という言葉は、全体の秩序に対して話しているのではなく、現状批判として出ているのです。あるいは、ビルトインされた体制への反体制として出ていますから、それでは秩序はできないのです。だから、今混沌としているのは、その両極分解したことがガンであり、それを突き抜けた秩序に対する考え方が発言される時期に来ているのですね。これは政治的に言えば、東欧の事件でも中東の事件でも、すべてそこを求められています。そうしない限り、いい人と悪い人が喧嘩するというだけの話になっていくと思うのです。

**中村**　このごろは割合本音が通じる時代になってきましたね。

**下河辺**　皆が求めているから、思いきった発言があると、皆聞く気になる時が来ているのですね。ただ、次はそういう意見を選択することのむずかしさが出てきます。選択するためにはだれかがたくさん言ってくれなければだめなのですね。そのときに、先ほど出たような真理ということでの統合化された意見がいろいろな人から出てくる必要があって、やはり聞いていてうっとりしない意見はだめですね。

## 生きものの関係と流れを見る生命誌《バイオヒストリー》

**下河辺**　中村さんが今つくろうとしている研究所について、少し聞かせていただけませんか。

**中村**　ＮＩＲＡでの研究を通じて「生命誌研究館」という言葉を思いついたのです。生命誌という言葉も研究館という言葉も私と私の仲間の造語で、これにはかなり思いを込めてあります。造語はあまり独りよがりではいけませんが、幸い受け入れていただいています。外国でも〝バイオヒストリー・リサーチ・ホール〟と言いますと、思っていたよりはるかによくわかってもらえます。こちらが中身を説明する前に、「こういうことをやろうとしているのではないか」と言ってくださることが少なくありません。こういうことを求めているのは、世界的な傾向かもしれないと今思っているのです。

　バイオヒストリーというのは、先ほど申した生きものの関係と流れを見るものです。多様がバラバラの多様ではなく、共通性のある多様です。しかも生物はこうあるべきだとか、一番素敵だとか、一番効率がいいという人間の側からの位置づけの問題ではなく、時間がゆっくりつくってきたものなのですね。だから、「人間というのは何だろう」という問いは、「どのようにしてできてきたのか」を考えることになるのです。プラモデルのようにパッとつくるのではなく、他のものとの関係の中で時間をかけてできてきたものなのだ、と考えることが大事な時代になっています。これを端的に表したのがバイオヒストリー、すなわち生命誌という言葉なのです。自分で言うのは変ですけれども、これは悪くない組み合わせの言葉だと思っています。

**下河辺**　生命誌という「誌」のほうで議論することがとても魅力的です。英語でヒストリーと言うと、それでいいのだけれども、日本人が歴史と言うと、過去の事実としか理解しないでしょう。それを「誌」にすると違った認識であることがはっきりしていいと思うのです。

**中村**　物語という感じです。

**下河辺**　過去、現在、未来を入れたものが歴史であるという認識が日本人にはないですね。自分に関係のない史実として認識してしまい、自分そのものだという認識がない。

**中村**　知識になってしまうのでしょうね。

**下河辺**　知識になってしまうのですね。「生命誌」という字を見たときに、これはとてもおもしろいと思いました。

**中村**　私は理事長のように漢字の素養はないのですけれども、「誌」という字には思いを込めました。〝そこにあるすべてのものが関与して描きだす物語をつづる〟という感じです。「誌」はとくに漢字としての意味はあるのですか。

**下河辺**　中村さんがさっきから言っているような意味でしょうね。それを〝記す〟という意味もあの字にあるでしょうから、とてもいいのではないですか。

**中村**　ゆっくり記していくという感じですね。

## 人間と科学が見える「研究館」

**下河辺**　博物館の博・物という言葉もとてもおもしろい言葉だと思うのです。今の日本では博・物というと、モノと心とが分かれたモノだけを並べておく所というような感じになってしまったかもしれません。

**中村**　古めかしいものを置いておく所というイメージですね。

**下河辺**　しかし、今や博物館というのはそういうイメージではなくなってくるのでしょうね。

**中村**　欧米の博物館を見ると、それが本来もつ機能を教えられます。

**下河辺**　モノが占領地から持ち去られたときとか、買ってきて拾い集められたものを陳列しておくというので、珍しいものを見に行く場所となってしまうとしたら、あまりこれからの意味はないのでしょうね。本来、そのものがあるべき所にあることのほうが本当でしょうね。博物館に集められるということはあまり意味がありません。

それでは博物館とは何なのかというと、知的なものを求める人間が集まる場所であって、集まってくる人たちに知的なサービスがどれだけできるか、そして集まった人からどれだけ学べるかという相互作業が博物館としての意味だとすれば、さっきから言っておられるような研究所のイメージが、本来的な博物館の意味そのものなのでしょうね。

**中村**　研究館の次に博物館、科学館の研究をさせていただきましたが、私は研究館のほうはむしろ、科学者が社会へ向けて発信するポテンシャルを引きだす場だと考えています。

一方、社会の側にある科学に親しむポテンシャルを引きだす場が科学館です。人々に本来存在する科学を楽しむ気持ち、あるいは知的なものへの好奇心を掘り起こす場として考えています。それは本来なら学校なのかもしれないけれども、今の学校で考えるのはむずかしいので、科学館をモデルにして考えてみたのです。それが〝サイエンス・コミュニケーション・センター〟です。これは研究者からの発信を上手に社会につないでいくという新しい場です。

では、古めかしいものが並んでいる博物館は意味がないかと言うと、私は、モノを見ることは言葉で伝えることよりも大きなメッセージをもっていると思います。高松塚古墳や藤ノ木古墳からいろいろなモノが出てきますね。以前は、昔の人なのに大したものだ、と思っていたのですが、このごろそうは思わなくなりました。人間は大して違わないので、千五百年も前でもああいうものができたのはあたりまえなのではないでしょうか。われわれのほうが能力をもっているような言い方はおこがましく、われわれがあの時代へ行けば装身具を作ったろうし、あの時代の人が今の時代へ来ればコンピューターをいじったでしょう。ちっとも変わらない人間がやっているのですから、今見ても「すごい」というものができるのはあたりまえなのだと、モノから読みとれました。ですから、モノというのは豊かなメッセージをもっていると思います。

**下河辺**　とくに仏教ということから言えば、心のないモノの存在を認めないわけですからね。石にも心があるというぐらいに思うのだから、まさにそのとおりです。

**中村**　心があると思うことが「関係」ということなのでしょうね。

**下河辺**　そうです。人間が見るから石に心があるのであって、石が地球に存在していてもそれは心の問題ではないですね。

今のお話を聞いていて思うのは、医学者たちが病院で患者を待っている姿はおもしろいですね。というのは病気が歩いて来てくれて、それが自分の研究対象なわけでしょう。その患者は死んでしまうかもしれないけれども、次に来る同じ患者が助かるかもしれないというような科学をくり返しているのでしょうか。

**中村**　一番社会に近いところで、人間と科学が見えている場かもしれませんね。

**下河辺**　生命誌研究館というのは、アナロジカルに言えば病院のようなものですかね。科学欠乏症の人がたくさんやって来て、満足感を得るのではないですか。

**中村**　お年寄りが安心のために病院へ行くのと同じでしょうか。

**下河辺**　すばらしい科学者と会っているうちに、断然幸せな気分になるというような研究館ができたらおもしろいですね。

**中村**　科学でも人間というものに何か意味をもたせたいのです。同じ科学的事実でも、新聞に出るのと本当にそれをやった人が一生懸命に語るのでは随分違うと思います。私は研究をなさった本人がメッセージを出せる場というものをつくりたいのです。

**下河辺**　先ほど言っておられた、森でだれかが知識を与えてくれたときに同じ森が違って見えるというのとまったく同じですね。そして、案内した方も、相手がそれで感動してくれなかったらだめでしょうね。あたりまえだと言っていたのではおもしろくありませんから、学者と見に来た人のあいだで通じあうといいですね。

**中村**　科学はむずかしいと言う方が多いけれども、そういう形で共有できるものはあるはずだと信じています。

**下河辺**　今までの科学は自分の外にある知識を覚えさせられて、テストされて、点数を付けられて……というあたりから、もう科学に対して拒否反応が出るのは当然のことかもしれません。しかし、自分の中にあるものが科学だということに気がついたら、自分の体の中に科学を掘り起こしていくことは自分でしかできないことだし、一番おもしろいテーマでしょうね。

**中村** 科学というのは〝問う〟ことなのです。ところが、今いけないのは、科学というと答えを出すことと思われていて、科学の本、雑誌は答えを書くものになっているのです。答えが出たときはもうある意味では科学ではなく、問うているときが「科学」なのです。だから、その問うているところを一緒に見なかったらおもしろくならないと思います。

## 企業の文化事業のあり方

**下河辺** 今お話し合いをしたような空想というものが現実化するためのシステムをだれが背負うのかと考えると、従来、科学というのは人間にとって精神的な非営利活動だから、公的な資金がそれをバックアップするのが常識だったかもしれません。しかし、公的資金は制約が多くて、空想を取り入れることが苦手です。昔の貴族や大名や君主であれば自分の好きなことをしたかもしれないけれども、民主化の中ではできないでしょう。そのために最近は、そういうことが理解できる志のある企業がそれをやってみないかという議論がようやく出てきました。そのとき、企業の加わり方は、企業の文化事業が直接利益に結びつくのではなく、文化事業の成功がそれ以外の営業に対して間接的な影響を与えるということを信じながら、純粋な文化活動をしていくことがこれからの企業にとっての社会的責任であり、企業の繁栄にとってもとも基本的なアイデアかもしれないと思うのです。そういうことが理解できる経営者や企業マインドが中村さんのアイデアとつながれば、現実化するかもしれない。

**中村** 私は、これまでも企業に支援していただいて基礎研究をする場で暮らしてきましたが、その体験から日本企業のもっているポテンシャルやフレキシビリティには大きなものがあると実感しています。ただ、今おっしゃった文化事業を行なうときに、それが企業全体がねらっている方向と同じほうを向いているのが望ましいですね。文化事業というのは直接利益に結びつくものではありませんが、物事はやはりギブ・アンド・テイクの関係が全然ないものはあり得ないと思っています。そして、スポンサーとの一体感が非常に大事です。企業自体が文化と重なるような理念をもってくださること、それから文化活動をする方も、お金をもらうだけではなく一体感をもつことです。そのような状況ができると、企業が文化事業をもっているほうが、企業としても活性化することになるのではないかと思うのです。

**下河辺**　今中村さんの言うことはかなり重要です。企業の一つひとつが個性的であって、科学技術で生産性によって画一化して競争していくというような企業関係ではなく、企業それ自体がある存在価値をもっていて、その相互の企業関係というものがまた新しいテーマです。多様化した企業のオリジナリティのようなものがあって、したがって、村上さんが「一地域に一つの文化」と言ったけれども、「一つの企業に一つの文化」と言えるほどのイメージが企業にとって重要ですね。だから、一つの企業がもっている一つの文化と、一つのアイデアとがドッキングできる形で文化事業が行なわれないと意義がないのでしょうね。

**中村**　ただお金を出しているだけでは長続きしません。

**下河辺**　それに、社長が代わると、途端に意味がなくなったりするでしょう。そういう企業イメージというものは、生命誌研究館とはまったく別に、企業とは何ぞやというテーマのなかでも一番重要になってきたと思うのです。儲かる企業がいいかというと、そうではなく、これからは文化的存在価値のあることが社会的に認められた企業が一番いい企業となるのでしょうね。

**中村**　そうですね。ところで、その文化事業の中に音楽や絵やスポーツと一緒に科学を入れていただきたいというのが、今私の申し上げたいことなのです。それには、音楽のプロがアマチュアに対して第一級の音楽を発信するのと同じように、科学の専門家が先端の科学を真剣に社会に向けて出していかなければいけないのではないでしょうか。それが科学が文化になるということです。ところが今、そういう場が不足しています。日本の中で文化としての科学がもっと根づくためにはぜひそういう場が必要です。

**下河辺**　今までも少し志のある経営者が、科学といってもアカデミックな形で協力した例は世界にも多いし、日本にもあることはあります。

**中村**　奨学金を出してくださるところは今でもあります。けれども、それは文化としてというよりり、将来的に技術を育てるための基礎科学振興と思っていらっしゃる。ですから、音楽や絵のように表へ文化活動として出てこないのです。科学についても、固苦しいものではなく、もっと楽しいものにしたいと願っています。

**下河辺**　どうもありがとうございました。

＊初出は『ＮＩＲＡ政策研究』Vol.3 No.11　一九九〇年

**後記**

下河辺さんは、国土交通省の次官をなさり、第一次から第五次までの全総計画（全国総合開発計画）に関わった官僚です。その方がこのような見識をお持ちだったのです。その日本で仕事をしてきたことを幸せと思い、今の日本のありようが気になっています。

（中村桂子）

## 2 〈対談〉「生命誌」という知的冒険

一九九三年


生命誌研究館館長／京都大学名誉教授　岡田節人

生命誌研究館副館長　中村桂子


### 「生命誌」が誕生するまで

**中村**　生命誌という分野を考えて岡田先生に最初にご相談したころ、私は生命科学の状況が変わることを望んでいました。学問の面と社会的な面とで。

生物学は、遺伝子操作に代表される、物質として生きものを見る方向に向かっていた。そして、生物学という存在が世の中には技術としてしか見えてきていない、そういった状況だったんです。でも、科学はそれ自体が大変おもしろいものですし、とくに生物学は生きものそのもののおもしろさがあります。そこで、その気持ちを文化としての科学と表現してみたのです。ただ、言葉で「こういうことが大事です」と言ったり書いたりするだけではだめで、やっぱり現実的なことをしないといけない。それで、こんな突拍子もないことをわかってくださるのは岡田先生しかない（笑）と思って電話をかけました。

**岡田**　あれはもう五年前になりますか。

**中村**　六年前かな。あのとき先生はすぐに「うん」と言ってくださいましたね。あれは忘れられない瞬間でした。

**岡田**　私は長年、生物学なる学問をやってきまして、往生することがしばしばあるんです。それはなぜか。私が実際に何をやっているのかということを、世の中の人がわかってくれないからなんです。たとえば「何をやっておられるんですか」と聞かれて、「生物学を研究しています」と答えるでしょう。すると「いいご趣味ですね」と言われる。もう少しまじめな人は「じゃあ、この草はなんという名前ですか」と聞いてくる。そんなの知るわけがない。こっちはもっぱら実験室の中で細胞とか組織とかを相手にしているのだから。でもそれを説明するのには時間がかかります。だから、腹が立つけどしょうがないことだとあきらめていました。そしたらある時期、突如事情が転換して、「先生はバイオの先生ですか。さぞかし研究費が豊かでしょうね」とこうくるようになった。生物学がバイオテクノロジーと同じものにされているんですね。日本人の科学に対する認識について、これはもう腹が立つというより笑い話やなと思いました。

こういう目にあうと必然的に、「日本人にとって科学とは何であったか」ということを考えるようになりますね。日本において科学は市民権をどれだけもっているか。どれほど社会で認知された存在であるか。そういうことが気になり始めると、だんだんフラストレーションがたまってくる。私はそういう状態だったんです。

そこへ桂子先生がものすごい話をもってきた。ひょっとしてこれが定着したら、私が何をやっているかということを人に説明するのが簡単になるかなと思って(笑)、それに迷うのが嫌いという私の人生美学もあるから、ただちに「イエス」と答えたんです。

**中村**　あのときは、きっとわかってくださるだろうなという期待と、機構長さんですから日本の科学システムのなかにどっぷりと浸かってらっしゃって「そんなばかなことを」とおっしゃるかなという気持ちが半分半分。どっちかなと思いながら電話しました。先生がうんと言ってくださったので、多田富雄（東大医学部教授）、松原謙一（阪大細胞生体工学センター教授）のお二人にも加わっていただいて、具体的な形を探る研究を始めたんです。

**岡田**　本来ならこういうことは、国がやらないといけないことなんです。でも私もその中にどっぷり浸かってきましたから、市民権のない科学を援助できるほど国に余裕がないことはよくわかります。さてそうすると、あとはどこかの企業にスポンサーについてもらうしかない。それには当然ものすごい折衝が必要になる。この大仕事ができるのはあなたしかいなかったんですよ。

**中村**　そんなことはありませんが、こんなおっちょこちょいはあまりいないのは事実です（笑）。

## 生物学と生命科学

**岡田**　「生命誌研究館」というのは見慣れない名前なので、みんな開口一番、「よくわからない」という。でも、よくわからないということは、実は、目新しいと言っているのと同じなんです。つまり関心をひきつけたわけです。この名前の中で、とりわけて何がわかりにくいかというと「誌」という字。みんなこれが気になるという。そこで私は「学や論というのとはフレーバーが違うでしょう」と答えます。肌合い、色合いが違うということです。この違いがわかってもらえれば私は大満足です。

**中村**　先生のおっしゃる肌合いというのは、生きものとか生命という言葉とよく合うという意味での肌合いですよね。研究所とか博物館とか科学という言葉よりも生きものに合う感じがする。そこがポイントなんです。それに、「謎」は歴史だけでもないし、物語だけでもない。いろんな意味を含んでいるんです。「館」という言葉も「所」というのとはやはり肌合いが違うんです。

**岡田** そうそう。それこそ動物学研究所なんて名前にしたら、わかりやすいけど、だれもお金を出してくれないし、第一だれも見に来ない。

**中村** 実は、岡田先生に最初にご相談したときは、「生命誌」という言葉も「研究館」という言葉もまだできていなかった。こういうことをやりたいというイメージはあったんですが、それを的確に表現できる言葉はまだ見つかっていませんでした。いろいろお話ししているうちに、ある日突然この六つの字を思いついたんです。そして、この言葉を思いついたとき、自分の考えていることがはじめて明確になりました。

生命科学は、広い視野をもっているようですが、やはり科学ですから非常に分析的で、どんどんミクロの世界に入ってしまいます。ところが一九八〇年代に入ってそれをつきつめていった先に、ミクロの世界にも矛盾があるというような生きものの姿が見えてきた。これはおもしろい。完全に科学を踏まえたうえで、もうひとつ先に進める概念はないかと思っていたんです。そこからでてきたのが「誌」。これが加わるとこれまで非常に分析的だった科学に時間が含まれて総合的になる。もうひとつは「多様性」です。DNAが発見されてからは、これを基本とする生命の普遍性が一番大きな話題になっていましたが、やっぱり生物はみな同じでしょうといって終わるはずもなく、学問のなかにも、もう一度多様性に向かう雰囲気が感じられていました。そういう動きを何かできちんと表現したかったんです。

だから、ちょっと生意気なことを言わせていただくと、「生命誌」という言葉は、生物学がいま動いている方向を割合的確に表現していると思っているんです。

**岡田**　生命科学というのは普遍が中心にあるから、一時代前の流行語で言うと「大腸菌に真であることは象でも真である」となります。大腸菌にも象にも真であることは当然、人間にも真です。だから、こういう立場にいる人たちはしだいに人間のことについてより多く発言するようになってくる。

一方、生物学というのはこだわりです。たとえば、これは京大にいた時分のことですが、ある知り合いの奥さんが私の本をお読みになって、大変感心したと言われた。それが本のなかのどういう部分かというと、「生きものというのは人間をひきつける。私は猫も魚もかわいがらないが、試験管のなかの細胞をかわいがっている。これと格闘しているとだんだん気合が入ってくる。だから東京から最終電車で出張から帰ってきても、一度は研究室に寄ってその顔つきをみないと安心して寝られない」。これが生物学ですよ。生物学の原点。私がこの世界に入るそもそものきっかけも、昆虫少年だったからです。つまり生物学は、さまざまな生物が地球上にいるということに目を開いているんです。

生命科学はバイオテクノロジーとかにつながって、社会のなかで応用されるから、その研究は戦いの修羅場になっている。そのなかで遺伝子や何かと奮闘している間に、生物を見るときにこれだけの立場しかないのかと、桂子先生はそう思われるようになった。

**中村**　そうなんです。いまごろになって生物へのこだわりがでてきた（笑）。

**岡田**　こだわりというのが生命を理解するうえで一番生々しい立場なのだと考えられたわけですね。

**中村**　イモリとかカエルとか、そんなものいままで考えたこともなかったけれど、このごろはおもしろいと思っています。

ただ、私の立場から言わせていただけば、やっぱり基本に普遍があるという安心感は不可欠です。かつて多様性の時代があって、それからしばらくは普遍、普遍でやってきた。でも、もうそのどちらかだけではだめになった。これまでの動きを踏まえたうえで、多様が考えられる時代になったんだと思います。

**岡田**　生物学と生命科学とは立場的、概念的にはきちんと区別する必要がありますが、双方はオーバーラップしているんです。生命科学のない生物学はありえないし、生命科学のほうも本来の生物学的色彩をつけなければならなくなってきた。

**中村**　生物学と生命科学、これらが一緒になるところにおもしろさがあるんですよね。

**岡田**　そのとおり。そしてそこから「生命誌」というすばらしい言葉が生まれたわけです。

## 「個体」が見えなくなった自然科学

**中村**　私は、普遍性は、多様性だけでなく、「個体」という概念も消し去ってしまったと思っています。最近、利己的遺伝子という言葉が流行っていますが、なんでも遺伝子で語ろうとすると、それこそ大腸菌も象も同じだ、となってしまいますね。ＤＮＡが続いているということだけに目がいくと、個体はその単なる乗り物ということになる。進化についても同じことが言えて、非常に概念的に語られるばかりで、個体が消えてしまっているんです。

最近、専門外の人が科学に興味をもつのは実体より概念なんですね。本屋さんに行っても、遺伝の進化の本はたくさん置いてある。概念的なもののほうが人気があるんです。

でも遺伝にしても、なにもＤＮＡだけが動くわけではなくて、親がいて、精子と卵がいっしょになって受精が起こって、オタマジャクシになってカエルになっていくわけでしょう。これは岡田先生のご専門の発生生物学ですが、こういう分野はほとんど無視されてきたように思います。蝶が生まれてくるとか、トカゲの尻尾を切ったらまた生えてくるという現象があり、そこでDNAがはたらき、結果として進化が起きるわけですが、その一番基本のところが抜け落ちていますよね。

**岡田**　さっき私は、生物学をやっているといっても世の中にわかってもらえないといいましたが、そのなかでも私が専攻してきた発生生物学というのはとりわけ解説に困るんです。発生というと十人中九人までが生命の起源のことととります。

**中村**　ボウフラはわいてくると思っている(笑)。

**岡田**　子どもから親になるという意味はなかなか知られていません。とくに日本では。

日本において自然科学が市民権をもつためには、自然と直接に対決するものとして普及してもだめなんです。方法は二つあります。一つは役に立つということ。いいかえれば金儲けになるということです。二つ目はイデオロギーになること。つまり、ちょっと手を下して実験してみて自然の肌合いを感じるというよりも、一生懸命本を読む。すなわちイデオロギー。

さっきおっしゃったように、いま本屋に行くと進化の本が大変多いですが、明治時代に進化論が日本に輸入されたとき、どれだけ人気があったか。それはもうすごかったそうですよ。そしてその影響がどこへいったかというと社会主義に向かった。つまりイデオロギーになったんです。

その次にイデオロギーになったのがルイセンコ。あのとき、日本人がどれだけ生命、生物に対する関心をわきたてましたか。そしてルイセンコの次に分子生物学が出てきた。

分子生物学は確かにこれまでの生命認識を徹底

的に深めたすごい学問です。しかし分子生物学のために、新しい科学ができたとか哲学ができたということはないんです。つまりイデオロギー的にはそんなにおもしろいものではなかった。だからDNA、RNAと喜んでいたマスコミも、いつのまにか喜ばなくなりました。では、この学問がどうやって日本で市民権を得たかというと、それは金儲けですよ。

**中村**　バイオテクノロジーですね。

**岡田**　こういう世の中の流れを見てくると、いまここで、こうした正統的研究とはちょっとずれる、それこそ肌合いの違う活動をするということは、非常に意味があることなんだとあらためて思います。

## 科学をいかにして見せるか

**中村**　先ほどの先生のお話ですが、私のように化学から分子生物学に入った人間にとっては生物学はまったくイデオロギーではない。物理や化学で扱える一つのテーマとみなしていました。生物学の人は、この新しい分野を取り入れるにあたって世代間で闘争があったりして悩んでいたようですけれど。

**岡田**　そのとおりです。たしかに生物学はイデオロギーと結びつきやすい。でも、それと同時にやっぱりこだわりがあるんですよ、生きものに対して。こだわりがいつのまにか愛情になる。カエルの卵で研究しなければならなかった分子生物学者も、五年もたてばカエルに入れこんでいる（笑）。生きものにはそうしたふしぎさがある。

**中村**　分子生物学ではアマチュアの愛好家というのはあまり聞きませんが、生物ではアマチュアの愛好家が多いのはそのためなんでしょうね。それに、対象が目に見えるということもあるし。

最近の研究室の中は目に見えるものがほとんどなくなって、何をやっているんだか外からわかりにくくなってしまいました。外部と乖離しているんです。そして研究室から出てくる言葉といえばＤＮＡ。このＤＮＡはどこにつながるかというと、蝶々の愛好家やそういった方面ではなくて、イデオロギーのほうにいく。利己的だとか、ダーウィンは正しいかとか、ダーウィンを超えるとか超えないとか。そういうところにＤＮＡはみんな吸収されてしまったんです。

**岡田**　残りは金儲けにつながっていく。

**中村**　アマチュアの昆虫収集家のほうには決してつながらなかった。だから一般の人にわかりにくいんです。そうなってしまった原因のひとつは、研究者の外への発信のしかたがまずかったんだと思います。学者としては論文を書くとか、お金儲けにつながることをすれば自分の業績になるし、研究も進む。でもアマチュアのひとたちに「私の研究はあなたがたにつながっているんですよ」といってもなんの得にもならない。だから何もやってこなかったんです。

私自身も、ＤＮＡが、進化論やバイオテクノロジーばかりで語られるのがとてもいやだったのですが、よく考えてみると、こちらの側からの発信のしかたも良くなかったなと思うんです。

**岡田**　研究者が発信する努力を怠っているというのは、この場合あまりあてはまらないと思いますよ。それより発信することを楽しいと思わない研究者が増えてしまったことが問題なんです。やっぱり楽しみだと思わなかったら、だれも発信しようとはしませんよ。

**中村**　そうですね。でも生命誌の仕事を始めてみて、ポテンシャルとしては発信しようという気持ちと能力をもっている人はずいぶんいるように思いました。ただ社会全体として、そうした発信をするチャンネルがないんですね。

たとえばイギリスのクリスマスレクチャーなどは、やっている側が楽しめるようなチャンネルになっています。BBCと組んで、自分自身がどう工夫してレクチャーをしようかということを楽しんでいて、しかもやっただけの反応が返ってくる。そうしたチャンネルが社会の中に長い時間をかけてできているんです。

でもあちらは歴史も長いんだし、われわれは明治のころから出発したようなものだから、いまそういうチャンネルができていないことに対して文句をいってもしょうがない。だからこれからつくればいいんです。一〇〇年ぐらいたったときに、日本にもみごとなチャンネルがあるということになっていればいいと思っています。

**岡田** これまで日本のアカデミーは、発信しようとする研究者を嫌ってきました。これはもう徹底的に嫌いました。発信が好きなやつにろくな学者はいるはずがない。そう思われていたんです。

**中村** 発信というのは、もちろん一人ひとりの研究者が自分の仕事をなんらかのかたちで外に表わすことができればいいんですが、このごろはさっき申し上げたように、見えないものを扱っているからむずかしい。蝶々やカエルなら、「ほら」といってお見せすればそれでいいんですが。

だから発信といっても、研究者が人間性で伝えていくのとともに、いかにして見せるかという技術も大切になってきています。これも研究対象の一つになりますね。そういったこともあってこの生命誌研究館には、科学をいかにして見せるかということを専門に研究する人たちがいるわけです。

## 小さな生きものから知る経験

**岡田** いかにして見せるかという話をすると、たとえばこの研究館の一階に展示してあるオサムシの標本。なぜオサムシを選んだかというと、まず人様にお見せするんだからよく見える大きさの生物でなければならない。昆虫の中で大型のものといえば蝶々がいるけれども、これは羽根をひろげると場所をとりすぎるので、展示には向いていない。それにオサムシにはまことに美しい種類がある。これはもう宝石のごとく輝いている。かと思えば、真っ黒けの、なんにもおもしろみのないものもいる。これが本当に同じ仲間か、となる。それが多様性なんです。さらにこの昆虫は、幸か不幸か羽根が融合してしまっていて飛ぶことができない。川を飛び越えることができないから、川の向こう側とこっち側で、種類が別になる。きっちり分かれるんですね。これは「箱庭的進化」とよばれています。

するとこれまでの話が全部揃ってきます。まず、きれいな虫を見てもらう。生物の多様性がわかるわけです。それから、川を境にした分布のちがいを見てもらう。それがDNAとどう関連しているのか。いまはまだ完全ではないですが、これは当生命誌研究館でこれから研究し、それらの成果も含めて、近いうちには一挙に展示できるようにしたいです。

**中村**　つまり対象を少なくして、それをワンセットで見せるわけですね。

**岡田**　それからプラナリア。この動物は体を切っても切っても死なずに再生してくる。だから、たまに子どもたちをよんで二つに切って持って帰らせようと思っています。水道の水は悪いから漉して使えといっても、子どもは邪魔くさくなってそのままかけるかもしれない。そうしたらプラナリアは死んでしまう。

**中村**　死ぬという生きものの本質を知ることになる。

**岡田**　そう。それには自然に死ぬんではなく、殺していることも含まれている。これは、本当はがんばって生き延びる生きものを殺したということで、その行為によって、ある認識をもつようになるかもしれない。

**中村**　生きものは死ぬことがあるんだ、ということを知ってもらうためには、小さな生きものでいいから本物に接することですね。上手に生きるとはいったいどういうことなのか、それを経験によって知る。そのためには本当の生きものを対象にするしかないんです。動物愛護をうるさく言う人でも、犬や猫ではなくプラナリアだったら許してくれるでしょう（笑）。

**岡田** もし、切られたプラナリアがうまく生き延びれば、そのはばたく生命力を肌で感じることもできます。この研究館には実験室もいっしょにあるから、そういったことが可能になるんです。

## 『ジュラシック・パーク』のおもしろさ

**中村** さきほど、目に見えないものを扱うとイデオロギーになったり抽象論になったりするという話をしましたが、言葉にも原因があると思うんです。

遺伝子という言葉は、英語のジーン（gene）の訳に使われていますが、ジーンという言葉は、本来は、〝生成していくための因子〟という意味でしょう。何かを伝えるというよりも、体の中でいろんなものを作るという役割のほうが本質的なわけでしょう。それを遺伝子と訳したのはちょっとまずかった。

遺伝子治療という言葉も良くないですね。体の細胞のDNAを対象にしているだけなのに、何か子孫に伝わっていくように錯覚され、本来神様がやることを人間がやっていると思われています。抽象論にすると、こうやっていくらでも変な方向にもっていけるんです。

**岡田** 遺伝子という言葉にも、このごろではどこかイデオロギー化されたようなところがありますね。

**中村** ええ、何か決定論のような感じがするんです。

**岡田** この前、DNAについて講演した人がいて、その人が「DNAというと皆さん非常に暗い印象をもたれるからファンが少なくて困る」と言っていた。でもそんなことはないですよ。それはファンの作り方が下手なだけです。たとえば今年話題になった『ジュラシック・パーク』。この小説のなかでDNAがどのように登場しているか。そういうことに関心はないのかなと思いますよ。これまでSFでバイテクものというとだいたい話が決まっていましたが、あの小説は違います。バイテクが初めて、生物の多球性ということと関連して登場した。話の展開もきわめて独創的でおもしろい。それなのに、『ジュラシック・パーク』を読んでおもしろいと言っている人が、別の局面では、なんとなく暗い遺伝子治療は反対だと言ったりする。その矛盾に本人は気づいていないんです。

**中村**　それにしても『ジュラシック・パーク』はよく書けていますね。あそこに書かれていることは、現在はできませんが、生物学から見て間違いはない。

**岡田**　かつての輝かしくいきいきした生物学が色あせてきた。それは多様性を見る局面が稀薄になったからです。けれども、われわれが「生命誌研究館」をつくり、それと時を同じくして、多様性を登場させるすばらしい小説が出てきた。昔の陰気臭いヒットラーのクローンをつくるような話から、愉快なジュラシック・パークへと、私はおもしろい時代がきたなと思っています。

＊初出は『中央公論』一九九三年二月

# 3 〈対談〉生物学のロマンとこころ

二〇〇三年

JT生命誌研究館特別顧問／京都大学名誉教授　岡田節人
JT生命誌研究館館長　中村桂子

## 虫愛づる日本

**中村**　日本語で自然を表現する時「花鳥風月」といいますね。この言葉には、自然を美しいものと受けとめて愛する気持ちが入っているとされていますが、愛するよりももう少し踏みこんだ気持ちを表す言葉として「愛づる」に目を向けてみようというのが、今年（二〇〇三年）のテーマです。

**岡田**　自然から人間がある気持ちを受けとるときの対象物が、花、鳥、風、月ということでしょう。生きものと物理現象のうまい組み合わせです。

**中村**　先生のお好きな虫は入っていませんが、鳥類が動物を代表しているのでしょうね。花を見て鳥の声を聴き、風を感じるというような受けとる側のことを考えて上手に選んでいますね。

**岡田**　ヨーロッパなら虫、たとえばチョウは入るでしょう。『源氏物語』にはチョウはひとつも出てこないそうです。中国も、巨大な文化遺産があるわりには昆虫を愛づることが少ない。

**中村**　チョウはチョウの姿で生きている時間が短いから、『胡蝶の夢』のように儚《はかな》いものとされて、嫌われた面もあったのかもしれません。

**岡田**　動物、とくに虫に対する関心は、西洋が強い。

**中村** ただ、虫の声は日本人が愛するという。

**岡田** 日本の情緒の代表です。

**中村** 虫は音で評価し、姿形は花や鳥のような美しいものを好む。

**岡田** もっとも、昔は虫のなかに蛇とかミミズみたいなのも入りますから。

**中村** あまりにも多様で、嫌われものも含まれますね。日本人は醜いものを避ける傾向があるようですが、西洋ではちょっとグロテスクなもの、奇異な動物を集めたりするところがあって、関心が違うのかもしれませんね。

**岡田** 西洋でも鳥の声は愛でますが、虫の声は聞きません。だいたい、西洋の庭には声を出す虫が少ないですから。無理もないことです。

**中村** 何を通して自然を感じるかは、そこに元来あった自然と、そこからできてきた文化と、双方の兼ね合いで違ってくるわけですね。

**岡田** 文化によって微妙に違います。日本では虫の声は非常に重要な要素です。

**中村** ドラマでも、ある場面の意味を示すために虫の声を流す。何を鳴かせるかで、そのときの季節はもちろん、人間の感情まで表現したりしますね。

## 海愛づるところ――海洋生物研究所

**中村** そのように日常の中での自然との関わりがあったうえで、生物学では、研究対象の選択が大事ですね。今は、「モデル生物」といって、実験に用いられる代表的な生物が何種類かあります。始まりは単細胞の大腸菌でしたが、今では多細胞生物で、センチュウ、ショウジョウバエ、マウス。植物ならシロイヌナズナとか。これはさまざまな研究室の結果を比較したり、まとめたりできるという利点がありますが。

**岡田** 実験的かつ因果的生物学の始まり以来、扱う生きものは限られてきました。

**中村**　とくに分子生物学になってからは。それまでの博物学の時代はさまざまでしたが。

**岡田**　ほうぼう見ることが真理への道でした。

**中村**　そこから、ウニやイモリやショウジョウバエ……、実験動物が選ばれてきた理由は何だったのでしょう。

**岡田**　それは、成功した研究者の個人的環境におおいに影響されるのと違いますか。歴史を見ると、海の生きものが好き、海への関心、というところから実験用動物が選ばれたというのはあります。

**中村**　母なる海と言われるように、海には自然の原点があり、惹かれるものがありますからね。

**岡田**　海の生物を調べるためには、人間のほうが海へ動いていく。そしてそこに滞在するという一つの西洋文化のスタイルができる。

**中村**　海洋研究所ですね。

**岡田**　これは十九世紀にエスタブリッシュされた西洋文化の一翼でしょう。海に面した国に皆行きたかった。海のほうが生物の多様性が多いということも、もちろんあるでしょう。後にたいていの大学は内陸部にできましたから、海のものを内陸へ運んで飼育することが困難ということもあった。

**中村**　だから研究者が現場へ行く。

**岡田**　すると楽しいことがある（笑）。とくに教官方は海に行くと、本拠地の大学の雑用がなくなる。山へ行って生きものと接することは、われわれの楽しみのカテゴリーのなかでは、海ほどには大きくない。

**中村**　確かに基礎生物学としての山岳生物研究所というのはありません。海には、研究の楽しみとある種のリゾート的な楽しさがあり、それらが重なりあったのが海洋生物研究所。これこそ文化ですね。ウッズホール[1]やナポリ[2]といったら、皆が、知的でありながら決してガチガチの科学というのではない、遊びの要素も含んだイメージをもつ。科学の中でそういう文化的イメージを一番もっているのは、もしかしたら海洋生物研究所かもしれない。

先生にはおなじみのウッズホールは私も伺いましたが、夏は、大勢短期滞在の研究者が訪れて、研究会があったり、地域の人へのイブニングセミナーがあったり。「科学と社会」などと言わずに、自然に活動していました。生きものを愛づることがわりあい明確になっている場所ですね。

（1）**ウッズホール海洋研究所**　ボストン近郊ウッズホールにある研究機関。研究分野は海洋物理学、海洋化学。地球システム全体における海の役割についての理解を深めることを目指し、気候変動における海洋の役割、沿岸海洋工学及び深海探査等にも力を入れている。

（2）**ナポリ臨海実験所**　一八七二年、ドイツ人Anton Dohrnによってイタリアのナポリの海岸に設立された、海洋生物の研究を目的とする世界で最も古い国際的な研究所。当初は、ダーウィンの生物進化論を確証する目的で設立された。その後世界の各地に設けられる臨海実験所の規範となる。地中海の動植物に関する基礎的研究をはじめ、分類学、細胞学、発生学、生理学、生化学、生態学など、生物学の広い分野の研究を行なう。

**岡田**　いかに西洋人が、現地の生きものを愛でてきたかということの象徴の一つです。海洋生物研究所は、ヨーロッパに始まり、アメリカが輸入し、それを日本も輸入しました。世界各地で、近くに海のない大学でも海洋生物研究所をもつという伝統があります。

**中村**　確かに東京大学も京都大学も、多くの大学に海洋生物研究所がありますね。

**岡田**　京都大学では、臨海生物研究所は生物学の道場であると言って、学生はまず合宿に行かされます。

**中村**　夏の海で、ウニの発生とか。生物学入門として基本的なことを訓練されると同時に、自然の中で暮しながら研究するというスタイルになじむのでしょう。大事なことですね。

**岡田**　それで一生魅せられて生物学をやるという人が出てくる。そういうことが日本では非常に多かった。今でもあるでしょう。

**中村**　しかし、ちょっとその伝統が消えかかっていますね。いきなりモデル生物のＤＮＡ解析に入ってしまうような。

**岡田**　でしょうな。海へ行くということ自体が、もうロマンを失ってますから。昔、京都大学の白浜研究所へ行くには、鉄道は海南までしかないので、研究所の船が遠路迎えに来たということです。

**中村**　海洋研究所の利用がちょっと変わってきている在りようは象徴的かもしれない。現地へ赴き、現地の生物に触れ、現場で研究をやる必要がないという。

**岡田**　別に何も海でやる必然のない研究、たとえばホヤのＤＮＡを調べたかったら、凍らせて持って帰ってきたらしまいです。昔はそんなことも海でやってたけどね（笑）。

**中村**　遺伝子ならどこででもできるとなってしまうと……。

**岡田**　そうなると、もう愛づるではないですよ。愛づるという感覚から科学をやる人間が出ないというよりも、愛づることが科学のもとになるというロマンが、世の中から消えたのでしょう。

**中村**　学問も社会も変わってきて、現地に泊りこんでゆったり研究するなどという時代じゃなくなって、何をやるにしても、大きな機械の側でなければできない。生きものの側よりも機械の側である方が大事になっているかも。

**岡田**　一キロでも二キロでも、海からサンプルだけ取ってきて研究室でやるという、そういうスタイルができてから、かなり長いことになりますな。

## 生物学のロマン——深海の新生物発見

**中村**　生命誌は、もう一度生きものの側へ近寄りましょうという提案のつもりです。海といえば、近年、深く中へ入っていく研究が始まっていて、おもしろくなりそうですね。

**岡田**　かなり未開のものがあるということでしょうな。

**中村**　行かないとわからないし、まずは現場へ行かなければならないという意味で、全盛期の海洋生物研究に匹敵する新しい期待がありますね。二十一世紀は、十九世紀の海洋研究に相当するものが深海にあるのかもしれません。生命誌の視点からも、深海がとてもおもしろいと思っています。

**岡田**　ゲノムのおかげで、進化生物学も、データがたくさんとれるから、皆がどんどんやって、もちろん新しい知見も多いですから、やるだけの価値があるのは間違いないですが、しかし何かそのあいだ、仰天させるようなことが起こりませんな。今から仰天するようなことが起こるとすれば、われわれが地球上にまだ見もしなかったような、少なくとも目《もく》ではなく綱《こう》のレベルで知らないような生物が、まだおるかということです。その道のオーソリティの話では、そんなこと絶対ないんやそうですが。

**中村**　綱レベルでの発見はないかもしれませんが、たとえば、三葉虫がまだ生きているとか。三葉虫の化石の専門家が、「最近の深海生物の研究を見ていると、三葉虫もいそうな気がする」と書いていました。深海には、熱水が出ているとか、高圧だとか、太古の地球に近いと思われる環境があって、その付近にエビやタコなどがいることがわかってきましたから。それを見ると三葉虫もどこかにいるかもしれないと思う気持ち、わかる気がします。

**岡田**　度外れた、今まで想像もしなかったような新しい生物が見つかるとすれば、深海だけでしょう。それが採れないことには、思いがけない知的発見はない。

**中村** そうですね。ただそれは、地上に生き残ったものだけで見ていたときの常識を超えているということで、やはりDNAをもっているでしょうし、おそらく古さを残している。

**岡田** そういうものがいるというロマンをもてるかどうかです。どうもそれがないことには、生物学はマンネリになるね。ゲノムを調べつくすのも画期的なことでしょうけれど、機械に頼る技術開発だけでなく、新しい生物が見つかるということ、それはやはり大変なことです。

**中村** 生物学の流れを見ると、身近な花やチョウを見ていた時代から、海洋生物研究所時代があり……。

**岡田** アフリカや南米、東南アジアの熱帯雨林にロマンがあった時代も確かに通過してきました。まだそこにも問題はたくさん残っておりますが、奇想天外な新しい生物はまずおらんでしょう。

**中村** 熱帯雨林も生態系としてまだまだおもしろいですが、とくに生命誌の歴史的な目から見ますと、深海には特別の興味があります。二十一世紀は深海ですね。

**岡田** これまで人間が手を出せなかったからね。しかし十八世紀から、非常にたくさんの密林の生物を記載できたのは、生きものを愛づる人物がいたからこそです。あえて科学者とは言いません。ダーウィンが出るまでは、ウォーレスも商人でしたし、存在が隠れていたといってもよい。隠れていてもいい、今そういう人がいるかどうかです。

## モデル化する生物学

**岡田** 告白すると、僕は海好きではない。〝愛づる〟関心が何もなかった。臨海生物研究所の実習も、部活の合宿的空気で好きでなかったし。海を愛づることはまったくなしに動物発生をやったのは、日本では僕くらいと違うかな。

**中村**　ウニから出発していないとするとどこから……。

**岡田**　僕の関心は淡水にあったのです。両生類です。虫は愛でるだけでどっぷりで、研究は結構。生命誌研究館で六〇歳をとっくに越えてから、オサムシとかチョウとか、少しばかりかじらせていただきました。楽しいことでした。現役時代は両生類、とくにイモリ。これは研究対象として愛でました。実験する動物は、自分で採ってきていましたから。しかしそれは、研究方策からいうと最低の態度だと、長く非難された。遺伝学のバックグラウンドがないからモデルにならない。カンメラー[3]の獲得形質の遺伝の実験が、そういう悪評の開祖になったわけですが。

(3) **カンメラー** (Paul Kammerer)　一八八〇年ウィーン生まれ。一九二六年オーストリア山中で自殺。一九二〇年代、生物学者カンメラーはサンショウウオやサンバガエルを使用した実験で獲得形質が遺伝すると主張した。すぐさまダーウィン学派は彼の実験を偽造だと攻撃した。『サンバガエルの謎――獲得形質は遺伝するか』(岩波現代文庫)は『真昼の暗黒』『偶然の本質』などで有名な作家ケストラーが、遺伝学論争に敗れたカンメラーの悲劇とアカデミズムの独善性を糾弾した白眉のドキュメントである。(解説・岡田節人)

**中村**　実験室の中で飼ってきた純系の動物での実験でなければ、学問的にレベルが低いというわけですか。

**岡田**　その辺の川や池にいるものを、自分で捕まえて飼うて、明日は実験に使われようとも、明らかに対象を愛でておるわけです。しかし、世はモデル生物を実験に使用しなければ通用しなくなりました。一九六〇年代から、ブレンナー[4]、日本では渡辺格[5]らが、このプロパガンダを推進させました。

(4) **ブレンナー**　本書六七頁の注を参照。

（5）渡辺格　一九一六年、島根県生まれ。分子生物学者。慶應義塾大学名誉教授。二〇〇七年没。

**中村**　分子生物学が出てきたということですね。

**岡田**　この方々は、物理学の考え方です。

**中村**　物理学を基とする分子生物学から、モデル動物という概念が出てきた。物理学はモデルの学問で、宇宙のモデルを作って考え、見えない力学もモデルで考えます。しかし生物学は、本来モデルではないはずだけれど。

**岡田**　遺伝学でメンデルが遺伝子の概念を出したので、それを追求するために実験しやすいモデルが必要になり、ショウジョウバエが登場した。以来、遺伝学はこの路線です。この考えが生物学全体にも影響を与えて、実は、発生学では僕の愛でていた有尾両生類が花形になりかけました。両生類といってもカエルと違います。何で有尾両生類か。あれはかっこがええ。サラマンダー（イモリ）、それからアクソロートル（axolotl アホロートル。ウーパールーパーとも）なんてかっこええやないですか。

**中村**　ウーパールーパーって、一時期はやりましたね。

**岡田**　鰓がちゃんと出て、スマートです。今でも少数ではあるがペットとして愛でておる人もいる。有尾両生類は一時期、いわば発生学におけるモデル動物になりかけておった。

**中村**　ショウジョウバエをモデルとして確立したのはモルガンですが、それにあたるのはだれですか。

**岡田**　こちらの旗頭はシュペーマン(6)。ところが有尾両生類は生殖に長い間かかる。実験には実に能率が悪い。シュペーマンは採集者を五人ほど高給で雇って、一人が一日二匹採ってくるのがやっと。それに実験室で卵を産ませる。せいぜい二〇個くらいしか産まない。これではモデル動物にはなりませんな。

（6）**シュペーマン**（Hans Spemann）　一八六九〜一九四一年。ドイツ。イモリの胚を用いて実験。誘導、オーガナイザーの発見により、一九三五年、ノーベル医学・生理学賞受賞。

**中村**　ショウジョウバエは、確かに能率的。一世代が短時間で、しかも眼が赤いとか白いとか、翅があるとかないとか、非常にわかりやすい形態が現れるのでモデル向きですね。

**岡田**　一九八四年の国際発生生物学会で、学会賞を受賞したジョン・ガードン[7]曰く、あと四年後にわれわれはもう一回集まるが、発表の九割方は、ショウジョウバエとセンチュウとアフリカツメガエルの三種類に限られるようになるかもわからんと。

（7）**ジョン・ガードン**（J. B. Gurdon）　ケンブリッジ大学細胞生物学教授。両生類を用いて、細胞核や遺伝子を細胞内に注入することにより、生物の発生における遺伝子の働きを解明し、発生生物学、細胞工学、さらに生物学全般の進展に大きな影響を与えた。

**中村**　なりましたね。

**岡田**　ジョン・ガードンはそのとき、しかしそれだけでよいのかと問いたかったわけです。三つの生物だけやっていたのでは、われわれは発生学の中身、重要な現象を必然的に見逃す。殊に、再生の問題。その後『The International Journal of Developmental Biology』[8]に有尾両生類の発生研究への再評価についての特集が出ました。

（8）『The International Journal of Developmental Biology』
http://www.ijdb.ehu.es/

**中村**　生きものを見ようという動きですね。

**岡田**　スーザン・ブライアン[9]という、そのほうの大変立派な研究をしているご婦人が、〝モデル動物だけで研究して、発生における極めて重要な現象を結局は何も知らずにすませているのではないか〟ということを書いた。なかでもやっぱり再生が大事やと言うているうちに、一番神秘的なものと近かったその現象が、いっぺんにテクノロジーになった。つまり再生医療。歴史の皮肉です。

(9) **スーザン・ブライアン**(Susan V. Bryant)　カリフォルニア大学(The University of California Irvin)教授。発生・細胞生物学者。

**中村**　確かに。多様性のほうでいうと、昨日生命誌研究館のセミナーで、カエルとハエとクモの発生の様子[10]の発表があったのですが、卵から細胞が分裂して移動して、最後にはみんな頭ができ尻尾ができ、背中と腹、左右ができるのですが、その途中の細胞の動きがそれぞれ違うのです。

(10) 橋本主税研究室「カエルとイモリのかたち作りを探る」ラボ(形態形成研究室)。「脊椎動物の頭部神経系はどのように部域化されるのか」、小田広樹研究室「ハエとクモ、そしてヒトの祖先を知ろう」ラボ(細胞・発生・進化研究室)。

**岡田**　皆、紆余曲折の独特の動きをしますね。

**中村**　分子生物学から言えば、カエルもハエもクモも、Hox遺伝子という相同遺伝子をもっている。それなのに、一個の細胞が分裂し軸を作って個体となっていく様子を見ると、何でそこを変えるのかと聞きたくなるくらい、動物ごとに異なる動きをする。でも、それは変えたんじゃなくて、カエルにはカエルの理由があり、クモにはクモの歴史があり、それぞれのやり方でやっているというだけのことなんでしょうね。

今、ゲノムという全生物に通じる切り口を得るところまで来て、やっと個々の生きものに目を向けられるようになったのかもしれない。また新たに生物学が始まったなと感じました。生きものの種類が違っても、背景には共通のHox遺伝子があるということを知りつつ、それぞれの生きものを一つひとつていねいに見ることは、とてもおもしろい。

**岡田**　しかしまだしばらくは、世の中ではそういう研究は始まらんでしょうな。たいていの関心は研究の成果にあり、その応用に向けられていて、成果を高めるテクノロジーが主たる問題ですから。地球上のＨｏｘ遺伝子をもつ生きものが皆、この動物ではこれが発現し、この種類では何が発現するかということ、その集大成はしないといけません。同じ遺伝子が違うことをすることを、コンピューターがどう整理できるのかという問題もありますが、そのためにまた膨大なデータが要りますから、必要である限りは研究への要請はあります。

**中村**　たくさんの解析データの意味を知るには、コンピューターの力を借りることが不可欠ですが、コンピューターが最後の答を出してくれるわけじゃありませんから。

**岡田**　だからこそ、われわれ人間が考える余地があるのでしょう。

**中村**　人間が答えを出すには、やっぱりいろいろな生きものを見て、たとえばクモの場合、ハエの場合と、現物を知っておかないと、コンピューターが出す答えの意味を解釈できません。やっぱりもう一回生きものに戻していかなくちゃ。

**岡田**　あれこれ生きものを見るべきです。生物学の歴史を見ると、成果があがった時がだいたい終わりです。ショウジョウバエでも、研究がシステム化され、どの染色体のどこにこの遺伝子があるということが、手続きとしてやれるようになり、初めて科学としての生物学が成立した。イモリにしても、われわれの時代に発生学の仲間で、「お前、何やっとるか」と聞くとね、「目やっとる」とか「鼻やっとる」とか（笑）。

**中村**　生物の名前は言わなくてもよい（笑）。

**岡田**　当時は全部イモリですから。シュペーマンらのモデル化の影響の始まりでした。しかし、発生生物学は遺伝学と違って、モデル化と言いながら、やはり対象が美的相手でもありました。それに魅せられた人間が出てきていたわけですから。

**中村**　中村修先生が、発生の領域図をお作りになりましたけれど、ああいうお仕事は、美的相手でなければできないのでしょうね。モデル化してもその気持ちがあるかどうか。そこが大事ですね。

**岡田**　イモリの胚を使った実験そのものに魅せられた魂。実験そのものを美しく楽しむ。かつての生物学に存在したこうしたスピリットは、今や完全になくなったのと違いますか。

## 愛づる実験の魅力

**岡田**　僕の本（『学問の周辺――私の生物学小史』佼成出版社、一九九一年）に、「細胞を愛する」という章があります。そこで、大腸菌を愛する人がおるかと問うた。おるそうですな。

**中村**　かわいくなるんですよ。私も大腸菌で実験していましたからわかります。でもそれは、実験が思うようにうまくいくと、なんとなくかわいくなるのであって、本来の愛づるではないでしょうね。いいことしてくれたから褒めてやろうみたいな感じで。

**岡田**　心、通じましたか？

**中村**　だんだん大事にする気持ちにはなって、いい加減に扱わなくなりました。大腸菌も生きているなという感じになりましたが、何でもないときに大腸菌をかわいがることはまずしない。ショウジョウバエも多分そうだと思うんです。

だけどイモリやサンショウウオといった有尾両生類の研究者は、研究を抜きにして、やけに好むところがある。それを岡田先生も何度もおっしゃって、でも、たとえば羽の美しい鳥なら、よく知らなくても「きれいね、かわいいわね」と思いますが、有尾両生類がそんなにパッと一目で惹かれるというほど美しいかというと……。

**岡田**　いや、あれはええかっこですよ。ヨーロッパのサラマンダーとか模様があってすごいよ。でもそれだけじゃない。実はね、育ち方が美しい。

それはオタマジャクシがカエルになるのとは違う美しさがある。

**中村**　どうも鍵はそこですね。

**岡田**　そう。卵から胚になる時。

**中村**　なるほど。その辺まで観察してこそ好きになる。

**岡田**　そうそうそうそう。

**中村**　やはり、そのプロセスを見て好きになるんだ。そういうところがまさに今回のテーマです。卵からの育ちが美しい生きもの、イモリの他に何かいますか？

**岡田**　それはその気になれば何でも美しいよ。クモでも。トリも育ち方は美しい。しかし、実験することとそのものが美しいという実験ができるのは、まぁ、イモリに限る。

**中村**　実験中に、そういうことを感じられるかどうかということですか。

**岡田**　そうそう。実験操作そのものを美術工芸をしているようなつもりでやれるかどうかが基準です。発生を見て有尾両生類を好きになった人間は、実験を愛しています。発生するイモリの卵の、とくに外の皮をはいで、あのデリケートな、パンケーキどころの騒ぎじゃない、絹ごし豆腐のような繊細な胚を、研究者が自分の手で作った道具で切り分けて……。

**中村**　顕微鏡の下で、

**岡田**　殺さずに。

**中村**　その醍醐味。聞いているだけで愛しそうにやっている研究者の姿が浮かんできます。

**岡田**　それに心を打たれている人は非常に多かった。イモリの他、トリでもいい。ただし、トリ胚での実験操作はかなり習熟が必要です。カエルはちょっと汚い。ジジくさい（笑）。

**中村**　カエルをやっている人にはかわいそうな言い方じゃありません？

**岡田**　私の昔のボスのワディントン(11)なんて、「何の材料で実験しているか?」「ゼノパス（アフリカツメガエル）です」「ああ、ゼノパスか」言うてどっか行ってしまう。話も聞かん。「イモリです」言うと喜んで寄ってくる。

(11) **ワディントン**（Waddington C. H.）一九〇五～七五年。インドに生まれ、地質学を学んでケンブリッジ大学卒業後、発生学に興味を移して研究。

**中村** そこまでいったら、もう。

**岡田** カエル好きな人もおられます。今や、モデル動物的、物理学的背景のもとに、モデル生物としてアフリカツメガエルを研究するという人が多くなりましたが、ちょっと古い時代に、今日でいう分子発生学のパイオニアであったドン・ブラウンは、動物への関心とは何の関係もない男でしたが、毎日毎日、卵をすりつぶして核酸やタンパクを調べている間に、カエルをとても愛でるようになった。家中カエルの置物だらけ。同業のイゴル・デビットもカエル好きになりました。ゲーリング(12)は、ショウジョウバエの胴体を自分にした絵を喜んでおります。自分の魂が、ハエに乗り移って飛んでいく感覚を楽しんでいるのでしょう。

(12) **ゲーリング**（Walter Jakob Gehring）一九三九年、スイス生まれ。バーゼル大学教授、発生生物学者。ショウジョウバエを使った生物の発生過程の研究により、ホメオボックスおよびその種間共通性を発見し、生物の形態形成の基本的な理解に画期的な視点をもたらした。

**中村** それはしかし、ドン・ブラウンはアフリカツメガエルで、ゲーリングはショウジョウバエでいい仕事をしたことと無縁じゃないでしょう。

**岡田** まぁ、そうやね。しかし、くり返すけれど、イモリは本当に細胞の塊が美しい。一種の工作の美しさです。それはギルバートの『発生学と美学』に書いてありますが、私はまったく共感できます。

**中村** そういう感覚が、やっぱり今の生物学から少し消えていますね。

**岡田**　対象を愛するという感覚がなかったら、そこまで愛することができなかったら、発生学なんてやったらいかんと、私の前の代の先生が言うたのは、今から思うと誤りではないのですが、少し権威的に主張し過ぎた。

**中村**　対象への愛にのめり込んだらそれはサイエンスではなくなるし、その美しさを知らなかったらサイエンスじゃないし。そのバランスですね。

**岡田**　われわれが今使っているサイエンスという言葉自体、現代風になり、愛づることと隔絶した行為だけをサイエンスと言うという、この不便さに問題があります。

## 幻の細胞物語

**中村**　イモリの個体を愛でながら研究をしていらしたけれど、学問がどんどん動き、分子生物学が出てきて、学問としてそれを取り入れることが必要だとお感じになったときに、率先して、個体から細胞のほうへお移りになりましたでしょ。少なくとも日本の発生生物学のお仲間では一番先に。でも、細胞には、先ほど伺った卵の美しさ、繊細さはありませんね。

**岡田**　細胞の研究に移ったのは、むしろ愛づるという感覚から離れなければいけないという認識からです。分子生物学が多細胞生物を対象にするようになり、多細胞生物とは何かという基本を問えるようになったら、好き嫌いというより日本の学問としてやるしかない。

**中村**　しかし、学問として論理的に必要とした細胞を、最終的に愛づるようになった。そこが、一つ大事なところだと思うんです。

**岡田**　なぜ愛づるようになったか。それは失望と失敗ばかりを重ねたからです。

**中村**　イモリより細胞のほうが言うことをきかなかった。

**岡田**　思うようにならない。細胞は生かしておくだけでまず大変。しかも発生生物学としては、試験管の中で育てて、何か特殊な形質が出てくるか否か、つまり分化させられるかどうかが実験の勝負です。当時、細胞を培養するということは、分化という特徴を消すことであるというのが定説でした。培養細胞からは特殊な形質はでないと言われておったんです。

**中村**　それを培養して分化させようとして、失敗ばかり。それでも、信念をおもちだったんですね。

**岡田**　それは信念がないと、あれだけ退屈な毎日を過ごすわけにはいきません。要するに毎日何してるか言うたら、培地を変えるだけ。それと、毎日細胞うかがいの観察をしているだけ。一日一〇時間以上は待機になる。しかし必ず観察しなければならない時間が来る。それで私の有名なマージャンの話になる（笑）。しかし、細胞ばかり毎日見てると、やっぱり相手の調子がわかってきます。

**中村**　今日は機嫌がいいかなとか。

**岡田**　風邪ひいてるなとか。そして、これはきれいというのを幸いに見つける。本当にきれいというのは細胞のつやが違う。

**中村**　つやが良いのは成功するんじゃありません？

**岡田**　します。ところがもういっぺん同じ条件を作るということが至難の業になってくるわけです。

**中村**　調子が良くてきれいなのは、研究も成功するという。大腸菌もかわいくなると言うのはそういうことです。

**岡田**　きれいでないものは一口で繊維芽細胞とよばれる、何のせんもないもの。普通はそればっかりです。ところが、ときどきそうでないものがパッと出てくるわけね。眼の細胞を扱っていましたが、黒い細胞が黒いままでおれるというのは、非常に大きいことでしょう。その黒いままのものが、色がなくなって透き通ったものになるのもまた意味があること。
　そうなるまで、ひたすら何もしないで待ってる（笑）。空いた時間マージャンしては培地を換える。様子はちゃんと見ておりますよ。最終の新幹線で帰っても様子は見に行く。それは愛しておるから。魅力ができておったんですよ、先方（細胞）も交信してくれたかもしれない。

**中村**　美しさは姿形だけじゃなくて、自分との関係ですね。

**岡田**　幻の細胞というのが一つあったことを、今でも思い出します。ニワトリらしい形がまだ全然ないディスクとよばれる時期の細胞を、培養する実験をしていました。すると、ある日忽然とものすごい美しい、細胞のコロニーが出現した。石垣のようにくっついて光輝くコロニーができ上がっておる。
　これは！と思って、もういっぺん作ろうとした。この細胞をもうちょっと大事にすればよかったね。それだけ取り出して、別に移すとか。しかしそのときは、またいつでも出てくると思って……。

**中村**　二度と再び……。

**岡田**　幻の細胞は出現せず。あれはたぶんニワトリのES細胞[13]だったのかもしれない。たぶん京大の研究室に一九七〇年ころの細胞が凍っとる。その中に入っているはずですが、幻と消えました。それからイモリのES細胞を作ろうとしたこともあった。イモリの卵を、イモリの親の肝臓の中に埋めて発生するかどうかという夢みたいな実験ですが、そのころちょうど同様の実験をアフリカツメガエルでやったスイス人がいて、悪性の大きな腫瘍ができたという報告があった。
　私も、イモリの肝臓の中に卵を入れた。すると、大きなこぶが一つできて感激した。切片切って調べると、数多くの間充織といわれる細胞の塊と、それから軟骨の塊でした。二度と報告することもない幻の物語です。これはつまり、発生途中の胚の細胞を、発生の「場」から解き放して、細胞としてだけ時間を経過させるとどうなるか。胚の発生と場の関連を探ってみたかった。それで一番幼稚な実験をしたわけ。

（13）ＥＳ細胞（Embryonic Stem Cell）胚幹細胞。胚性幹細胞ともいう。卵の発生の初期段階に存在し、全能性（どんな器官にも分化する能力）をもつ。

**中村**　再現性なしですか。

**岡田**　美しかったから、記憶に残っているということで。とくにニワトリの細胞は今でも思い出す。華々しくきれいでした。

## 自然を見る目と感受性

**中村**　生物研究がモデルになり、物質になり、科学技術になり、研究成果とは経済的に役に立つ結果を出すことだと言われて、政治や経済の中にまるごと巻き込まれていますね。社会のありようとして見ても、子どもたちの将来を考えても、もっと生きものの基本に戻りたい。そこで「愛づる」というキーワードを持ちだして考えているのですが。

**岡田**　本来の生物研究はそうでしょう。

**中村**　一見生産的に見えるけれど、実は長い目で見ると、そうではないことを、教育でも研究でも、一生懸命やっているんじゃないかという気がしてしかたがない。

**岡田**　私なら五年で飽きます。

**中村**　世の中も飽きてくれればいいんですが、そうはならない。

**岡田**　このやり方でデータは出て、そういう形での研究成果はあがりますから。人間にとって成果をあげることは、格別な喜びであります。一日一回培地換えてるだけで、後はマージャンで待ち時間を過ごすというのは現代風にはまったく成果ないね（笑）。

**中村**　でも、培地換えを続けられたのは飽きなかったということですよね。

**岡田**　そうです。

**中村**　飽きないだけの何かがそこにあったということで、「愛づる」を言い換えると、もしかしたら「飽きない」かもしれないですね。自然との関わりについて考えると、虫やイモリへの関心と並んで、先生はご自身の出発点をゲーテだとおっしゃいますが。

**岡田**　その辺のところは単純です。私、生まれつき、世の中のいわゆる理科というものに、本来的に才能も関心も薄いということです。世の中はそう簡単に、「文」だ「理」だなどと分割できるものではないとは思っておりますよ。ただ、私は理科的なものに対する才能と興味を徹底的に欠いている。

それなのに、その世界になんとかもぐりこんで二分の三世紀ばかり生かしていただいて、それには恩を感じていますから、理科的なものはつまらんとは絶対言いません。けれども、だれかが私の頭を調べたら、ようこんな頭の悪い人間が自然科学の世界でやっておったなと驚くと思います。

それで、なぜゲーテかというと、理数のない社会に逃げたのです。最初は旧制高校ですな。そして社会人になってから再び、とくにとりわけてある程度の業績が出てからも、逃げこんでおります。

**中村**　とてもよくわかります。今、理科好きの子どもをつくりましょうというキャンペーンがあって、私にも「子どものころはどうでした？　理科が好きでした？」って聞かれて、「本ばかり読んでました」と答えると、どうしていいかわからないみたいな顔をされるのです。

だけど、先生がゲーテに入れこみながら、イモリや細胞の研究を続けてこられたこと、今考えてみれば、それはそれである種の必然性をお感じになりますでしょう。偶然もあったかもしれませんが。

**岡田**　もちろんそう。人生総体を言うならば、よかったと思います。しかし、もういっぺん生まれて、同じようなサイエンスをやるかというと、金輪際やりません。結局は、非常に狭っこいイマジネーションの世界ですから。しかしただ一つ、自然を見る目とその感受性、これは子どもの時からずっとあったね。これは狭っこいなどとはいえないところでしょう。

**中村**　そこです。基本はそれだと思いますね。初めに話した海への思いも、ゲーテの『イタリア紀行』、メンデルスゾーンの交響曲「イタリア」など、海をもつ南の国の自然を描く文学、音楽と共通するところがあるはずですね。

**岡田**　そういう自然に対する感受性は非常に重要な基礎ですが、それがまた今の世の中から消えております。僕にはそれだけはあったし、今も多少はあると思うてる。

**中村**　何が大切って、自然を見る目と感受性、それ以外にないというくらいなのに、自然の中で遊ぶとか、舞台芸術を楽しみましょうとか、そういうことに関心をもつお母さんは、一時期よりますます減っているそうです。

**岡田**　それは世も末ですな。

**中村**　塾に通ってあれこれ習うより、自然を見る目と感受性を育てている人のほうが後で伸びるというのは保証できるのですけれどね。

**岡田**　両方とも備えている人は本当にいいでしょうが、今は徹底的に片方だけですから。感受性はなかなかお母さんが教えるわけにもいかんし、教育のカテゴリーにも入らんし。

**中村**　まあ、そうですね。

**岡田**　僕がどうやってそれを養ったかというと、自分だけでなく、親がかりでした。

**中村**　先生の場合は、俳諧研究がご専門で、たくさんの洋鳥を飼っていらしたお父さまの影響がおありですけれど、そこまでいかなくても、一昔前の親はだいたいそうでしたよね。何かしら生きものと関わる何かをもっていた。

**岡田** だいたいの子どもにも、それは必ずあるものです。子どもたちは、すぐ「遊ぼ」言うでしょう。遊びの中にそれらは入っておるはずです。それを、自然を学ぶための遊び方はどうやって勉強するかという本をお母さんが買うてきて、となるとやはりおかしなことになる。

しかも自然への感受性は理科だけの出発ではない。大部分の人は皆そんな感受性があればこそ、人格そのものができ上がったものでね。それを文学に表現できるような格別な才能をもった人もいれば、絵もそうですし、音楽でやれる人間もおるというわけでしょう。

## 自然を記述する文学

**中村** 私が、物理学に近い分子生物学を入り口にしながら、生命誌というところへ来たのは、私もやはり文とか理とかいう区別をまったくもっていないからなのですが。

**岡田** もうそういう対立的な言い方を、生命誌研究館の力で、世の中から一掃したいですな。

**中村** 真ん中に自然を置いたときには、文学も音楽も絵も、その周りに散らばっているものでして。

**岡田** そうそう、そういうことです。

**中村** あたりまえの感覚だと思うのですけれど。

**岡田** 「子どもの理科離れ」、えらいこっちゃと、感性というようなものまで教育しようとする、その辺がまたいらんことです。「理科離れ」というところの「理科」に、本当の理科は入ってない。今の理科じゃ、全然。

**中村**　科学技術で経済を活性化するための人材づくりですからね。そもそも人材という言葉が嫌な言葉ですが、そういう意味での理科好きをつくろうという運動には抵抗感があります。たとえば、現在の生命に対する態度は、科学技術が主で、しかも経済のための競争。くたびれたら自然の中で「癒し」、というように使われている「癒し」という言葉がとても嫌いです。響きも嫌な感じですし。

**岡田**　何か浅ましい。

**中村**　自然に対して、一方で先端科学技術、一方で癒しという組み合わせは、自然に対する態度としてとてもレベルが低いと思うのです。

**岡田**　そういう組み合わせの人間だけが望まれる日本となっておりますから。

**中村**　自然の周りに文学も科学もつながっているのが本来の姿でしょう。それをつなぐ共通の言葉の一つが「愛づる」かなと思っています。

**岡田**　そう「愛づる」でよろしい。しかし、私は文明開化の人間ですから、何でも西洋のことをありがたがる生まれですので、そこから見ますと、西洋の自然に対する感受性と、自然を記述する力、それはみごとです。さらに言うと異様です。たとえば文学で、ヘルマン・ヘッセの『蝶』[14]。あまり深刻な書き方ではないけれども愛でております。それから私は花を愛でませんが、最近改めてプルースト[15]を読んで、プルーストの花の愛で方なんてすごい。少なからずエロチックですが、プルースト自身がもっている同性愛傾向と心理的、かつ詩的精神のすべてが完全に一体となっているらしい。『ソドムとゴモラ』の始まりの部分が、そういう目で見るとクライマックス。同性愛者を発見したときの驚き、一種の歓喜を書いている。

たぶんファーブルの影響もあって、ハチが花粉を運ぶところをじーっと観察していたらしい。生命誌研究館のイチジクコバチの研究[16]みたいなことです。その描写とつなげて、うちの門番とどこかの貴族との挨拶の態度が異様やったというのに気づくところがある。同性愛です。マルハナバチの授粉と門番の挨拶、今僕が二分でしゃべったことが四〇ページほど書いてある。よほどの観察力がないとできません。

(14)『蝶』 ヘルマン・ヘッセ著、フォルカー・ミヒェルス編集、同時代ライブラリー、岩波書店。
(15) **マルセル・プルースト** (Marcel Proust) 一八七一〜一九二二年。パリ近郊オートゥイユに生まれ。『ソドムとゴモラ』は、代表作『失われた時を求めて』の第四部。
(16) 蘇智慧研究室「DNAから進化を探る」ラボ(系統進化研究室)。

**中村** それだけていねいに書くから、本は厚くなるんですよね。

**岡田** 基本は、本来いかに性というのは定かでないかということを言いたかったんでしょう。今の私はそう受け取っている。それは非常にエロチックな話になります。私にはプルーストを本気に勉強する気持ちも能力もないが、再読、再々読はしてみます。

**中村** 西洋の人のそういう執拗なまでの描写の裏にあるものに思いをいたすことですね。

**岡田** 日本では五・七・五、ドイツではオルガン、フランスでは文学。そう言えば、プルーストで思い出した。京都、鴨川の桜がある年、いつになく強烈に満開になって、そのとき、ああすごいなと、きれいなと思う前に、なんちゅうスケベな花やと思った。サクラがね。これ見よがしに、よりによって生殖器ばかりあれほど見せびらかせて。

**中村** 花はそもそも、サクラじゃなくてもそうでしょ。

**岡田** プルーストがそれをまた詳しく書いてる。なんとかの花の格好、その生殖器を恥ずかしげもなく人の前にさらす。何ちゅうことやと書いてある。なんというすばらしいこっちゃということです。その辺の生物論的講釈は、いつかぜひしてみたいという夢はある。これはクローンにつながる、文学的、生物学的な考察になるはずです。

**中村** その花を人間が見て美しいと思う形になっているということが、またふしぎですよね。

**岡田** それで私は満開の桜を見て、美しいということより、なんとどスケベなことやったかと、一番にピンと来ましたから、私もなかなかええセンスあるなと、そのとき、自信をもった。とくにプルーストを読んでから。

**中村** それに花の咲き方って毎年違いますね。

**岡田** あの桜は、神戸の震災の前の年だったと思います。

**中村** 何か微妙なものを反映しているのかもしれませんね。

## フロラ型自然観

**岡田** プルーストから学んだ言葉に、フロラ型[17]生命(人間)観というのがあります。われわれは、ファウナ型[18]のみで生きたり考えたりしているらしい。プルーストでは、同性愛が異性愛とごっちゃに入ってきますから、フロラ型とは人間にいかに受け入れ難いかということになるらしい。私はフロラ的センスから造形が美しいイモリの実験をやっていたのかもしれない。しかも本当におもしろいのは、目になるものがときには口、ときには腸にもなれるというその柔軟性です。再生とはもちろんフロラ型現象です。私は改めてフロラ型に注目する。『植物のこころ』[19]という本……。

**中村** 塚谷裕一さんの。

**岡田** あれはフロラ型生物学です。

(17) **フロラ** ある地域に生育する各種植物の全体。植物相。フローラ。〈『広辞苑』より〉

(18) **ファウナ** ある地域に生育する各種動物の全体。昆虫相・軟体動物相など、ある一群のものだけを指すこともある。動物相。〈『広辞苑』より〉

(19) 『**植物のこころ**』 塚谷裕一著、岩波新書(新赤版)731、二〇〇一年。

**中村**　日本の研究者の中で、ちょっと塚谷さんは珍しいタイプですね。私は彼のセンスが大好きです。自然を見るというところに戻れば、ヨーロッパでは文学者とわれわれが呼んでいる人が、フロラ型とファウナ型ということを考える。それは理科ですか、文科ですかというような話ではないセンスですね。

**岡田**　日本は二律背反にして、切り離して、どこか村へ押し込めんことには安定しない社会ですから。フロラ型生物学は、一回としてわれわれは学んだことがないのです。『植物のこころ』にはえらい感心したね。フロラ型の自然の見方と人生の見方。日本の愛でるは、きれいといって愛でる。スケベやと思って愛でてへん。そこがいかん。

## 生物学で読み解く五・七・五

**中村**　プルーストのように執拗にならずに、五・七・五型でいく生物学はやはり無理でしょうか。

**岡田**　五・七・五型だけでは駄目でしょうな。

**中村**　たとえば「よく見れば　なずな花咲く　垣根かな」という芭蕉の句があります。これだけではわかりませんが、芭蕉にはその句を詠むに至る背景があるはずです。

**岡田**　そうです。プルーストに匹敵する花の描写があったかもしれない。背景がなければどうなるか。桑原武夫という大先生がおもしろがって話していた子どもの作った現代俳句なるものに、「ふと見れば　月に雲がかかってる」(笑)。それが近代俳句なんだそうで。芭蕉は絶対にそういう世界ではない。少なくとも、自然と人間の心との交流があります。自然への感性があります。

**中村**　「なずなの花」ですからね。大きなぼたんの花じゃなくて。

**岡田**　なずなを選んだということ自体が、もう既に壮大なる広さの植物に対する感受性から来ていることは間違いないです。

**中村**　そう考えると、日本の自然観も、これからの生物学とともに生かしていけると思うのです。実はそういう大きな背景があることを、今まで調べてこなかったんじゃないか。たとえばゲーテは、『ファウスト』を書き、政治の世界にも入り、形態学を起こし、ということが残っています。文豪であり科学者でもあったという背景が知られています。ダヴィンチにしても、画家であり、工学者であり、自分のやったものを全部出していますから、受け取る側も全体像をとらえられる。だけど日本の場合、芭蕉にもそういう背景があったかもしれないのに、それは問わない。

今回のテーマである「愛づる」も、「虫愛づる姫君」という物語からきたものですが、これも平安時代の説話で、たまたま虫が好きな変わったお姫さまがいたのねと押しこめてしまってそれまでです。でも、今の時代に「愛づる」という言葉を引っ張りだしてみると、ゲーテやプルーストの感性に重なるものをもっているのではないかと思うのです。

**岡田**　あり得るでしょう。プルースト五〇枚、場面にして一五分、それに対して五・七・五。日本独自のものといえば、それですから。

**中村**　五・七・五で表してしまうというところが、注目すべきところでしょう。ですから改めてその背景を考えるというのが大事なところで。

**岡田**　「ふと見れば　月に雲がかかってる」は駄目ですけれども（笑）。

**中村**　「なずな花咲く　垣根かな」には何かありそうな気がするんですよ。先生のお父さまが生きてらしたら、一言何かおっしゃって下さったでしょうね。

**岡田**　自然を背景に、客観的に、解説的に、現在の自然の分類など科学的知識も入れて、ちょっとその辺、文学に科学の切り口を開いておくという必要はあったね。

**中村**　そうやって調べていくと、日本人の中の潜在的にある科学とつながるものが見つかるかもしれないと思って。これだけ豊かな自然の中にいるわけですから。感受性も育たないはずがないと思うのです。

**岡田**　五・七・五はその見本みたいなものであります。日本の長い小説には自然の描写はあまり出てこない。

**中村**　西欧の小説には、めんどうだと何ページか読み飛ばせるくらいの自然描写がでてきますね。

**岡田**　多少、西欧の人々のほうが感受性に富むということは事実でしょう。あり過ぎる感受性をどうやって満足させようかと、植民地主義が始まったのですから。

**中村**　コレクションして。

**岡田**　人にまで見せるという。それで文化を作ったわけですから。

**中村**　どっちがどっちというものではないと思いますが、両方のそういうところを学んで。

**岡田**　小さなことを見つけてきては鬼の首をとったように言うのが日本人ですが、勉強することはするね。感受性より完全に勉強ですよ、今は。

**中村**　理科は勉強にされちゃっているんですね。感受性につながらないと、「愛づる」にはならないのに。

**岡田**　そしたら、われわれはテクノロジーを愛でますと言いますか（笑）。バイオテクノロジーなるものを愛づることができるのかどうかというう本来的な大矛盾が、ちょっとこのあいだから気になっている。さもなければ、テクノロジーがこのままで続くとしたら、なんともうら悲しい未来ですからね。

**中村**　テクノロジーは否定すべきものではありません。でも今のテクノロジーの位置づけはあまりにも低レベルにあります。ゲーテのような考え方、芭蕉の五・七・五に至る自然のとらえ方、それを再評価しながら、これからのテクノロジーを考えるというのは一つのテーマですね。

＊初出は『季刊 生命誌』vol. 38 JT生命誌研究館、二〇〇三年

*4*

# 〈対談〉生命誌の新しい展開を求めて

二〇二〇年

JT生命誌研究館館長　**永田和宏**
JT生命誌研究館名誉館長　**中村桂子**

## DNAをゲノムと見る

**永田**　中村先生、今日はお教え願います。まずゲノムという言葉は、今でこそ耳にするのも珍しくありませんが……。

**中村**　ゲノム編集という言葉まで出てきました。

**永田**　ここまで社会に浸透させせた、その力は日本ではやはり中村桂子先生によるところが大きかったでしょう。既に一九八〇年代にゲノムから生命現象を包括的に捉える視座に立ち、そのヴィジョンを具体化する研究機関を構想なさった。しかも市民に開かれた場としてこのように実現するとはだれも思いもよらないことでした。中村先生の研究館に掛けた思い、その達成感を是非お聞かせください。

**中村**　研究としては、ゲノムが読めたからすぐに新展開するというものではありません。人間がわかるわけでもありません。大事なのは遺伝子を見ているだけでは見えないものが見えてくると意識することです。私が多くを学んだ江上不二夫先生が一九七〇年におつくりになった生命科学研究所は、その名に次のステージへ向かう江上先生の強い思いが込められていました。すべての生命体は細胞からなりその中にＤＮＡを持っていることがわかったのだから、植物だ、動物だと分けずに生命現象全般を視野に入れて分子から脳、環境まで総合して考えよう。そんな思いが生命科学という言葉に込められていました。皆びっくりです。当時の日常感覚として、生命という言葉は宗教や哲学とは結びついていても、科学としての生命って何だろう？と思いました。

**永田**　なるほど。さらに生命科学から生命誌への移行は、なだらかな連続でなく、大きな断層がありますね。

**中村**　それが私の中ではつながっているのです。

**永田**　僕は、中村先生が生命科学から生命誌をおつくりになったところに、とても大きな意味があると思うのです。ゲノムは〝オーム〟研究[1]の先駆けでした。その後トランスクリプトーム[2]、プロテオーム[3]、さらにグライコームと糖まで……今やオームは研究の流行り。しかし、遺伝子を眼目とする生命科学の時代に、ＤＮＡをゲノムと捉える次元でサイエンスを動かすヴィジョンをどのように獲得されたのでしょうか。

(1)**オーム研究**　プロテオーム、メタボローム、フィジオロームなどと、細胞の中にあるものを、個々の物質ごとにすべて調べつくす考え方。
(2)**トランスクリプトーム**　細胞内のすべての転写産物。
(3)**プロテオーム**　細胞内のプロテイン（タンパク質）すべてを調べつくそうという考え方。「ゲノム」という言葉をタンパク質レベルのみで見たもの。

**中村**　江上先生は「生命現象全般を考えると、そこに人間が入る」とおっしゃったのです。当時、人間は人類学や医学にお任せで、生物学として人間を考えるとは思いもよらないことでした。もう一つ、大事なこととして、当時は化学工業が発展する一方、水俣病のような問題も生じていました。化学出身の先生としては、局面の打開には生物研究を深める必要があると考えられたのです。その思いを込めた生命科学という命名でした。しかし、研究はどうしても個々別々の課題解決に終始し、総合的な理念を示すという舵取りが難しい。生命科学の研究を、生命全般を考えるという先生の理想の実現に結びつけたいと考え続けて、ある時、その糸口を見つけました。ＤＮＡを、遺伝子として見るのでなく、ゲノムと見るというがん研究からダルベッコが言ったことでした。ゲノムという切り口で、これまでの研究を否定せず新しい形の知を編んでいけると思いました。これが生命誌研究館の構想につながりました。

## 生命の本質を究める

**永田**　オーム研究も全体を見るという意味合いは同じです。ところが生命誌という言葉には、もう一つ大きなファクターが入っていますね。僕はここに凄みを感じます。それは時間です。まず研究として探求する。そしてそれをしるす。生命誌の「誌」とは即ち時間であると。

**中村**　それを続けていくと歴史になる。

**永田**　書き続ける。個々の事象を記載していくことが生命誌の基本である。時間の概念はＤＮＡに書きしるされた情報の総体を扱う視点に立って初めて生じるもので、他のオーム研究に時間は入りません。ゲノムは時間を含んでいる。これが大事ですね。中村先生がそれを三十年間貫き抜かれた。

**中村**　生きものは時間を紡ぐもの。生命科学研究所時代、次の方向を探る中で、多くの人が高齢化社会を理由に老化をテーマに挙げました。まず基礎生物学として個体発生を扱うべきだと私は言ったのです。老化は壊れていく過程です。まず発生過程でどのように体ができあがってくるのか、つまり、生きものは時間を紡いでいるものだということを見る。その後、どのように壊れていくのかを調べるのが筋と思ったのです。ゲノムで考えるとはそういうことです。

**永田**　これまで生物学の主流はつくるほうに据えられていましたね。DNAからmRNAへ情報が読み取られ、翻訳されたペプチド鎖が折り畳まれタンパク質になる。セントラルドグマに従って多くの科学者がつくるほうを見てきた。ところが分野が成熟すると「それだけじゃない」という見方も出る。アポトーシスやオートファジーなどの研究により壊れる過程も大事な生命現象の一つと捉えられるようになりました。

**中村**　発生し、そのうえで壊れる。壊れていくことはさらにつくることにつながる。こういうところに生きものの面白さが見えます。壊れていく過程に意味のある時間が入っていることがわかってきましたね。

**永田**　サイエンスの舞台にようやく死や老化が載る時代になりました。

**中村**　三十年前と違い、老化が生命研究の流れの中で重要な場を占めていることは確かです。これからの生命誌研究館は永田先生の語られたところを学問として考えていく場であって欲しいし、そうなりつつあると思っています。

**永田**　過日、老化という研究テーマをめぐるある議論で、タンパク質の恒常性を維持しようとする力“Proteostasis”という概念が重要だと一致しました。細胞の中でタンパク質は、多様な外界からの負荷、分子の撹乱に対しその機能を保っています。老化とは、その恒常性が脆弱化する過程だと捉えることもできます。研究としては、まず、今、生きているものがどのように抵抗性、柔軟性、頑健性を保っているか、すなわち恒常性を維持しているかを見ていくことが必要です。これは今日、中村先生にお伺いしたいところで、曖昧さや柔軟さという生命の本質がそこにあると思うのです。

**中村**　生きものの老化と機械が壊れる過程は違

います。社会全体がそこをよく見て欲しいですね。

**永田**　僕はこれまでタンパク質の品質管理について研究してきました。この品質管理って、ほんとうに細胞一つでどうやってこれほどのしくみをつくりあげたものか、人間の知恵を凌ぐかと思われる巧妙さを備えています。例えば、細胞はタンパク質が変性してしまうような条件下では、ただちにつくることをやめます。これは工場で不良品が出たら生産ラインを止めるようなものです。次に、壊れたものでも修理して出せるものはそうするし、駄目なものは工場の外へ運んで分解、つまり廃棄処分します。それでも駄目な場合は工場ごと、つまりアポトーシスで細胞ごと壊しちゃう。人間は細胞から学んだわけでもないのに同じようなことをしていますね。細胞も、我々も、大事なものをどういう風に品質管理していくかというしくみをそれぞれ独立に工夫して、しかし、その結果同じようなしくみで生きている。やはり生きているという状態に於いて、どのように恒常性を保つかということは相当大きいだろうと思うわけです。

**中村**　まさに生きものらしさを見ていくことですね。

## ゲノムのはたらく場

**永田**　四半世紀の歴史を持つ生命誌研究館は、ゲノム研究のメッカであったとも言えますね。その立場から俯瞰すると、生命の本質が潜む恒常性、頑健性の沃野はどのような景色に映るのでしょうか。

**中村**　恒常性と言われるものは、私の感覚では、さっきおっしゃった曖昧さ、柔軟さという言葉で捉えるほうがしっくりします。例えば「生きものって何ですか?」という質問にはいろいろな答え方があります。「時間を紡ぐものです」というのも一つ、タンパク質のお話に絡めれば「矛盾の塊です」と、これも一つです。

**永田**　もう少し聞かせてください。矛盾ということ？

**中村**　現代の機械論的世界の常識は、論理に基づきものごとすべてに整合性を求めます。整合性のないものはおかしなものと見做される。しかし、生きものに学ぶ生命論的世界では、遺伝子一つ見ても一対一の因果で動いてはいません。発生でも進化でも同じ遺伝子が全く異なるはたらきを見せるのは日常茶飯。機械と違っていい加減だからこそ全体としてうまくいく。これが永田先生のおっしゃる恒常性になると思うのです。最初から恒常性と言ってしまうと、それが整合性によってできあがっているかのように思われてしまうので、私は矛盾の塊であるが故の恒常性が生きものの面白さだという順で考えます。

**永田**　確かに、細胞がタンパク質一個一個を間違いのないようにつくっているようには見えません。ほとんどは不良品と言ってもよく、いい加減につくっちゃって九〇％以上も不出来で、後から壊されているタンパク質があるくらいです。

**中村**　いい加減だからこそ三八億年も生きものは続いたのだと思います。

**永田**　タンパク質が一生をおくる細胞という場は、常に何が起こるか予測不能です。フレキシブルでないとそこでやっていけません。予測不能の事態に柔軟に対処する、生命の生命たる一番の所以をそこに見る気がします。

**中村**　研究館は小さなところですが、生きもののしくみから見出すそのような価値観をメッセージとして社会に発信しています。他に真似できない独自の大切な役目だと思っています。

**永田**　もう一つ、中村先生にお聞きしたかったのは、二〇〇三年のヒトゲノム解読以降、ポストゲノムと呼ばれる時代に入り、多様な側面から生命現象を総合的に捉えようとする動きが広がる中で、これからの生命誌をどんな風にお考えですか。

**中村**　そこはほんとうに難しいところですよね。

**永田**　僕が考えないといけないところなのでしょうけれど。

**中村**　そう。そこをお渡ししたいのです。これまでを振り返ると、解読完了までのゲノム研究はとにかく読むことに注力していた。ところが読み終わって「次、どうする？」という時、今、ポストゲノムとおっしゃいましたが、私はその言葉にずっと抵抗を感じてきました。ゲノムを読んだ同じやり方で次にタンパク質や代謝物質を読もうとオーム研究へ流れました。私はポストゲノムという言葉は間違いだと思います。ゲノムを読んだところは、終わりではなく次のステージの始まりです。

**永田**　解読完了と言ってもヒトゲノムだけでしたしね。

**中村**　大事なのはゲノムから私たちは何を知りたいのか。遺伝子やその他領域の配列を個々別々に読んだうえで、全体として一体これは何なのかを解かなければ、ゲノムを読んだことになりません。

**永田**　それには二つ方法があると思います。一つは、読む対象をどんどん広げていく。これは一人の人間の頭では解けませんからコンピューターの助けを借りて研究を進める。集積する膨大なゲノム情報を網羅していくと、そこに新しい世界観が現れるはずです。ある意味で、考えること、すなわち脳研究もそこに収斂するのではないかと思います。もう一つは、ゲノムがはたらく場をどのように考えるか。僕の専門である細胞生物学とは、個々の分子が細胞という場でいかにはたらくかを見るサイエンスだと思っています。生命誌研究館では細胞を重視して、既に展示や季刊誌で表現していますが、これからの生命誌にとって、ゲノムのはたらく場としての細胞をどんな風に考えていけるかは重要だと思います。

**中村**　ゲノムは細胞を代弁しているとも言えます。生きものの基本単位は細胞ですから、生きものを考えるには細胞を見る必要があります。ゲノムも試験管の中でなく細胞の中ではたらくことではじめて意味が出る。次のテーマになりますね。

**永田**　今、新学術として新しい領域が提案されようとしていますが、いわゆるセントラルドグマでゲノムからmRNA、そしてタンパク質へという理解が成り立たなくなろうとしています。ノンコーディングRNAと呼ばれた遺伝情報をもたないRNAも、従来の調節にはたらくという役割に加え、ペプチド鎖へ翻訳され、ペプチドとして、あるいはタンパク質として働くこともわかってきて、開始コドンから始まって終止コドンまでの塩基配列がタンパク質になるという、一対一の対応はつきません。膨大なプロテオームの世界が見えてきたところです。

**中村**　私たちがわかっていることって、ほんの一部に過ぎませんね。これからが面白いし、生きものらしいところへ行くはずです。

**永田**　これから生命誌研究館がやることはたくさんあります。

## わからないことだらけ

**中村**　これからの生命誌研究館に大事なことは三つあると思います。一つは今おっしゃった、ゲノム情報の集積から生命の本質が見出だせるか。これは細胞の中でゲノムがどうはたらくかを知るという二つ目につながります。その目標に向かって情報科学や数学などと実験生物学が協力し合い仕事を進めていくのが研究部門のこれからの姿だと思います。そして、三つ目は表現です。

**永田**　とても大事なところです。

**中村**　他のどこにもないところです。科学の伝達でもコミュニケーションでもなく表現を通して生きものを考えます。永田先生が歌をおつくりになるのは、ご自分の思いを表現したいという気持ちからだと思うのです。社会はなぜか科学と表現とを分けて、科学には啓蒙を期待します。でもこれは啓蒙ではありません。研究館は表現の場であるとしてきました。

**永田**　我々が啓蒙者になっては駄目ですね。大学の教育でも、例えば「知の最前線」と言いますが、「前線」という言葉で、ここまではわかっていると伝えながら、ほんとうに学生に受け止めて欲しいのは、向こう側にわからないことがあるという認識です。ここまでわかっているということが大事なのではなくて、ここからはわかっていないということを知ってもらうことが大切だと思うのです。

**中村**　まだわかっていないのですよ。それが一番、大事なところですね。

**永田**　京都産業大学で新しい学部をつくった時、どういう教授を集めるかと人選で重視したのは、その人が研究者であること。つまり教育がうまい人でなく第一線で研究している人。ここからはわかっていないことを認識できているということは大変重要です。

**中村**　よほど自信がない限り、わかっていないとは言えませんからね。

**永田**　毎日、その分野の論文を読んで、どこまでわかっているかを更新している人間にしか言えません。だから僕は大学の講義で教科書は使いません。既にわかっていることを知りたいなら自分で教科書を開いて読めばいい。大学で大切なことは、わかっていないことがいかにたくさんあるか。その世界を次の世代に渡すことです。若い人は現金なもので、こんなにもわかっていないということを面白く感じるようです。面白く感じてもらうことが大切です。

**中村**　専門家とそうでない人との違いは、何を知っているかでなく、何がわかっていないかを言えるかどうか。未知の世界にこそ面白さがありますね。ここにアリが一匹いたら、その中にわからないことはいっぱい入っている。だからアリの研究者は世界中にいます。そして、ひょっとしたら小さな子がアリをじっくり眺めていたら、まだだれも知らないことに気づくかもしれません。研究館から表現したいのはわかっていないことに接する時こそ知の世界が広がる、その驚きや喜びの気持ちで、それは大学生にも、幼稚園の坊やにも、だれにとっても大切なことという姿勢で語ってきました。それを続けたいですね。

**永田**　本来、今、何がわかっていないかを自ら学びに行く場が大学であるはずです。ところが今の大学はわかっていることばかり詰め込もうとする、サイエンティストが育つはずがありません。生命誌研究館ではサイエンスは面白いんだと伝えたい。何が面白いのかと言えば「こんなことさえまだわからない」ということです。中村先生は「科学と日常の重ね描き」とよく言っておられますが、僕は「サイエンスを本棚から解放しよう」と言っています。日常の場でどんな風にサイエンスを皆が感じられるか、疑問に思えるかがとても大事です。

**中村**　私は、まど・みちおさんが一〇〇歳の時におっしゃった「世の中に？と！があれば、もう他には何もいらない」という言葉が大好きで、今、編集を任されている『科学と人間生活』という高校の理科総合の教科書の見開きページに、この言葉を置くことにしました。

**永田**　それはいいですね。齢をとって一番なくなってくるのはその二つです。

**中村**　それを一〇〇歳で言えるまどさんは素敵ですし、私もまだ欲しいものはあるけれど、ほんとうに一番素晴らしいものは何かと考えたら確かにそれだと思います。理科の教科書にこの言葉を書くのは、教科書に書いてあることは、ものを考える基礎として知っておくべきですが、それだけでは駄目。教科書を読んで「おや?」と思ったらその先は自分で答えを探して欲しい。書いてあることとないことの間を行き来しながら自分で考える人になって欲しい。そういう思いからです。

**永田**　「?」がないと「!」は出てきません。ところが今は教え過ぎ、正解を与え過ぎるから、若い人が「?」を持てない時代になってしまいました。

## 役に立つより豊かさを

**永田**　寺田寅彦がエッセーの中で、サイエンティストは頭が良くなければ駄目だが、頭が良いだけでも駄目だと言っています。頭の良い人は最も効率的にゴールに辿り着くけれど、横に何があるか見ていない。そうでない人はあちこちぶつかって遠回りのようでそこから得るものは多く、新しい考えが生まれると。サイエンティストはある程度、論理的な思考が必要だけれど、そればかり求める今の学校教育はまずいでしょう。

**中村**　今までを思い返すと、私は、ほんとうに先生に恵まれていたので、あちこちの分野のお話を伺うのが楽しくて寄り道だらけ。でも難しくなると逃げるので、「君は僕が嫌いなのね」って言われて(笑)。今でも先生方の顔をよく思い浮かべます。理論物理学の渡辺慧先生には時間の問題を、美学・哲学の今道友信先生には「エコエティカ」を、ギリシア哲学の藤澤令夫先生には「誌」という歴史の意味を教えていただきました。もっと真剣に先生方に食いついていれば、きっともっと賢くなれたのに、根がいい加減なのでもったいないことをしました。

**永田**　全部を受け入れたのでは面白くありませんからね。最終的に何が一番大事かと言えば、自分がどれだけの人と出会えるか。サイエンスの喜びとはディスカッションですから。

**中村**　サイエンスというのは自然科学に限りませんね。

**永田**　そう。本来サイエンスとは、知の営みということです。

**中村**　自然を、人間を考える、生きているってどういうことかを考える。でも生命誌を始めた三十年前と今とでは社会も変わりました。それが決してよい方向とは思えず気になっています。

**永田**　同調圧力。人と違うことを恐れる風潮はよくありません。友達と違うことを言う、空気を読めないと爪弾きにされる。ほんとうは人と違ってなんぼのもんだというはずなのに。

**中村**　一昨年の『季刊 生命誌』では「容」を、その前は「和」を考えました。今、社会でとても大事なことだと思ったからです。塩野七生さんが、ローマが滅びたのはキリスト教が入った時、寛容だった社会が不寛容になったからだと。

**永田**　一神教はそういうところがありますね。自分と違う価値観をどれだけ認められるかが社会の豊かさになります。

**中村**　社会が多様な価値を受け入れて膨らんでいかないと新しいことも生まれませんから。生命誌研究館だけで社会を動かせるとは思いませんが、大事だと思うことは言い続けたいですね。

**永田**　同時に、生命誌研究館の存在意義として、ここが何かの役に立つところだと思って来てもらわないほうがいいと思うのです。今の社会は、役に立つか立たないかという尺度に意味を持たせ過ぎています。

**中村**　今おっしゃったその姿勢を貫くことが、ほんとうの意味で役に立つことになると思います。

**永田**　ほんとうに面白い何かが見つかりそうだとか、ある種の“Curiosity”をどんな風に表立てて来てもらえるかはとても大事なことになると思います。僕が学生時代に湯川秀樹さんの講義で聞いた言葉の中で、今でも残っているのは「君ら、今、役立つことは、三十年後は何の役にも立たへんで」って。それはほんとうにその通りで、三十年後に役に立つか立たないかは、今、だれにも判断できません。でもほんとうに皆が興味を持ってくれて、面白いと思ってもらえるものになれば、単に知識を得るというより、知の営みとしては、はるかに役に立つものになる。

**中村**　役に立つというより、ほんとうの豊かさが生命誌研究館にはいっぱいあるよと言いたいですね。ここへ来て科学がわかったというのでなく、なんか生きものっぽい感じが伝わって、眺めているだけで心地がいいっていう形で受け止めてくださる方も多く、私は、直接サイエンスにつながらなくても、一人一人が思い思いに生きるということにつなげて考えてくださる。そんな風に広げていくことが大切だと思っています。

## 言葉と言葉の間に

**永田**　この世界は基本的にアナログですね。ここにコップがあって、見方によって丸にも四角にも見えたりするのがアナログ世界の特徴でもあります。それを言葉で表現しようと思った時、まず言葉にすることはすなわちデジタル化です。言分け、分節化ということですね。デジタルとアナログをどんな風に行き来できるかが、サイエンティストの力を試されるところであり、表現に於いても世界をどんな風に認識するかは大きな問題です。言葉はデジタルですから、言葉と言葉の間に隙間がいっぱいあり、この隙間にこそほんとうに大事なことがある。隙間を含めてどんな景色として感じられるものにできるか。DNAはこんな塩基配列ですとデジタルをデジタルに伝えるのは簡単で、サイエンティストの仕事はデジタルでかまいません。デジタルなサイエンスの成果をいかにアナログ化して皆に感じてもらえるか。これは表現部門の力の見せどころです。

**中村**　今のお話は、デジタルをアナログとして受け止められるようにするのが表現することの意味だということですね。

**永田**　研究館の研究部門には四つの研究室があり、彼らはデジタルの世界に生きている。デジタル化ができないとサイエンスは成り立ちませんが、それが生命誌として語られる時、そこに当然隙間が生じます。隙間は決して表現できないので感じ取ってもらうしかありませんが、感じとってもらえるように表現するというのが表現者の力量の試されるところでもあります。僕がやっている歌というのは、自分の言いたいことは言わず、読者と作者の間で「作者の言いたかったであろうこと」を読者がいかに回収できるかという世界です。中村先生はよく「物語る」という風におっしゃいますね。

**中村**　言葉は確かにデジタルでも、物語として語る時には自分の気持ちを込められます。生命誌の表現は生きもの研究の世界を物語のように語り、絵巻のように描きます。そこで、まさにアナログの世界が生まれていると考えています。これは生命誌の「誌」に込めたもう一つの意味でもあります。言葉の役割は厳密に情報を伝えるばかりではありません。絵も幅広く感じ、考えられます。例えば「生命誌マンダラ」は、細胞が持つゲノムに、時間や階層性、普遍性や個別性を見て、自分の中でつくり上げた個体発生をめぐる物語を美しい形で表現したいと思い、マンダラ図に示したものです。その気持ちは伝わったみたいで多くの方が面白いと言ってくださいます。東寺のご住職にもマンダラとして認めていただいたんですよ。

**永田**　ここにある植物一つを、言葉でも絵でも決して〈全体として〉表現することはできません。必ず表現者の切り取りという作業を含まざるを得ない。そのうえでいかにアナログとして感じられる表現が可能か。サイエンスを我々が日常生活で触れているものとしていかに感じられるか。大変難しいところですがこれから考えていきたいと思います。最後に、中村先生から名誉館長としての抱負をお聞きかせください。

**中村**　名誉はちょっとこそばゆいですが、私はやっぱり生命誌からは離れられません。今日のお話にあるように、生命誌はまだこれから育っていかなくてはならない分野で、どう育っていくのか楽しみですし、私自身も毎日のベースは東京に移りますが、ホームページやこの季刊「生命誌」の紙面を借りて、生命誌についてまだまだ一緒に考え続けたいと思っています。お邪魔にならない程度に（笑）。

**永田**　中村先生のこれからの活動の中心は東京ですね。

**中村**　たまたま家が東京にあるから。自分で言うのも何ですが二十何年間も毎週よく通ったと思います。じっくり落ち着いて考えるには研究館のある高槻はいいところです。東京はごちゃごちゃしているけれど、生命誌の発信を広げたり人々が交流するにはメリットのある場所です。両方の長所を上手に組み合わせてこれからも東京係として生命誌を続けたいと思っています。部屋に絵巻や季刊「生命誌」、紙工作などを置き、生命誌研究館の活動を紹介したいと思っています。

**永田**　中村先生が直々に教えてくれるとは贅沢な話です。生命誌研究館の分室が東京にできるという雰囲気ですね。是非ともよろしくお願いします。

**中村**　こちらこそ引き続きよろしくお願いします。

## 対談を終えて

### ■永田和宏

早くからゲノムという概念に注目し、わが国でももっとも早くゲノムを標榜する研究館を立ち上げ、運営してこられたのが中村桂子館長である。ゲノム研究は、生命誌研究館における発生、進化、生態系という主要分野の骨組みになっただけでなく、その後、さまざまな〈オーム〉研究の先駆けとなったことは周知のことである。中村館長は、長くその先頭に立って活動してこられたが、対談を通して、その実績に裏打ちされた自信と、なおかつ今後にかける研究進展への意欲が強く感じられ、年齢を感じさせない若々しい精神に感動を覚えた。

### ■中村桂子

三〇年間ほとんどの時間をそれと共に過したと言ってよい「生命誌研究館」をそっとお渡しする気持ちで臨み、大事なことは共有していると感じた。ゲノムを切り口に生きものを全体として捉える知を創ろうとしたのは、知の現状、とくに科学のありように疑問を持ったからである。それは、社会のありよう、人間の生き方への疑問につながっている。話し合いで、それを解く一つの鍵が「デジタル」の「アナログ」化であり、言葉を情報でなく物語りにすることと見えてきた。歌人である永田和宏新館長が生命誌をさらに豊かなものにしてくださるに違いない。

（JT生命誌研究館ホームページより）

# 生命誌研究館　三〇年の歩み（1991-2023）

＊生命誌研究館のホームページでカラー年表が見られます。また年刊号などにも掲載していますので、ぜひ参照してください。

■ラボ関係　▼『季刊 生命誌』関係
●映像関係　★展示関係

| 年 | 生命誌研究館の歩み | 生命科学、ほか歴史事項 |
| --- | --- | --- |
| 前史 | 71年、中村桂子が三菱化成生命科学研究所の社会生命科学研究室長に<br>71～77年、『シリーズ生命科学』全11巻（平凡社）刊行<br>81年、中村桂子が国際科学技術博覧会（筑波、85年）の企画に委員として参加。「科学技術と人間」をテーマに報告書を作成<br>90年、中村桂子が下河辺淳氏（総合研究開発機構）と「研究館」設立について対話 | 52年、遺伝子の本体はDNAであることが明らかに<br>53年、DNAの二重らせん構造の発見<br>75年、アシロマ会議<br>90年、ヒトゲノムプロジェクト開始（～2003） |
| 1991 | **「生命誌研究館設立準備室」**を設置（東京・虎ノ門） | mRNA配列の解読（EST）<br>1月、湾岸戦争勃発 |

| | | |
|---|---|---|
| 1992 | **「科学、音楽、絵画、文学…すべてを動員して生きものの秘密を探るマルティプレゼンテーション」**（11月28日、東京青山スパイラルホール）<br>▼11月、『生命誌』創刊号を発行（「生き物さまざまな表現」。季刊になったのは94年） | 日本で初めて顕微授精による赤ちゃんが誕生 |
| 1993 | **大阪府高槻市に「株式会社 生命誌研究館」を設立**（4月1日）<br>初代館長 岡田節人（1927-2017）、初代副館長 中村桂子<br>開館（11月1日）、オープニングプレゼンテーション**「新しい生き物の物語」**を開催<br>研究館の考え方の基本を示す**「生命誌絵巻」**が完成する（本書前見返しを参照）<br>■研究館内のラボには**「オサムシの進化をDNAから探るラボ」**（1993-2000）**「レンズの再生を探るラボ」**（1993-99）**「チョウのハネの形づくりを探るラボ」**（1993-2009）**「細胞分化を松果体で探るラボ」**（1993-94）<br>★館内展示「世界のナナフシ展」「再生する生き物たち」「オサムシ／進化の部屋」「絹と昆虫たち」 | 線虫 miRNA の発見<br>核燃料再処理工場（青森県六ヶ所村）着工<br>7月12日、北海道南西沖地震、奥尻島で津波<br>11月、環境基本法成立 |

| 年 | 生命誌研究館の歩み | 生命科学、ほか歴史事項 |
|---|---|---|
| 1994 | 研究の日常を体験する「サマースクール」「実験室見学ツアー」を開始<br>●映像「**遺伝子が決める愛の形**」が科学技術映像祭 科学技術長官賞を受賞<br>チェリストの堤剛プロデュース「生命の時間・音楽の時間」<br>■ラボ「ゲノムの柔軟性のメカニズムを藻類で探るラボ」(1994-2000) | 蛍光タンパク質による細胞の観察（GFP）<br>厚生省発表「日本人の平均寿命が男女ともに世界最長寿」 |
| 1995 | サイエンス・オペラ「**生き物が語る「生き物」の物語**」開催<br>東京クリエイション大賞 特別賞を受賞<br>「おさむしニュースレター」発行開始（vol.1-20　1995-99）<br>季刊「生命誌」のホームページでの発信を開始<br>■ラボ「**骨の形はどうやってできるのかラボ**」(1995-2001) | DNAマイクロアレイ<br>インフルエンザ菌で初の全ゲノム解読<br>1月17日、阪神・淡路大震災 |
| 1996 | 催し「**サイエンス on ミュージック**」を開催 | Urbilateria 仮説<br>RNA干渉技術<br>エピゲノム修飾酵素の発見<br>ミラーニューロンの発見 |

| | | |
|---|---|---|
| 1997 | サロン・コンサート「**音楽に聴く生命誌**」を開催（井上道義指揮、京都コンサートホール）<br>国際シンポジウム「発生生物学の半世紀」を主催<br>●映像「**肋骨はどうやってできる?**」が科学技術映像祭 科学技術長官賞を受賞 | クローン羊ドリー誕生<br>地球温暖化防止京都会議 |
| 1998 | ●映像「**チョウの翅の誕生物語**」が科学技術映像祭 科学技術長官賞を受賞<br>オサムシの進化と日本列島形成史の関係を解明する<br>★館内展示「藻—食べて食べて食べて…細胞の進化へのチャレンジ」／「チョウの翅が語る生命誌」 | ヒトES細胞樹立 |
| 1999 | サロン・コンサート「**縁—生物学者と音楽の—**」を開催<br>●映像「**DNAが描くオサムシの新地図**」が科学技術映像祭 内閣総理大臣賞を受賞 | クライオ電顕によるリボソーム解析<br>茨城県東海村のウラン加工施設で臨界事故 |
| 2000 | ●映像「**ゲノム伝**」がTEPIAハイテクビデオコンクールに入賞 | 超解像度顕微鏡（2000-） |

| 年 | 生命誌研究館の歩み | 生命科学、ほか歴史事項 |
| --- | --- | --- |
|  | ★館内展示「生命の樹」「見えてきた進化の姿――オサムシ研究からのメッセージ」「生き物を透かしてみたら…骨と形――骨ってこんなに変わるもの？」 | 7月、三宅島噴火 |
| 2001 | サロン・コンサート「**早春の生命賦**」を開催<br>研究館グッズ「紙で作る生命誌」が、企業ミュージアム人気グッズコンテストのベスト10に入賞<br>■ラボ「**DNAから進化を探るラボ**」(2001-)「**チョウが食草を見分けるしくみを探るラボ**」(2001-)「**ハエとクモそしてヒトの祖先を知ろうラボ**」(2001-)<br>★館内展示「脳の生命誌―仮想を楽しむ―」 | 高速原子間力顕微鏡 (2001-)<br>非コードRNA配列の探索 (-2002)<br>6月、「クローン規制法」施行<br>9月11日、米同時多発テロ |
| 2002 | 岡田節人が名誉顧問に、中村桂子が館長に<br>ダンスイベント「**根っこと翼**」を開催<br>人形劇「**死と再生・生きものたちの物語**」<br>●映像「**DNAって何？**」が日経サイエンスフェスタに入賞<br>『季刊　生命誌』をBRHカードとして発行開始。生命誌年刊号の発行を開始 | HAPMAPプロジェクト開始（人種の差）(2002-) |

| | | |
|---|---|---|
| | **▼年刊号テーマ「人間ってなに？」**<br>■ラボ「**カエルとイモリの形づくりを探るラボ**」(2002-)<br>■ナメクジウオ論文で系統改変を提唱（細胞・発生・進化研究室）<br>■原腸形成が教科書と正反対であることを示す（形態形成研究室）<br>★館内展示「あなたの中のDNA」「共生と共進化――時間と空間の中での生きもののつながり」 | |
| 2003 | 設立10周年記念の催し「**生きもの愛づる人々**」を開催<br>出張生命誌展示貸し出しを開始する<br>「**新・生命誌絵巻**」を完成<br>季刊「生命誌」の年間テーマを動詞とする（～18年）<br>**▼年刊号テーマ「愛づる」**<br>■産卵に関わる味覚受容体遺伝子の候補を発見（昆虫食性進化研究室）<br>■オオヒメグモの最初の論文を発表（細胞・発生・進化研究室）<br>★館内展示「死と再生・生きものたちの物語」「生命誌のお散歩」 | 1分子可視化技術<br>ミミウイルスの発見<br>フローレス原人発見<br>3月、イラク戦争勃発 |

| 年 | 生命誌研究館の歩み | 生命科学、ほか歴史事項 |
|---|---|---|
| 2004 | 朗読ミュージカル「**いのち愛づる姫**」（山崎陽子作）を開催<br>●映像「**脳の生命誌**」が科学技術映像祭 文部科学大臣賞を受賞<br>「**生命誌講義**」（大阪医科大学における医療従事者教育課程として）を開始<br>生態展示「**Ω（オメガ）食草園**」が始まる（02年のオメガアワード受賞記念として）<br>▼**年刊号テーマ**「**語る**」 | 光遺伝学技術<br>10月、新潟県中越地震<br>12月、スマトラ沖地震 |
| 2005 | 日本進化学会 教育啓蒙賞を受賞<br>▼**年刊号テーマ**「**観る**」<br>■多細胞動物にみられるカドヘリン分子の多様化プロセスを説明する論文を発表（細胞・発生・進化研究室）<br>★館内展示「愛づる・時～生命誌がひらく生きものたちの物語～」 | ゲノムの80％の転写（RNA新大陸）発見<br>グリッド細胞発見 |
| 2006 | 生命誌の催し「**宮沢賢治を観る**」を開催<br>音楽と科学の夕べ「**生命誌版 ピーターと狼**」を開催 | |

| | | |
|---|---|---|
| | ●映像「**体を支える運び屋さん**」が科学技術映像祭 内閣総理大臣賞／TEPIAハイテクコンクール グランプリをそれぞれ受賞<br>研究館グッズ「チョウと食草のトランプ」が企業ミュージアム人気グッズコンテストベスト10に入賞<br>季刊「生命誌」創刊50号記念「生命誌研究特集号」を発行<br>**▼年刊号テーマ「関わる」**<br>■カルシウムイメージング法によるリガンド同定に成功（昆虫食性進化研究室）<br>■**RNAi**法によりオオヒメグモ胚で放射相称形から左右相称形へ転換するしくみを解明（細胞・発生・進化研究室）<br>★館内展示「自然の中で時間を紡ぐ生きものたち」 | ナノボディー（2006-）<br>ゲノムメチル化解析技術<br>iPS細胞の作製に成功（京都大学・山中伸弥教授） |
| 2007 | 朗読ミュージカル「**いのち愛づる姫**」を開催<br>音楽と科学の夕べ「**生命誌版　ピーターと狼・動物の謝肉祭**」を開催<br>**▼年刊号テーマ「生《な》る」**<br>■神経堤の誘導が細胞周期に関連することを示す（形態形成研究室） | CRISPR/Cas免疫系の発見 |

| 年 | 生命誌研究館の歩み | 生命科学、ほか歴史事項 |
|---|---|---|
| 2008 | ★館内展示「細胞展」／「ものみなひとつの卵から」<br>朗読ミュージカル「いのち愛づる姫」を開催<br>催し「生命誌版 ピーターと狼」を開催<br>桜の通り抜け開館を開始<br>▼年刊号テーマ「続く」<br>■イチジクとイチジクコバチの1種対1種関係の崩壊を発見（系統進化研究室） | ライトシート顕微鏡（2008-）<br>トランスクリプトーム解析<br>1細胞シークエンシング<br>デニソワ人発見<br>1000人ゲノムプロジェクト開始（個人の差） |
| 2009 | 催し「**生命誌版 動物の謝肉祭**」を開催<br>日本経済新聞「日本の科学館評価」10位に入選<br>▼年刊号テーマ「めぐる」<br>■RNAi法を用いた生体機能解析（電気生理・行動実験）に成功（昆虫食性進化研究室）<br>★館内展示「生きもの上陸大作戦」 | ラミダス猿人の化石発見 |
| 2010 | 朗読ミュージカル「**いのち愛づる姫**」を開催<br>生命誌年刊号書籍『編む』が造本装丁コンクールに入賞<br>▼年刊号テーマ「**編む**」 | 人工細胞作成 |

| | | |
|---|---|---|
| 2011 | 催し「**生命誌版 ピーターと狼・動物の謝肉祭**」開催<br>BRH公開セミナーの開始<br>▼**年刊号テーマ「遊ぶ」**<br>■昆虫の目間の系統関係を解明、新しい説を提唱（系統進化研究室）<br>■アゲハチョウの食草認識に関する10年に渡る研究の集大成としての論文発表（昆虫食性進化研究室）<br>■節足動物の体節形成における新たな様式の発見（細胞・発生・進化研究室）<br>★館内展示「エルマー・バイオヒストリーの冒険――鳥になったリュウ」 | オルガノイド<br>3月11日、東日本大震災と福島第一原子力発電所事故 |
| 2012 | 催し「**生命誌版 ピーターと狼**」を開催<br>生命誌研究館の20年間の活動が評価され、中村桂子がアカデミア賞 文化部門を受賞<br>▼**年刊号テーマ「変わる」**<br>■小笠原諸島イチジク属植物の起源を解明（系統進化研究室） | TALENによるゲノム編集<br>ENCODEプロジェクトで機能要素解明 |

| 年 | 生命誌研究館の歩み | 生命科学、ほか歴史事項 |
|---|---|---|
|  | ■オオヒメグモ国際ミーティング開催（細胞・発生・進化研究室）<br>★館内展示「蟲愛づる姫君」 |  |
| 2013 | **設立20周年記念催し「生きもの愛づる人々II」開催**<br>設立20周年記念シンポジウム開催<br>「おさむしニュースレター」を書籍化<br>**「生命誌マンダラ」を完成**（本書後ろ見返しを参照）<br>**▼年刊号テーマ「ひらく」**<br>■電気生理実験により、味覚情報としての化合物の刺激の伝わり方と産卵行動との関係に新たな視点を見出す（昆虫食性進化研究室） | 1細胞エピゲノム解析 |
| 2014 | 日本進化学会第16回大阪大会を開催<br>**催し「生命誌版 セロ弾きのゴーシュ」を開催（札幌・高槻）**<br>**いいだ人形劇フェスタ2014（長野）に「生命誌版 セロ弾きのゴーシュ」が招待公演** | CRISPR/Casのゲノム編集<br>クロマチン構造全解析 |

| | | |
|---|---|---|
| | ●映像「**自然を知る新たな知を求めて——映像で語る生命誌研究館の20年**」が科学技術映像祭 教育開発・教育部門優秀賞／教育映像祭 教養部門優秀作品に<br>▼**年刊号テーマ「うつる」** | |
| 2015 | ドキュメンタリー映画「**水と風と生きものと 中村桂子・生命誌を紡ぐ**」全国劇場公開<br>国際人形劇フェスティバル スクポヴァ・プルゼニュ 2015（チェコ共和国）に「**生命誌版 セロ弾きのゴーシュ**」が招待公演<br>生命誌アーカイブ「生命科学研究のあゆみと広がり」が完成<br>紙工作ダウンロード提供を開始<br>▼**年刊号テーマ「つむぐ」**<br>■両生類に共通する原腸形成運動モデルを提唱する論文発表（形態形成研究室） | 1細胞トランスクリプトーム<br>SDGs（持続可能な開発目標 Sustainable Development Goals）が国連で採択 |
| 2016 | ドキュメンタリー映画「**水と風と生きものと 中村桂子・生命誌を紡ぐ**」が全国で劇場公開 | Lokiアーキアの発見 |

| 年 | 生命誌研究館の歩み | 生命科学、ほか歴史事項 |
| --- | --- | --- |
| | 生命誌を考える映画鑑賞会を開始（毎年秋に実施）<br>▼年刊号テーマ「ゆらぐ」<br>■イチジク属植物によるコバチ三種の共有がコバチの寄主転換によりもたらされた可能性を示唆（系統進化研究室）<br>★館内展示「『生きている』を見つめ、『生きる』を考えるゲノム展」 | 4月14日、熊本地震 |
| 2017 | サロン・コンサート「**節人先生といのちの響きを**」を開催し「生命誌版 セロ弾きのゴーシュ」映画会<br>生命誌アーカイブ「**生命誌の世界観**」を完成<br>ドキュメンタリー映画「水と風と生きものと　中村桂子・生命誌を紡ぐ」DVDブック化<br>▼年刊号テーマ「**和―なごむ・やわらぐ・あえる・のどまる**」<br>■日本のチョウと食草の関係と植物化合物との関係をデータ化し統計学的に解析し、食草転換過程に新たな示唆を得る（昆虫食性進化研究室） | 技術の組み合わせによる解像能の構造<br>古代人ゲノム解析とヒト起源 |

| | | |
|---|---|---|
| 2018 | 福岡市科学館との共同プロジェクトを開始<br>**▼年刊号テーマ「容―いれる・ゆるす」**<br>■オサムシの後翅退化と系統関係との関連について論文発表（系統進化研究室）<br>■節足動物に見られる反復縞パターン（体節）の形成プロセスを定量的に解析した論文を発表（細胞・発生・進化研究室）<br>■脊椎動物の頭部形成におけるＰ２Ｙ受容体の新たな役割を解明（形態形成研究室） | Earth BioGenome Project（2018-）<br>「ゲノム編集で赤ちゃんが産まれた」と主張する学者が中国に登場 |
| 2019 | 季刊「生命誌」創刊１００号記念 生命誌研究特集号を発行<br>生命誌アーカイブ「動詞で語る生命誌」が完成<br>**▼年刊号テーマ「わたしの今いるところ、そしてこれから」** | |
| 2020 | 中村桂子が名誉館長に、永田和宏が館長に就任（4月1日）<br>**▼年刊号テーマ「生きもののつながりの中の人間」** | 新型コロナウイルス感染症がパンデミックに |
| 2021 | **▼年刊号テーマ「自然に開かれた窓を通して」** | |

| 年 | 生命誌研究館の歩み | 生命科学、ほか歴史事項 |
|---|---|---|
| 2022 | 記録映画「食草園が誘う昆虫と植物のかけひきの妙」公開<br>▼年刊号テーマ「生きものの時間」 | ロシアのウクライナ侵攻 |
| 2023 | 創立30周年の集い「科学の未来と生命誌」(5月27日予定)<br>▼年刊号テーマ「生きものの時間2」 | |

＊生命誌研究館ホームページ、『季刊　生命誌』年刊号等を参考に編集部作成

## 著者紹介

**中村桂子**（なかむら・けいこ）

1936年東京生まれ。JT生命誌研究館名誉館長。理学博士。東京大学大学院生物化学科修了、江上不二夫（生化学）、渡辺格（分子生物学）らに学ぶ。国立予防衛生研究所をへて、1971年三菱化成生命科学研究所に入り（のち人間・自然研究部長）、日本における「生命科学」創出に関わる。しだいに、生物を分子の機械ととらえ、その構造と機能の解明に終始することになった生命科学に疑問をもち、ゲノムを基本に生きものの歴史と関係を読み解く新しい知「生命誌」を創出。その構想を1993年、「JT生命誌研究館」として実現、副館長（～2002年3月）、館長（～2020年3月）を務める。その間、早稲田大学人間科学部教授、大阪大学連携大学院教授などを歴任。

著書に『生命誌の扉をひらく』（哲学書房）『「ふつうのおんなの子」のちから』（集英社クリエイティブ）『生命誌とは何か』（講談社学術文庫）『生命科学者ノート』『科学技術時代の子どもたち』（岩波書店）『自己創出する生命』（ちくま学芸文庫）『絵巻とマンダラで解く生命誌』『こどもの目をおとなの目に重ねて』（青土社）『老いを愛づる』（中公新書ラクレ）『いのち愛づる生命誌』『生きている不思議を見つめて』（藤原書店）他多数。2019年、『中村桂子コレクション　いのち愛づる生命誌』全8巻（藤原書店）発刊。

奏《かな》でる　生命誌研究館《せいめいしけんきゅうかん》とは
中村桂子《なかむらけいこ》コレクション　いのち愛《め》づる生命誌《せいめいし》8（全8巻）〈最終配本〉

2023年4月30日　初版第1刷発行©

著　者　中　村　桂　子
発行者　藤　原　良　雄
発行所　株式会社　藤　原　書　店

〒162-0041　東京都新宿区早稲田鶴巻町523
電　話　03（5272）0301
F A X　03（5272）0450
振　替　00160 - 4 - 17013
info@fujiwara-shoten.co.jp

印刷・製本　中央精版印刷

落丁本・乱丁本はお取替えいたします
定価はカバーに表示してあります

Printed in Japan
ISBN978-4-86578-385-8

### ◇響き合う中村桂子の言葉と音楽 …………ピアニスト　舘野 泉

中村桂子さんと対談をさせていただいた（『言葉の力　人間の力』収録）。2011年3月7日に東日本大震災が起こる四日まえのことだった。東京でも雪が降り、その中を中村さんが我が家に来てくださった。

私たちは人間のために世界は創られていると思いがちだが、人間中心のその考え方が独りよがりのものに思えた。生きとし生けるものが、みなそれぞれに生きている。どんなに小さなものも、大きなものも、何のためにか知らないけれど生きているのだ。そして、どこかで繋がっている。そんなことを語り合い考えた。

毎年、季節が巡れば花が咲く。花を咲かせるものも、咲かせられないものも生きている。いつかは消えてなくなっていくけれど、死さえも生きて蘇るものとなっていく。

そんな思いで、私の音楽も生まれ、一つ一つのピアノの音が昇り消えてゆくのを聴いている。中村さんの言葉と響き合っていると感じる。

### ◇しなやかな佇まい ……………………………………作家　髙村 薫

「ひらく」。「つなぐ」。「ことなる」。「はぐくむ」。「あそぶ」。「いきる」。「ゆるす」。「かなでる」。科学と人間をつなぐこれらの柔らかな目次の言葉たちは、科学者である著者の全人生から発せられたものである。

そのしなやかな佇まいは、今日の生命科学の知見が塩基の配列といったレベルを超えて拓いてゆく世界の広大さと、それを見つめる私たち人間の好奇心、そして日々生きて死ぬいのちの営みの凄さ、面白さのすべてを言い当てていると思う。

### ◇よくわかった人………………………………解剖学者　養老孟司

中村さんはよくわかった人です。すごいなあと思います。子どもにもちゃんとわかるように語ることができます。ということは、本当によくわかっているということです。わかっているつもりで、わかってない。そういう専門家も多いですからね。

いわゆる科学をなんとなく敬遠する人がいますが、そういう人こそ、この本を読んでください。大人はもちろん、子どもにもお勧めです。生きものの複雑さ、面白さがわかってくると思います。

## ▶本コレクションを推す◀

### ◇生命誌研究館での出会い…………………… 絵本作家　加古里子

柄にもなく、地球生命の現状を知りたくなった私が、跳び込むようにJT生命誌研究館を訪れたのは、いつのことだったか。高槻市に創設されて間もないときではなかったか。記憶では、『人間』という科学絵本を書こうとしていた頃ではないかと思う。

生命誌という観点に大いに興味を持ち、当時の館長の岡田節人氏と副館長の中村桂子氏から、単なる生命の展開ではなく、生命誌という観点に立つ扇形の展開図「生命誌絵巻」を見せていただいた。また、新しい見事な「生命誌マンダラ」の円形の図にも感服し、教示を受ける幸運を得た。

中村桂子先生とは、それ以来の交流で、その後館長になられ、2011年には対談もさせていただいた。得難い時間であった。

いうまでもなく、生きる基本に「いのち」がある。それを生命誌という貴重な考え方で説く、中村桂子コレクションが発刊される。私が得た幸運を、皆様にも、ぜひにと願う。　　　　＊ご生前に戴きました

### ◇中村桂子先生について …………………… 児童文学者　松居 直

中村先生は、とても鋭い見方をする方。単に科学者というだけでなく、本当にいちばん本質的なところを、ちゃんと突く。しかも、男性ではなく、女性である。女性ならではの鋭さかもしれない。男女を問わず、このような科学者は、そんなに多くいるわけではないだろう。

中村先生が、まどみちおさんの詩に共感し、生命誌として読み解き、その世界にこたえの一つを見つけられたことは、決して間違っていない。

本には共感すること、教えられることが、いっぱいある。私自身この年齢になってからも、考えたり学んだりするということは、幸せといえば幸せ。同時に今まで何をしていたのかと思うこともある。いのちを大切にする社会を提唱している中村さんの本は、そう気づかせてくれた一冊である。

今、「いのち」ということを、子どもたちが深く知る、感じるということが、とても大切だと痛感している。中村桂子コレクションの中でも、特に『12歳の生命誌』は、大切なことを分かりやすく書かれた本で、子どもにも大人にも、ぜひ読んで欲しいと思う。

出会いの奇跡がもたらす思想の"誕生"の現場へ

# 鶴見和子・対話まんだら

自らの存在の根源を見据えることから、社会を、人間を、知を、自然を生涯をかけて問い続けてきた鶴見和子が、自らの生の終着点を目前に、来るべき思想への渾身の一歩を踏み出すために本当に語るべきことを存分に語り合った、珠玉の対話集。

## 魂 言葉果つるところ　　対談者・石牟礼道子

両者ともに近代化論に疑問を抱いてゆく過程から、アニミズム、魂、言葉と歌、そして「言葉なき世界」まで、対話は果てしなく拡がり、二人の小宇宙がからみあいながらとどまるところなく続く。

Ａ５変並製　320 頁　**2200 円**（2002 年 4 月刊）◇ 978-4-89434-276-7

## 歌「われ」の発見　　対談者・佐佐木幸綱

どうしたら日常のわれをのり超えて、自分の根っこの「われ」に迫れるか？　短歌定型に挑む歌人・佐佐木幸綱と、画一的な近代化論を否定し、地域固有の発展のあり方の追求という視点から内発的発展論を打ち出してきた鶴見和子が、作歌の現場で語り合う。　Ａ５変並製　224 頁　**2200 円**（2002 年 12 月刊）◇ 978-4-89434-316-0

## 知 複数の東洋／複数の西洋〔世界の知を結ぶ〕　　対談者・武者小路公秀

世界を舞台に知的対話を実践してきた国際政治学者と国際社会学者が、「東洋 vs 西洋」という単純な二元論に基づく暴力の蔓延を批判し、多様性を尊重する世界のあり方と日本の役割について徹底討論。

Ａ５変並製　224 頁　**2800 円**（2004 年 3 月刊）◇ 978-4-89434-381-8

---

生命から始まる新しい思想

## 新版 四十億年の私の「生命《いのち》」〔生命誌と内発的発展論〕

**中村桂子＋鶴見和子**

地域に根ざした発展を提唱する鶴見「内発的発展論」、生物学の枠を超え生命の全体を捉える中村「生命誌」。従来の近代西欧知を批判し、独自の概念を作りだした二人の徹底討論。

四六上製　二四八頁　**二二〇〇円**
（二〇〇二年七月／二〇一三年三月刊）
◇ 978-4-89434-895-0

---

患者が中心プレイヤー。医療者は支援者

## 新版 患者学のすすめ〔"人間らしく生きる権利"を回復する新しいリハビリテーション〕

**上田敏＋鶴見和子**

リハビリテーションの原点は、「人間らしく生きる権利」の回復である。"自己決定権"を中心に据えた上田敏の「目標指向的リハビリテーション」と、鶴見の内発的発展論が火花を散らし、自らが自らを切り開く新しい思想を創出する！

Ａ５変並製　二四八頁　**二四〇〇円**
（二〇〇三年七月／二〇一六年一月刊）
◇ 978-4-86578-058-1

**最新かつ最高の南方熊楠論**

## 南方熊楠・萃点の思想
（未来のパラダイム転換に向けて）

**鶴見和子**
**編集協力＝松居竜五**

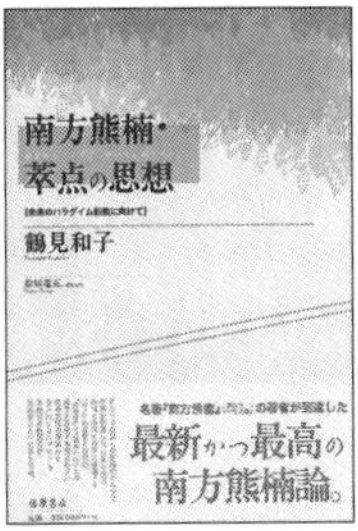


「内発性」と「脱中心性」との両立を追究する著者が、「南方曼陀羅」と自らの「内発的発展論」とを格闘させるために、熊楠思想の深奥から汲み出したエッセンスを凝縮。気鋭の研究者・松居竜五との対談を収録。

Ａ５上製　一九二頁　**二八〇〇円**
（二〇〇一年五月刊）
**在庫僅少**◇978-4-89434-231-6

---

**〝生命知〟の探究者の全貌**

## いのち愛づる生命誌《バイオヒストリー》
（38億年から学ぶ新しい知の探究）

**中村桂子**

ＤＮＡ研究が進展した七〇年代、人間を含む生命を総合的に問う「生命科学」出発に関わった中村桂子は、ＤＮＡの総体「ゲノム」から、歴史の中で生きものを捉える「生命誌」を創出。「科学」を美しく表現する思想を「生命誌研究館」として実現。

四六並製　三〇四頁　**カラー口絵八頁　二六〇〇円**
（二〇一七年九月刊）
◇978-4-86578-141-0

---

**38億年の生命の歴史がミュージカルに**

## いのち愛《め》づる姫
（ものみな一つの細胞から）

**中村桂子・山崎陽子作**
**堀文子画**

全ての生き物をゲノムから読み解く「生命誌」を提唱した生物学者、中村桂子。ピアノ一台で夢の舞台を演出する〝朗読ミュージカル〟を創りあげた童話作家、山崎陽子。いのちの気配を写し続けてきた画家、堀文子。各分野で第一線の三人が描きだす、いのちのハーモニー。

Ｂ５変上製　八〇頁　**カラー六四頁　一八〇〇円**
（二〇〇七年四月刊）
◇978-4-89434-565-2

---

**「生物物理」第一人者のエッセンス！**

## 「生きものらしさ」をもとめて

**大沢文夫**

「段階はあっても、断絶はない」。単細胞生物ゾウリムシにも〝自発性〟はある。では〝心〟はどうか？　ゾウリムシを観察すると、外からの刺激によらず方向転換したり、〝仲間〟が多いか少ないかで行動は変わる。機械とは違う、「生きている」という「状態」とは何か？　「生きものらしさ」の出発点〝自発性〟への問いから、「生きもの」の本質にやわらかく迫る。

四六変上製　一九二頁　**一八〇〇円**
（二〇一七年四月刊）
◇978-4-86578-117-5

**ゴルフ場問題の〝古典〟**

新装版
## ゴルフ場亡国論
山田國廣編

リゾート法を背景にした、ゴルフ場の造成ラッシュに警鐘をならす、「ゴルフ場問題」火付けの書。現地で反対運動に携わる人々のレポートを中心に構成したベストセラー。自然・地域財政・汚職……といった「総合的環境破壊としてのゴルフ場問題」を詳説。

カラー口絵
A5並製　二七六頁　**二〇〇〇円**
（一九九〇年三月／二〇〇三年三月刊）
◇978-4-89434-331-3

---

**現代日本の縮図＝ゴルフ場問題**

## ゴルフ場廃残記
松井覺進

九〇年代に六百以上開業したゴルフ場が、二〇〇二年度は百件の破綻、負債総額も過去最高の二兆円を突破した。外資ファンドの買い漁りが激化する一方、荒廃した跡地への産廃不法投棄も続いている。環境破壊だけでなく人間破壊をもたらしているゴルフ場問題の異常な現状を徹底追及する迫真のドキュメント。

口絵四頁
四六並製　二九六頁　**二四〇〇円**
（二〇〇三年三月刊）
◇978-4-89434-326-9

---

**水再生の道を具体的に呈示**

改訂二版
## 下水道革命
（河川荒廃からの脱出）
石井勲・山田國廣

家庭排水が飲める程に浄化される画期的な合併浄化槽「石井式水循環システム」の仕組みと、その背景にある「水の思想」を呈示。新聞・雑誌・TVで、〝画期的な書〟と紹介された本書は、今、瀕死の状態にある日本の水環境を救う具体的な指針を提供する。

A5並製　二四〇頁　**二三三〇円**
（一九九〇年三月／一九九五年一一月刊）
品切◇978-4-89434-028-2

---

**〝水の循環〟で世界が変わる**

## 水の循環
（地球・都市・生命《いのち》をつなぐ〝くらし革命〟）
山田國廣編
本間都・山田國廣・加藤英一・鷲尾圭司

いきいきした〝くらし〟の再創造のため、漁業、下水道、ダム建設、地方財政など、水循環破壊の現場にたって変革のために活動してきた四人の筆者が、新しい〝水ヴィジョン〟を提言。

図版・イラスト約一六〇点
A5並製　二五六頁　**二二〇〇円**
（二〇〇二年六月刊）
品切◇978-4-89434-290-3

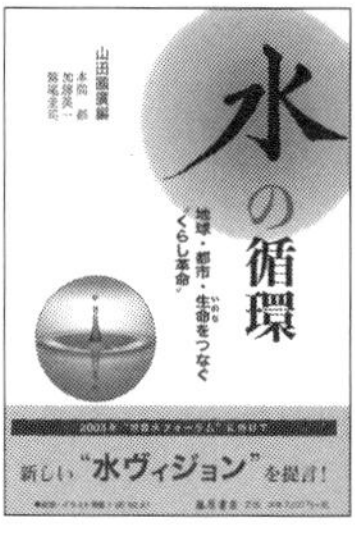